农业高等职业教育
校企合作育人体制机制探索与实践

杭瑞友　葛竹兴　编著

中国农业大学出版社
·北京·

内容简介

校企合作是中国高等职业教育的必由之路。探索和建立适合中国国情的农业高等职业教育校企合作的管理体制、工学结合的运行机制，已经成为广大农业高等职业院校提高人才培养质量的重要措施。

本书为广大读者提供了系统、科学地构建校企合作联盟管理体制的方法与策略，以及校企合作示范区建设的内容与实例，从缘起、分析、设计、建设、引领五个方面以个案形式介绍农业高等职业学院破解校企合作体制机制障碍，建立校企合作示范区，产学研结合育人，提高教育教学质量，发展办学特色。

本书材料翔实，实例典型，并附有大量图表，为高等职业院校领导、教师实施教育教学改革提供丰富的资料。

图书在版编目(CIP)数据

农业高等职业教育校企合作育人体制机制探索与实践/杭瑞友，葛竹兴主编. —北京：中国农业大学出版社，2012.10

ISBN 978-7-5655-0626-0

Ⅰ.①农… Ⅱ.①杭… ②葛… Ⅲ.①农业-高等职业教育-产学合作-人才培养-研究-中国 Ⅳ.①S-4

中国版本图书馆 CIP 数据核字(2012)第 258713 号

书　　名 农业高等职业教育校企合作育人体制机制探索与实践

作　　者 杭瑞友　葛竹兴　编著

策划编辑 姚慧敏　伍　斌

责任编辑 姚慧敏

封面设计 郑　川

责任校对 陈　莹　王晓凤

出版发行 中国农业大学出版社

社　　址 北京市海淀区圆明园西路 2 号

邮政编码 100193

电　　话 发行部 010-62818525，8625

编辑部 010-62732617，2618

读者服务部 010-62732336

出　版　部 010-62733440

网　　址 http://www.cau.edu.cn/caup

e-mail cbsszs @ cau.edu.cn

经　　销 新华书店

印　　刷 涿州市星河印刷有限公司

版　　次 2012 年 10 月第 1 版　2012 年 10 月第 1 次印刷

规　　格 787×1092　16 开本　16.75印张　410 千字

定　　价 36.00 元

编写委员会

编 著 者　杭瑞友　江苏畜牧兽医职业技术学院
　　　　　葛竹兴　江苏畜牧兽医职业技术学院

编　　委　臧大存　江苏畜牧兽医职业技术学院
　　　　　桂文龙　江苏畜牧兽医职业技术学院
　　　　　黄秀明　江苏畜牧兽医职业技术学院
　　　　　金　濯　江苏畜牧兽医职业技术学院
　　　　　俞　彤　江苏畜牧兽医职业技术学院
　　　　　杨秋兰　台湾明新科技大学
　　　　　吴桂余　江苏高邮鸭集团
　　　　　郁　杰　江苏倍康药业有限公司
　　　　　朱其志　江苏畜牧兽医职业技术学院
　　　　　刘　晶　江苏畜牧兽医职业技术学院

不可替代:农业高等职业教育价值

高等职业教育横跨高等教育和职业教育领域,是我国首创、符合国情、顺应需求、服务人民的教育类型,有人才培养、科学研究、社会服务和文化传承四大任务。将这四条糅合在一起做实则不易,更不用说在其中某些方面做得卓越、有特色。传统的农业行业"苦、脏、累"形象导致高等职业院校的涉农专业处于弱势地位,尽管这样,2011 年全国涉农高等职业院校达 343 所,占高等职业院校 1 276 所总数的 27%,全国农业类专业点达 1 042 个,在校生 70 万人,每年有 20 多万名高职毕业生成为有文化、懂技术、会经营的新型农民,服务"三农"领域,在城镇化建设迅速发展、农业增收、农民致富等领域发挥高端引领作用。

怀着对高职教育发展的热情,江苏畜牧兽医职业技术学院的领导、教师在改革的探索中讨论、求证、释然、实干、总结、反思,组建江苏现代畜牧业校企合作联盟理事会,推动校企合作示范区建设,磨炼意志、凝聚智慧、催人奋进,形成了鲜明的办学特色。这就是高职的魅力。

坚守农业办高职。如果将人才结构分为学术型、工程型、技术型和技能型,那么高职教育就不能一味地强调熟练程度的单项技能训练,因为那是依赖经验技术和动作技能来工作的;也不应过分地强调产品的设计、技术的研发、工艺的改进以及管理程序的优化,因为那些是工程型人员的工作;我们要做的是为在工业化、城镇化深入发展中同步推进农业现代化,将苏邮 2 号肉鸭日粮配方转化鸭饲料、养殖设计方案变成操作工艺、生产流程、管理程序,这些"落地"的工作需要有理论技术和智力技能来支撑,而这恰恰是我们的强项。只有我们的老师和毕业生都能成为科技特派员、农技推广员,在服务的养殖岗位上真刀真枪地做着"转化"的事情,就一定能塑造起"高职形象"。

联动行业办学校。高技能人才是"做"出来的,可在哪里做是个问题?规模扩张带来教学资源的不足,往往有些实践教学时数只能停留在人才培养方案上。这就需要高职院校下大力气,与企业共建"亦校亦厂"的实践平台,还要建设在企业有人值守并帮助企业解决问题的教师工作站,如果一个教师能联系上 3～5 个企业,轮流管理顶岗实习的学生,再花些钱聘用企业的技术骨干指导学生,就能培养出来高技能的学生,也就真正地实现了教育价值。为何行业企业不愿与高职院校合作?这是必须要思考的。古人云"将欲取之,必先予之"。实际上,我们现在的大多数高职教师为企业生产现场解决实际问题的能力并不是很强,这就需要我们修炼"内功",改变不适合校企合作、工学结合的制度,主动"贴上去",与行业企业"联"起来,把企业的技师“请进来”，实践教学“动”起来，顶岗实习有效“干”起来，切实提高实践教学的质量。

紧扣产业建专业。专业是高等职业院校发展的品牌和灵魂，也是核心竞争力所在。一个好的专业在与产业的互动中才能赢得社会地位。因此，涉农专业要紧贴现代农业发展需求，结合农业生产规律、高等职业教育规律和学生职业成长规律，对接职业标准更新课程内容，才能找准专业建设的“脉搏”，比照农产品生产过程，多用项目教学、模拟教学、现场教学，就能培养出“留得住”的“会工作”的人。

结合工作育人才。课程是专业的核心，更像是跑道，一头连着学校，一头连着企业。我们强调手脑并用的课程，提倡与工作相结合的学习方式，做中教、学中做、做中学、做中用，我们更重视来源于企业实际的工作项目，来自于企业需求的科研项目，用这样真正的项目训练学生，学生们通过“真题真做”，实现了从纯粹学习者向学习者、探索者、工作者相统一的角色转换，真实训练学生的岗位工作能力、解决实际问题的能力、实践创新能力，用新技术养殖的猪、马、牛、羊来评价学习成绩。这样的话，不只是学生能“接地气”、“培底气”、一毕业就能上岗、就能“用得上”，而且能有效解决教学、科研、生产“三张皮”的现象。

服务“三农”结硕果。服务是高等职业院校的办学宗旨。农业高等职业院校在服务“三农”过程中，教师、学生组成的科技服务团队，校企合作组建的服务基地，把学院的技术和研发的新品种在农村推广，示范给农民看，带着农民干，帮助农民致富；再将农业文化、畜牧产业文化、食品加工企业文化的元素融入校园文化中，能看到特色农业、设施农业、生态农业、观光农业、都市农业和现代养殖业的景象。学生从到学校实际考察填报志愿开始就接触农业文化，慢慢地接纳畜牧产业文化，逐渐熟悉养殖企业文化，知道在领域里怎样发展，这种养成式的教育体现了不一样的高职。专业文化与多元文化的熏陶，因为喜欢，因为爱好，就能潜移默化地成为“下得去”的企业人。

如果我们的校长、处长、教师、技师、工友都能用心发现学生的需求、发展学生的价值、发掘学生的潜能，让他们增值；如果我们的教师都能活跃在农村大地上，我们的学生能把论文写在养殖场，把成果留在农户家，有地位、有收入、有文化知识的积淀、有诚信的品格、有积极的职业态度、有乐观的人生价值、有正确的做事方法，那我们的办学就有价值，学校也就有特色，也就有了不可替代的生命力和竞争力。

以上感受和体会供参考，以为序。

江苏畜牧兽医职业技术学院院长 何正东

2012 年 10 月 28 日于江苏泰州

前　言

孔子言：士志于道。

农业高等职业教育是一个由高等教育、职业技术教育、农业教育、农村教育和农民教育复合而成的概念体系，具有高等性、职业性、技术性、实践性、应用性、开放性等特征，主要培养服务区域农业现代化、农村城镇化、农民职业化和产业转型升级需要的"下得去"、"留得住"、"用得上"的高端技能型人才。但是，农业高等职业教育的校企合作管理体制僵化，工学结合的运行机制呆板，教师的实践教学能力欠缺，实训实习基地的数量不足，人才培养方案与社会需求、学生需求不相适应，顶岗实习的教学质量不高等问题，已经成为制约农业高等职业教育教学质量和发展水平的关键因素。为此，在主持"基于价值认同的农业高等职业教育校企合作体制机制研究"和参与"农业高职教育校企合作联盟的建设与运行机制的研究"课题研究过程中，适逢江苏畜牧兽医职业技术学院正如火如荼地实施"国家示范性高等职业院校建设计划"骨干高职院校建设项目，需要对当前农业高等职业教育的发展现状和经验做一个阶段性的梳理。

《农业高等职业教育校企合作育人体制机制探索与实践》一书，从农业高等职业教育存在的问题入手，对农业高等职业教育校企合作的机制进行了系统的分析，并结合江苏畜牧兽医职业技术学院的具体情况以个案的形式设计出建设路径，用实例的形式呈现出建设的成果，最后以报道的形式展示该校的办学特色。也许，个案对解决农业高等职业教育存在的体制机制问题，缺乏代表性。但瑕不掩瑜的真实案例和方便操作的图表，不同于一般就理论讨论理论的特殊视角，也许会使您实在的、具体的、亲切的感觉油然而生。但愿能见微知著，给您带来些许启迪。

要点导读：以下对各部分的主要内容进行摘录，读者可以先睹为快。

<u>缘起</u>

·如何在政策支持、理论研究、体系构建、实践运行、质量评价等层面保障高等职业教育的独立性和自主性，形成自身的体系？

·《职业教育法》作为一部国家职业教育的基本法，还远未完善，特别是对行业企业承担职业教育的法律责任不明晰，利益驱动机制不健全，政府相关部门政策不配套，特别是社会资本进入公办院校的问题在法律方面没有渠道，造成职业教育的校企合作办学缺乏必要的法律制度保障。

• 据江苏省测算的有关教育成本的统计数据，高等职业教育的成本是普通高等教育的2.64倍，而财政支出在统筹安排经费时往往偏袒普通高等院校。

• 一方面，只有发展高等职业院校有合作发展的价值，企业才能愿意与学校合作办学；另一方面，只有高等职业院校的教育教学质量适应了区域经济社会发展的需要，才有与企业合作的可能。

分析

• 从宏观层面来看，如何按照科学发展观的要求进一步推进高等职业教育体制机制的改革与发展、进一步加快校企合作办学模式改革，这是一项全新的使命；从中观层面来看，如何提升教育质量、切实转换工学结合人才培养模式改革，这是一项全新的课题；从微观层面来看，如何解放教师的传统教育思想、创新教育的途径和方式、建设顶岗实习的实践教学模式，这是一项全新的工作。

• 高等职业教育办学模式，是指举办方和经办方在一定历史时期教育制度的约束下，按照高等职业教育的办学目标，在办学实践中逐步形成的规范化的人才培养方式、管理体制和运行机制。

• 将教育活动过程与技术活动过程、职业工作过程相融合，将来也许是开发教育与生产劳动相结合的人才培养模式的逻辑起点，是中国特色的高等职业教育发展的价值所在。

• 我们认为，技术、技能与就业之间存在着：技是业的魂、业是技的形，以技入业、以业修技，技业合一的关系。

• 根据资源依赖理论，企业与高等职业院校之间在文化环境与教育资源之间的差异，决定了校企之间的合作介入、双向互动，并进而缔结校企合作联盟，不仅具有可能性，而且具有必要性。

• 学校应深刻认识到企业的资源不是“天生的”，所有资源的取得都是有代价的。政府和学校对企业付出的教育资源要运用“看不见的手”的价格机制，政府运用财政转移支付手段，行业研究企业教育资源价格结算标准，学校把工学结合课程经费列入预算，对企业进行补偿，弥补企业的合作风险和成本，调动企业的积极性，这样才能形成校企合作的长效机制。

• 学校和企业之间的合作模式不应该是政府设计出来的，而应当是学校和企业“内生”形成的合作载体，协调合作过程的价值冲突，自发形成教育的共同体。

• 高等职业教育改革正处于转型期，客观方面确实存在许多问题。如法律法规不完善、行政部门之间不协调、行业产业不积极、企业不支持、社会不理解、就业市场不配套等，但是在这些问题无法在短期内解决的情况下，学校自己应该怎么跟企业合作？是消极等待，还是迎难而上？我们应当积极主动探索自身加快改革的发展之路，有“为”才能有“位”。世界经济形势的变化，促使企业转型升级，而这恰恰是学校服务企业的最佳时机。学校只有通过与企业合作研发，在帮助合作企业转型升级的过程中，找到合作的基点，赢得企业的信任，才能让企业发现合作的价值。

• 校企合作促使高等职业院校在培养人才时必须树立“培养出企业所需要的合格员工，而不是简单的学生”的教学理念和目标。

设计

• 高等职业教育的内涵，首先应在“教育”范畴内部，体现文化传承，彰显“人文性”；其次通过横向与普通高等教育相比，体现技术应用，突出“技术性”；最后通过与中等职业教育相比，强调技术的复杂程度，凸显“高等性”。这三个本质特征在高等职业教育人才培养目标、培养过程和培养场所等方面都应该得到反映。

·技术与职业并不是相互排斥的一组概念；相反，技术与职业是密切联系的。职业是技术的“家”，技术在职业的工作资格、工作领域、工作空间和工作价值中得到体现。

·高等职业教育是指由高等教育机构实施的旨在培养高技术人才的高等教育。高等职业教育的本质特征是高等性、技术性，一般特征有职业性、实践性、社会性、开放性、实用性、针对性等。

·校企合作是在政府主导、行业指导下，根据法律和行业标准遴选合作办学单位，学校与企业开展多层次、全方位的合作，使学校的专业建设、课程设置、教学内容、培养学生的方向更适合企业的需求，并按照市场交换机制进行资源价格结算的一种办学模式。

·校企深度合作，是相对于校企浅层合作而言的，主要是从学校与企业之间不仅是“结果”、更是“过程”合作角度表述校企关系，是校企之间通过合作，形成积极互动、互利共赢的组织间关系。一般指在政府主导下，行业指导企业与学校合作办学，行业、企业参与人才培养的全过程，包括共用教学资源、制定人才培养方案、开发课程、建设教学设施、改革教学方法、安排学生实习、合作科研项目、招聘学生就业、承担培养责任、享受培养成果与发展合作目标等教育教学的各个环节。校企深度合作一方面将校企合作的链条加长，另一方面将校企合作的面扩大，双方接触点增多，相互依赖性也增强，合作程度自然加深。

·校企合作模式是职业院校和企业源于发展需求、基于教育价值认同，充分利用对方的文化与资源优势，共同培养人才的一种模式。

·校企合作联盟是在地方政府主导、教育主管部门和行业主管部门指导下，高等职业院校发起，企事业单位、研究机构、行业协会和社会中介、辐射院校和学生及学生家长等参与方基于各自发展的战略目标，整合彼此需要的异质资源，通过承认章程、申请批准、签订契约加入，并实施资源共享、过程共管、人才共育、责任共担、成果共享而形成的一种合作办学的非营利性组织。

·工学结合是以培养学生的综合职业能力为目标，利用学校和企业两种紧密联系的教育环境和教育资源，把课堂学习与工作实践紧密结合起来的一种人才培养模式。

·工学交替是学校根据人才培养方案和企业的具体情况，安排一部分时间在学校进行理论教育学习，一部分时间在企业实习，实现企业生产实践与学校理论学习相互交替，既是学习和劳动两种行为的结合，也是理论与实践紧密结合的一种教学模式。

·校企合作示范区是高等职业院校和企业单位、行业经济开发区等在校企合作联盟理事会的推动下自愿组建的资源共享型合作育人平台体系，包括校中厂、厂中校、教师工作站、企业技师工作站、校企合作管理信息平台、各种校企合作班及其组合。

·从校企合作的角度创新管理体制设计，包括：一是从相对宏观的校企合作联盟理事会层面设计管理体制；二是从相对中观的学院层面设计“院园共建”和“院区共建”管理体制；三是从相对微观的二级院（系）层面设计校企多种合作形式的管理体制。

·校企合作是高等职业教育的发展趋势，也是制约高等职业教育发展的瓶颈。从理论角度，同质组织间的竞争会大于合作，资源的使用效益会降低。由一所高等职业院校牵头，组建校企合作联盟，将资源依赖与互补结合起来运用，在合作过程中动态优化选择合作企业和合作项目，会提高资源配置效率。

· 校企合作联盟有效治理的实现路径是资源共享、形式灵活和制度创新。

· 建立人才培养目标修正和保障体系的自我完善机制。以持续改进为目标，以成果评价为依据，对组织与研究系统所确定的目标、运行与管理系统所制定的标准和规范进行持续改进。以内部评价与外部评价结果的吻合度为依据，不断修正过程监控的关键点，完善反馈与修正机制，形成开放灵活、动态发展的人才培养质量保障有机系统，确保教学质量保障体系适应不同发展时期的需要。

建设

· 围绕课程，把各项建设内容串联起来，是骨干校建设的逻辑思路。

· 高等职业教育跨越教育与职业、学校与企业、学习与工作的界域，通过体制机制创新，实行校企深度融合，"政行校企"多方共建校企合作平台，推进产教结合与校企一体办学，专业与产业对接，构建专业课程新体系，课程内容与职业标准对接，完善人才培养模式，教学过程与生产过程对接，建立"双证书"制度，学历证书与职业资格证书对接，整合教育资源，职业教育与终身学习对接，共同监控合作育人与就业质量，健全合作发展的运行机制，实现"合作办学、合作育人、合作就业、合作发展"，全面提高人才培养质量，达到多方"共赢"。

· 高等职业院校与企业是两个不同质的经济组织，虽然组织间关系、运行的体制与机制各不相同，但两类组织之间存在着资源依赖关系，这就是合作的基础。合作不是资源的无代价共享，而是运用市场机制，按照价格信号进行资源配置，资源才能被最有价值地使用，是合作的关键。法律不是简单地维护产权的工具，更应引导高等职业院校与企业之间可以共享的资源被有效利用，是合作的保障。政府是校企合作的主导者，通过财政资源的引导与激励，补偿校企合作中的交易费用和信息费用，化解企业的合作风险，破解体制机制不同的障碍，是合作的措施。这样才能建立资源共享型的校企合作有效管理体制和良性运行机制。

· 江苏畜牧兽医职业技术学院在分析、比较校企合作办学管理体制和运行机制的基础上，考虑到目前的法律环境、高等职业院校之间的竞争关系、内部治理结构等影响因素，根据江苏现代畜牧业发展战略的要求，结合学院、地区、行业、企业发展情况，创新校企合作办学模式，改组原产学研教育指导委员会，围绕畜牧产业链，率先在江苏省内外遴选有合作意向的知名企业，在江苏省农业委员会的推动下，适时牵头组建"政校行企"多方参与的江苏现代畜牧业校企合作联盟。

引领

· 学校主要是培养人才，培养人才靠谁，当然是要靠教师，这中间教师的水平和能力就至关重要了。我们就是抓住这一关键问题，创造条件，上至国家级，下到市级已建了 17 个研发平台，近几年每年申报的科研项目经费在 2 000 多万元，这是为什么？就是为了提高教师的科研能力，有了这个能力我们才能具备服务"三农"的本领，否则到社会上去服务，教师没底气，怎么服务？我们学校在长期的发展中，通过搭建研究与服务平台，提升教师科技水平；围绕科技服务"三农"，锻炼教师实践创新能力；紧扣畜牧产业转型升级，产学研结合培养学生，形成了鲜明的办学特色。服务"三农"，不能停留在口头上，要真刀实枪地干，没本事可不行。同样，没有科研能力、服务能力，怎么去教学生？我们现在已经初步具备了这样的条件，把科研项目、学习课程、科技服务“三农”有机结合起来培养学生的能力。

·江苏畜牧兽医职业技术学院教务处组织教师将畜牧业转型升级的关键技术、模式、体系融入教材，融入课程教学，融入技能训练，融入质量考核，通过举办现代学徒制班、实施产学研结合项目课程、由行政班管理向教学班管理过度等系列改革举措，让学生学到有用的、先进的技术，消除学生掌握的技能与畜牧业转型升级示范区内企业技术之间的差距，达到毕业就能上岗的要求。

·学生的主人地位，决定了学生的多重身份：教育的被培养者、课程的受益者、活化的“教育资源”、改革的参与者，也有可能是专业的受害者。因此，学生不仅有权利，而且更有义务参与专业建设。第一，突出学生对专业教学的评价功能，是学生参与专业内涵建设的基本途径；第二，突出学生在校企之间的联系功能，是检验学生“学”与“用”一致性的专业建设的重要渠道；第三，突出学生创新能力的价值功能，是学生自我发现、持续发展的实现过程。这三方面功能的反馈与修正，构成了学生参与专业建设的机制。

·用什么样的办学标准来衡量专业的办学质量，这是令高等职业院校教育者非常头疼的事情。专业办学标准是由学校自己拟定？来自某一企业？来自某一个行业？还是来自国内通用标准？有些专业还没有行业、国内通用标准，怎么办？这些标准是否能引领产业发展？根据对校企合作的深度解读，行业引领产业、企业的发展，学生是要到产业、企业去工作的。如果行业有标准，就应引入行业标准；如果行业、产业没有标准，就应引入一流企业的标准。尽管该专业对接的用人单位集中在民营企业，但高等职业教育不是技能培训，需要用先进的职场文化、经营哲学、行业的道德准则和行为规范来引领产业、企业发展，培养高端技能型人才，让毕业生在职场发展中发挥带动作用。

·高职院校的产学研是以产学研结合共同育人为核心，培养学生的综合职业能力为主要目的，让学生参加教师和企业科技人员实施的产学研结合的研究项目，提高他们的科技开发能力和学术水平、服务企业发展的能力，提高学生的职业道德、职业技能和创新能力。

·以体制创新为动力，由江苏省农业委员会、学院、行业龙头企业等单位组建江苏现代畜牧业校企合作联盟，加强联盟理事会成员、学院领导班子和中层干部队伍的管理能力建设，提高思想政治素质和办学治校能力，提升科学决策、战略规划和资源整合能力，发挥校企双方在畜牧产业规划、经费筹措、畜牧转型升级技术应用、兼职教师聘任(聘用)、实训基地建设和吸纳学生就业等方面的优势，促进校企深度合作，增强办学活力，形成人才共育、过程共管、成果共享、责任共担的紧密型校企合作办学体制。

·完善校企合作制度体系，以企业“十二五”发展规划的核心技术升级和高素质技能型人才的需求为出发点，共建“校中厂”标准化养殖基地，“厂中校”教学基地，打造紧密服务企业发展的产学研平台；在学院共建企业专家工作站，在企业共建教师工作站，促进专、兼职教学团队建设；共建校企合作信息管理平台，运用现代信息技术深化校企合作；探索“高中学业水平＋职业能力测试”综合录取新生的招生办法，与正大集团等企业合作，开设“正大班”、“雨润班”、“红太阳班”等订单班；改革人事分配制度，建立完善的校企合作育人、合作培训、合作开发制度体系，共建工学结合人才培养的质量保障体系；共建江苏现代畜牧业校企合作示范区，有效发挥江苏畜牧产业的技术优势、人才优势，调动行业企业参与畜牧产业高职人才培养的积极性，使学院与行业企业互惠互助，与行业企业间形成产学研紧密合作育人的长效运行机制。

需要说明的是，书中有许多资料来自于书刊、网络、教师和同学的实践总结等，这些鲜活的资料均丰富了本书的内容，所以，特别感谢为本书做出贡献的人们。

虽然，在编写过程中始终努力追求“做得更好”，但由于水平有限，仍然不尽如人意，不妥之处恳请广大读者批评、指正。

路漫漫其修远兮，吾将上下而求索。

编者

2012 年 9 月 10 日

目 录 CONTENTS

1 缘起 …… 1
1.1 国家示范性农业高等职业院校建设后存在问题 …… 2
1.1.1 高等职业教育“类型”的独立体系缺失 …… 2
1.1.2 高等职业院校的行政管理体制改革难突破 …… 2
1.1.3 高等职业院校的管理能力不适应内涵发展要求 …… 3
1.1.4 高等职业院校的办学体制机制不适应校企深度合作的需要 …… 3
1.1.5 校企合作成本与风险的承担主体不明确 …… 3
1.1.6 行业企业参与生产性实训基地建设的动力不足 …… 3
1.1.7 高等职业院校的师资与工学结合培养人才的要求不相匹配 …… 3
1.2 农业高等职业教育发展中存在问题 …… 4
1.2.1 农业高等职业院校的专业设置要与农业职业的发展变化相适应 …… 4
1.2.2 农业高等职业教育的目标定位需要匡正 …… 5
1.2.3 农业高等职业教育发展的体制机制需要突破 …… 5
1.2.4 农业高等职业院校的办学条件需要改善 …… 6
1.2.5 农业高等职业教育的教学质量需要提高 …… 7
1.2.6 农业高等职业教育的就业质量需要提升 …… 9
1.3 农业高等职业教育校企深度合作中存在问题 …… 10
1.3.1 校企合作的理论研究滞后 …… 10
1.3.2 校企合作体制机制僵化 …… 10
1.3.3 校企合作政策法规缺陷 …… 11
1.3.4 校企双方缺乏认同 …… 11
1.3.5 校企合作资金投入不足 …… 11
参考文献 …… 12
2 分析 …… 15
2.1 比较国家示范性农业高等职业院校办学模式 …… 15
2.1.1 比较国家示范性农业高等职业院校办学模式 …… 16
2.1.2 比较国家示范性农业高等职业院校人才培养模式 …… 25
2.1.3 比较农业国家示范性高等职业院校实践教学课程体系 …… 34
2.2 整合高等职业教育校企合作理论 …… 42

2.2.1 应用资源依赖理论,组建校企合作联盟 …… 43
2.2.2 应用公共治理理论,创新联盟管理体制 …… 44
2.2.3 应用委托代理理论,生成校企合作的动力机制 …… 45
2.2.4 应用系统理论,整合校企合作发展资源 …… 46
2.2.5 应用利益相关者理论,落实校企合作的保障机制 …… 47
2.2.6 应用教育共同体理论,搭建校企合作育人载体 …… 48
2.2.7 应用制度创新理论,运行示范区校企互动机制 …… 49
2.2.8 应用建构主义理论,完善人才培养模式 …… 50
2.2.9 应用教育与生产劳动相结合理论,实施工学结合 …… 51
2.2.10 应用人本主义学习理论,回归课程教育价值 …… 53
2.2.11 应用教育价值理论,全面提升教育质量 …… 54
2.3 反思农业高等职业教育的总体现状 …… 56
2.3.1 农业高等职业教育建设成效 …… 56
2.3.2 农业高等职业院校发展路径的思考 …… 57
参考文献 …… 62
3 设计 …… 66
3.1 搭建农业高等职业教育校企合作育人概念框架 …… 66
3.1.1 高等职业教育的概念界定 …… 67
3.1.2 校企合作的概念界定 …… 73
3.1.3 管理体制的概念界定 …… 78
3.1.4 工学结合的概念界定 …… 80
3.1.5 运行机制的概念界定 …… 82
3.1.6 高等职业教育质量的概念界定 …… 85
3.1.7 搭建农业高等职业教育校企合作育人概念框架 …… 87
3.2 构建江苏现代畜牧业校企合作联盟管理体制 …… 88
3.2.1 校企合作联盟管理体制的顶层设计策略 …… 88
3.2.2 设计校企合作联盟的组织架构 …… 91
3.2.3 校企合作联盟的管理制度 …… 93
3.2.4 校企合作联盟的结构治理 …… 93
3.3 遴选江苏现代畜牧业校企合作联盟成员 …… 95
3.3.1 校企合作联盟核心成员的价值诉求 …… 95
3.3.2 校企合作联盟成员企业的遴选条件 …… 98
3.3.3 校企合作联盟成员企业的遴选机制 …… 100
3.4 制定校企合作行为规范 …… 101
3.4.1 明确校企合作原则 …… 101
3.4.2 成立校企合作组织 …… 102
3.4.3 创新校企合作制度设计 …… 106
3.4.4 校企合作运行程序 …… 109
3.4.5 建立校企合作教学质量保障体系 …… 112
参考文献 …… 116
4 建设 …… 118
4.1 建设资源共享型的校企合作管理体制 …… 119
4.1.1 组建江苏现代畜牧业校企合作联盟理事会 …… 119

4.1.2 提升校企合作联盟理事会管理能力 …… 123
4.2 建设过程共管型的校企合作运行机制 …… 125
4.2.1 校企合作招生 …… 125
4.2.2 校企合作共建“订单班” …… 127
4.2.3 校企合作共建“校中厂” …… 128
4.2.4 校企合作共建“厂中校” …… 130
4.2.5 校企合作共建教师工作站 …… 133
4.2.6 校企合作共建技师工作站 …… 136
4.2.7 校企合作共建管理信息平台 …… 137
4.3 建设人才共育型的工学结合培养模式 …… 138
4.3.1 完善“三业互融，行校联动”工学结合人才培养模式的有效实现形式 …… 139
4.3.2 破解工学结合培养人才难题 …… 164
参考文献 …… 174
5 引领 …… 175
5.1 服务“三农”，发挥校企合作示范区作用 …… 176
5.1.1 科学认识畜牧业转型升级，把握服务“三农”的立足点 …… 176
5.1.2 构建科技服务体系，推进现代畜牧业发展 …… 177
5.2 校企深度合作，发展农业高职院校办学特色 …… 180
5.2.1 紧扣江苏现代畜牧业发展，建立专业建设动态调整机制 …… 180
5.2.2 科学结合产学研，培养畜牧业转型升级需要的人才 …… 184
5.3 传播办学特色，引领农业高职院校教育发展 …… 187
参考文献 …… 199
附录 1 校企合作管理规范 …… 200
附录 1-1 关于加强农业高等职业院校实施校企合作办学的意见 …… 200
附录 1-2 关于同意成立江苏畜牧兽医职业技术学院现代畜牧业校企合作联盟理事会的批复 …… 203
附录 1-3 江苏现代畜牧业校企合作联盟理事会章程 …… 204
附录 1-4 江苏现代畜牧业校企合作联盟理事会议事制度 …… 209
附录 1-5 江苏现代畜牧业校企合作联盟共享资源管理办法 …… 211
附录 1-6 江苏现代畜牧业校企合作联盟财务管理制度 …… 213
附录 1-7 江苏现代畜牧业校企合作联盟校企合作项目管理办法 …… 217
附录 1-8 江苏现代畜牧业校企合作信息平台管理办法 …… 220
附录 1-9 江苏现代畜牧业校企合作联盟成员单位申请表 …… 222
附录 1-10 校企合作协议书 …… 223
附录 1-11 校企合作调查问卷(企业卷) …… 227
附录 1-12 校企合作调查问卷(职业卷) …… 229
附录 1-13 校企合作调查问卷(教师卷) …… 231
附录 2 深度合作企业介绍 …… 234
附录 2-1 江苏现代畜牧科技示范园 …… 234
附录 2-2 江苏倍康药业有限公司 …… 235
附录 2-3 江苏高邮鸭集团 …… 236
附录 2-4 常州康乐农牧有限公司 …… 237
附录 2-5 正大集团南通正大有限公司 …… 238

附录 2-6 江苏雨润食品产业集团有限公司 …… 239
附录 2-7 江苏长青兽药有限公司 …… 240
附录 2-8 无锡派特宠物医院 …… 241
附录 2-9 江苏益客集团 …… 242
附录 2-10 上海百万宝贝宠物生活馆 …… 243
索引 …… 244

图目录

图 2-1 “三业互融、行校联动”人才培养模式运行图 …… 35
图 2-2 就业导向的实践教学体系设计思路 …… 36
图 2-3 “双线管理、层层对应”的实践教学运行与管理系统 …… 42
图 2-4 高等职业教育校企合作项目主要利益相关者的组成及其关系 …… 48
图 2-5 组织有效性与管理有效性的关系 …… 61
图 3-1 工学结合及相关概念之间的关系 …… 82
图 3-2 校企合作示范区运行机制之间的关系 …… 85
图 3-3 校企合作联盟组织结构 …… 92
图 3-4 校企合作联盟成员企业遴选机制 …… 101
图 3-5 “双线管理、多元评价”教学质量保障体系 …… 113
图 4-1 召开校企合作联盟成立大会 …… 119
图 4-2 “校企合作与专业内涵建设”专题报告 …… 123
图 4-3 校企合作联盟理事会管理团队与台湾企业签署合作协议 …… 124
图 4-4 校企合作管理信息系统 …… 125
图 4-5 企业专家参与面试学生职业倾向 …… 126
图 4-6 行业、学院领导为育种分公司揭牌 …… 129
图 4-7 企业专家指导学生专业技术操作 …… 129
图 4-8 学院与常泰农牧有限公司签署校企长效合作协议 …… 130
图 4-9 “双岗双职”校企合作管理体制 …… 131
图 4-10 国家 GMP 验收总结会 …… 131
图 4-11 学生岗位技能考核 …… 132
图 4-12 教师工作站成立会 …… 132
图 4-13 养鸡教学基地成立仪式 …… 133
图 4-14 江苏高邮鸭集团教师工作站 …… 134
图 4-15 青年教师在企业培训 …… 134
图 4-16 青年教师在企业顶岗锻炼 …… 136
图 4-17 青年教师参与企业竞聘活动，领悟人才成长机制 …… 136
图 4-18 强化专业教师实践技能培训 …… 136
图 4-19 畜牧兽医职业岗位能力分析 …… 143
图 4-20 畜牧兽医专业全面素质目标培养课程体系 …… 144
图 4-21 畜牧兽医专业岗位关键能力培养进度 …… 145
图 4-22 “养猪及猪病防治”职业行动领域分析 …… 146
图 4-23 猪生产一体化教室示意图 …… 155
图 4-24 陈长春老师开展技术培训 …… 164
图 4-25 学生顶岗实习培训 …… 169

图 4-26 企业颁发奖学金 …… 171
图 4-27 优秀学生荣获企业奖学金 …… 171
图 4-28 企业技师张金富在校中厂指导学生测定种鸭生产性能 …… 173
图 4-29 “校中厂”培育的蛋鸭新品种 …… 173
图 4-30 农业行业国家职业标准制、修订项目论证会 …… 174
图 4-31 农业行业国家职业标准制、修订培训会 …… 174
图 5-1 “品种＋基地＋技术＝富民”服务“三农”模式 …… 177
图 5-2 自主培育新品种“苏姜猪” …… 178
图 5-3 自主培育配套系“苏牧 1 号”白鹅 …… 178
图 5-4 盐城鸿源农牧业有限公司 …… 178
图 5-5 滨海鼎泰鹅业有限公司 …… 178
图 5-6 发酵床养殖技术 …… 179
图 5-7 网上平养技术 …… 179
图 5-8 人工授精技术 …… 179
图 5-9 学生进行产学研结合课程培训 …… 186
图 5-10 学生在生产车间顶岗实习 …… 190
图 5-11 张琳观察仔猪生长情况 …… 196
图 5-12 2012 年中国高等职业教育社会责任年会暨质量报告发布会 …… 198
图 5-13 学院吉文林书记出席 2012 中国高职教育社会责任年会 …… 198

表目录

表 2-1 国家示范性农业高等职业院校的办学模式 …… 17
表 2-2 国家示范性农业高等职业院校涉农专业人才培养模式描述 …… 27
表 2-3 国家示范性农业高等职业院校中涉农专业实践教学课程体系 …… 37
表 2-4 两类高等教育的质量指标 …… 55
表 3-1 工作、行业分类关系 …… 68
表 3-2 职业教育与普通教育的主要区别 …… 70
表 3-3 近九年政府工作报告中的“职业教育”表述 …… 70
表 3-4 校企合作及相关概念在政策法规中的变化 …… 76
表 3-5 农业高等职业教育校企合作育人的概念框架 …… 87
表 3-6 校企合作联盟管理体制创新的顶层设计 …… 90
表 3-7 校企合作企业信息调查表 …… 99
表 3-8 校企合作执行机构的职责 …… 104
表 3-9 合作企业人员在学校担任角色分析 …… 105
表 3-10 校企合作决策机构的制度 …… 107
表 3-11 学校内部的校企合作管理制度 …… 108
表 3-12 企业内部的校企合作管理制度 …… 108
表 3-13 校企合作操作机构的运行制度 …… 109
表 3-14 校企合作绩效评价标准 …… 110
表 3-15 高等职业教育质量标准体系 …… 114
表 4-1 示范校与骨干校建设主要内容对照表 …… 118
表 4-2 新生报到率比较表 …… 127
表 4-3 企业技师工作站建设内容 …… 136

表 4-4 工作分析的引导问题记录表 …… 140
表 4-5 专业调研报告主要质量监控点与评价指标 …… 141
表 4-6 畜牧兽医专业岗位职业工作任务 …… 143
表 4-7 职业行动领域分析表 …… 143
表 4-8 专业教学标准的质量监控点与评价指标 …… 144
表 4-9 “养猪及猪病防治”专业能力分析表 …… 147
表 4-10 “养猪及猪病防治”方法能力分析表 …… 148
表 4-11 “养猪及猪病防治”社会能力分析表 …… 149
表 4-12 “养猪与猪病防治”学习领域描述 …… 151
表 4-13 学习情境的排序 …… 152
表 4-14 学习目标的分层和常用行为动词 …… 152
表 4-15 “种猪繁育”学习情境描述 …… 152
表 4-16 畜牧兽医专业课程资源库表 …… 154
表 4-17 课程标准的质量监控点与评价指标 …… 155
表 4-18 基于校企合作、工学结合的教学管理制度一览表 …… 156
表 4-19 “猪活体测膘”项目教学法设计 …… 158
表 4-20 教学质量一级评价指标构成表 …… 159
表 4-21 教学质量学生评价表(A1) …… 160
表 4-22 教学质量学校督导评价表(A2) …… 160
表 4-23 教学质量学校同行评价表(A3) …… 161
表 4-24 教学质量企业技师评价表(A4) …… 162
表 4-25 听课记录表 …… 163
表 4-26 学生就业质量评价表 …… 163
表 4-27 食品营养与检测专业课程能力分解表 …… 167
表 4-28 教师工作站关于顶岗实习的工作分工 …… 168
表 4-29 南通正大有限公司畜牧兽医专业顶岗实习课程标准 …… 168
表 4-30 企业培训安排表 …… 169
表 4-31 企业岗位考核标准 …… 171
表 5-1 食品营养与检测专业岗位职业能力分析表 …… 182
表 5-2 “产品指标监测”岗位主要工作任务分析表 …… 183
表 5-3 食品营养与检测专业岗位核心能力与工学结合课程分析表 …… 183
表 5-4 产学研结合企业中心列表 …… 185
表 5-5 产学研结合工程研究中心列表 …… 185
表 5-6 研究课题基本情况表 …… 186
表 5-7 产学研结合课程课务分工表 …… 186

报道目录

报道 2-1 紧扣畜牧产业链 产学研结合育人才 …… 22
报道 4-1 行业出台政策,奖励校企合作优秀兼职教师 …… 124
报道 4-2 校企合作招生,培养与就业直通车 …… 166
报道 5-1 这里的毕业生为何供不应求 …… 188
报道 5-2 资源共享,校企合作才能“水乳交融”大有作为 …… 189
报道 5-3 江苏畜牧兽医职业技术学院特色人才受欢迎 …… 191

报道 5-4 江苏牧医学院构筑人才高地 助推“农业科技创新” …… 192
报道 5-5 放弃安稳国企,选择擅长专业 “80”后女大学生回乡养猪 …… 195
报道 5-6 扩大对外开放办学,拓展国际交流合作 …… 197
报道 5-7 产学研结合育人质量得到社会认可 …… 197

实例目录

实例 4-1 创新管理体制,组建校企合作联盟理事会 …… 119
实例 4-2 解决实际问题,不定期召开校企合作联盟常务理事会 …… 120
实例 4-3 互动发展,适时召开校企合作专题会议 …… 121
实例 4-4 转变合作理念,提升校企合作办学层次 …… 123
实例 4-5 赴台湾交流访问,提升团队管理能力 …… 124
实例 4-6 共建校企合作管理信息系统,提升合作管理水平 …… 124
实例 4-8 校企合作共建“订单班” …… 127
实例 4-7 校企合作招生,提高培养人才的定向性 …… 126
实例 4-9 校企共建“校中厂”标准化养鸭基地 …… 128
实例 4-10 校企合作共建养猪业转型升级示范基地 …… 130
实例 4-11 实施“双岗双职”管理体制 …… 130
实例 4-12 共建生态健康养殖的养鸡教学基地 …… 133
实例 4-13 共建肉品质量安全检测中心 …… 133
实例 4-14 帮助企业解决实际问题 …… 134
实例 4-15 青年教师成长的摇篮 …… 134
实例 4-16 双师切磋,练就培养人才技能 …… 136
实例 4-17 建设远程学习系统,共享前沿技术 …… 137
实例 4-18 完善“课堂-养殖场”工学交替培养人才的实现形式 …… 139
实例 4-19 在农村大地书写责任与奉献 …… 164
实例 4-20 动态调整能力本位的课程体系 …… 166
实例 4-21 精细化管理,做实顶岗实习课程 …… 168
实例 4-22 今日企业给我奖励,明日我助企业发展 …… 171
实例 4-23 校中厂里育新鸭,成果转化富万家 …… 172
案例 4-24 制定行业职业标准,引领产业发展 …… 173
实例 5-1 校企合力:品种＋基地＋技术＝富民 …… 177
实例 5-2 四方联动,行业标准引领人才培养 …… 181
实例 5-3 开发产学研结合课程,培养企业需要的育种人 …… 186

对话（江苏畜牧兽医职业技术学院骨干院校建设办公室教师H与江苏省教育厅领导J对话）

H：J处长，您好！我们都知道，校企合作是高等职业教育发展的必由之路，而体制机制是目前校企合作中的关键问题和难点问题，那么，影响校企合作体制机制建立的最根本因素是什么？

J：这是一个非常值得探讨的话题。我的理解是：高职院校与企业是市场经济中两个不同质的经济主体，他们之间的关系不同、资源价值取向不同，会产生不同的体制，不同的体制就会带来不同的运行机制。因此，高职院校和企业的组织间关系是影响校企合作体制机制的最本质因素。只有正确认识和把握这些关系，才能构建适合中国国情的校企合作关系，找到高职院校与企业之间教育资源共享的结合点，实现校企合作体制机制的突破。

1 缘 起

职业教育研究的传统范式基本上可归纳为两种：一种是演绎范式，即试图从一般教育理论中演绎出职业教育理论；另一种是经验范式，即从经验层面对职业教育实践问题进行探讨。前者囿于学科制教育学框架，难以构建自身特色；后者虽有特色，但理论性不够突出[1]。我们从提出有价值的农业高等职业教育问题入手，确立实践立场，以职业教育实践问题为中心，力图在农业高等职业教育理论与实践方面有所突破。

《现代汉语词典》将"问题"解释为："①要求回答或解释的题目；②需要研究讨论并加以解决的矛盾、疑难；③关键、重要之点；④事故或麻烦。"[2]从研究的角度看，"问题"不是第一、第三和第四种解释，而是第二种，这与《科学方法辞典》中的解释："需要研究探讨并加以解决的事物的矛盾或疑难之处"[3]相似，这也与《哲学大辞典·逻辑学卷》中对"问题"的阐释"疑难和矛盾"[4]相近。由此推论，所谓问题即"疑难和矛盾"。那什么样的问题才是关于农业高等职业教育有价值的问题，以及如何才能提出有价值的农业高等职业教育问题。这就涉及到两个问题：一是农业高等职业教育问题的内涵，即存在哪些问题；二是农业高等职业教育问题是如何形成的，它是客观存在的，还是主观生成的。从实践论的角度看，人们的实践是一种有目的的活动，职业教育实践更不例外。在教育实践中，人们总是面对着两种状态：一是实践主体面对的现实的教育状态；二是实践主体希望达到的理想的教育状态。这一教育的现实状态与理想状态之

---

1 石伟平.职业教育原理.前言[M].上海：上海教育出版社，2007.

2 中国社会科学院语言研究所辞典编辑室.现代汉语词典[Z].北京：商务印书馆，1988：1207.

3 丁煌.科学方法辞典[Z].延吉：延边大学出版社，1991：141.

4 傅季重.哲学大辞典·逻辑学卷[Z].上海：上海辞书出版社，1988：192.

间的差异就构成了教育问题[1]。因此，为便于发现问题，我们设计了三个观察的角度，一是国家示范性农业高等职业院校建设后存在问题；二是农业高等职业教育存在问题；三是农业高等职业教育校企深度合作存在问题，作为探索与实践的逻辑起点。

1.1 国家示范性农业高等职业院校建设后存在问题

农业高等职业院校是以服务农业、农民、农村经济发展为宗旨，举办农(林、牧)类专业和涉农专业为主干专业，以培养现代农业生产、管理、服务第一线需要的具备综合职业能力和全面素质的高素质高技能应用型人才为目标的高等职业院校。2006 年 11 月国家教育部、财政部启动并实施了国家示范性高等职业院校建设计划，参与建设的高等职业院校在办学特色、办学实力、管理水平、教学质量、辐射能力和办学效益等方面都有明显提高，发挥了改革、管理与发展的示范作用，带动其他高等职业院校加快改革与发展的步伐，更好地为社会经济发展服务。经过三年的建设，随着国家示范性农业高等职业院校建设验收工作的完成，进入了后示范和骨干高等职业院校建设的新阶段。因此需要梳理新形势下，国家示范性农业高等职业院校建设后存在的主要问题，探索解决问题的方法，进一步提高农业高等职业教育教学质量，更好地引领全国农业高等职业院校发展。

1.1.1 高等职业教育“类型”的独立体系缺失

教育部 2006 年 16 号文件中将高等职业教育确定为高等教育发展中的一个“类型”，这是我国对世界高等教育的重大贡献。既然高等职业教育是高等教育的一种类型，那么可否健全职业教育体系，与普通高等教育并列招生？而不是排列在高考招生的最后方阵，成为本科教育的补充。事实上，尽管高等职业教育的研究者和办学者在一厢情愿的极力呼吁，尽管事实上高等职业教育已占“半壁江山”，但是道路并不平坦，原因是整个社会环境还没有从根本上解决高等职业教育存在的问题，而是在潜移默化中向社会灌输一种“上大学(主要是指本一、本二、本三)才是正途，上职校是失败者的出路”的理念。因此，每个孩子在上小学时就都被预设了上“大学”的理想。

国家示范性农业高等职业院校建设后，如何进一步发展农业高等职业教育“类型”？如何在政策支持、理论研究、体系构建、实践运行、质量评价等层面保障高等职业教育的独立性和自主性，形成自身的体系？如何增强高等职业院校的办学活力，解决“以就业为导向”的职业教育办学方针与建立中高职衔接带来的就业和升学矛盾？等等问题都需要进行理论研究与实践探索。

1.1.2 高等职业院校的行政管理体制改革难突破

到 2011 年底，全国有高等职业(专科)院校 1 246 所。从高等职业院校举办方或隶属关系的角度看，示范性高等职业院校可以分为五种类型，一是中央国家机关举办；二是省级教育主管部门举办；三是省级行业主管部门举办(如省级农业委员会、交通厅等)；四是副省级或地市级政府举办；五是国有大型企业举办。我国高等职业教育是以地方政府举办的公立学校为主，在这一背景下，如何深化教育行政管理体制改革，破除教育资源管理障碍，推进校企合作办学的管理体制改革？

---

1 李润洲. 教育问题的价值辨识与生成[J]. 中国人民大学书报资料中心 · 教育学，2011(7)：33-38.

1.1.3 高等职业院校的管理能力不适应内涵发展要求

随着校企合作、工学结合向深度推进，各种社会教育资源共享到高等职业院校的教育教学中，迫切需要提高综合管理能力，主动对接区域主导产业、核心产业发展，加强学校发展的战略规划和顶层设计，设计出与校企合作相适应的教育教学管理制度；需要提升资源整合能力，根据资源共享程度，建立与之相适应的校企合作关系；需要加强多渠道筹措办学经费的能力，改变依赖财政性教育投资状况，募集到更多的满足学校发展的办学资金；需要提高财务预算与执行能力，国家对高等职业教育投入的加大，预算执行约束也会加强，需要学校按照财政教育经费和专项资金的用途合理、正确使用，不断改善办学条件，提高资金使用效益，促进人才培养质量的持续提升。

1.1.4 高等职业院校的办学体制机制不适应校企深度合作的需要

高等职业院校要培养企业需要的人，必须实行校企合作办学模式改革。工学结合的人才培养模式要求高等职业院校与行业、企业共同进行技术研发与服务、人才培养与培训，通过建立校企合作平台，完善行业、企业参与人才培养全过程的资源共享、人才共育、过程共管、责任共担、成果共享的长效合作机制，落实学生生产性实训课程、顶岗实习课程、与企业技术紧密结合的毕业设计课程、教师实践锻炼与服务、企业员工培训等实际工作，实现合作就业与合作发展。而要实现这些目标，既需要学校和企业在机构、经费、人员等方面通过协议机制、市场机制、分配机制进行分工合作的投入，又需要依据合作的方式建立明确的操作流程，做到权责明确、利益清楚、价值认可。可是，现行的高等职业院校内部办学体制机制与校企合作办学并不相适应。

1.1.5 校企合作成本与风险的承担主体不明确

企业作为工学结合人才培养模式尤为关键的参与方，关注更多的是本身的成本、风险与收益。目前，学校希望专业对口企业支持、参与工学结合教学，派出技术人员传授技能，留出生产岗位让学生“顶岗实习”并能有足够的岗位换岗，但这只是政府和学校的一厢情愿。这些事情都需要企业不只是付出代价，而且要冒着风险。如果不把这些成本与风险的承担主体明确清楚、补偿机制建立起来，企业愿意与学校合作吗？

1.1.6 行业企业参与生产性实训基地建设的动力不足

高等职业教育要培养“会工作”的高端技能型人才，必须要建设生产性实训基地，没有这一过渡性的教学过程，直接从课堂教学就到顶岗实习是不符合教育规律，注定要失败的。生产性实训体现在两个方面，一是要有生产性与实训性相结合。必须具备企业真实的工作环境、文化氛围和管理模式，按照企业工艺生产流程来建设实训室，具备生产的硬件和软件；同时教学过程与生产过程相一致，学生实际操作与现场训练相结合，学做合一。二是真实性与效益性相结合。引入企业的真实生产项目，在实训中生产一定的产品，作业就是产品，产品进入市场就是效益，有效益考核才能引起学生重视，才能珍惜，同时还可以补贴实训成本。问题是怎么把企业引入学校？这就需要我们换位思考：为何行业企业不愿与我们合作？我们都为他们做了些什么？产权归属怎么处理？利益怎么分配？产生纠纷依据哪些法律来处理？

1.1.7 高等职业院校的师资与工学结合培养人才的要求不相匹配

中国走内需拉动、新型工业化、现代农业发展道路，转变经济发展方式和产业升级，迫切需

要高等职业院校的实训设备跟上产业发展的步伐，教师不断提升服务产业发展的能力，学生一毕业就能上岗的能力。可我们还没有建立独立的高等职业院校的教师资格评价系统，还没有对高等职业院校的教师发展职业化进行探索与实践，还没有对教师的教育时间、教育能力、学习时间、学习能力、研究能力等做过详细的调查、统计与分析，以此改变人事分配制度、职务晋升制度，改变不适合校企合作、工学结合的制度，引导教师主动去改革教学内容，主动去联系企业。如果一个教师能联系上3～5个企业，轮流管理顶岗实习的学生，跟踪企业发展的技术路径；如果专业带头人在服务区域里凭借专业能力与行业企业建立稳定的合作关系，追踪产业发展的意识，我们就能很好地服务产业发展了。问题是我们还不具备这样的能力，甚至还不知道从哪里入手去解决这些问题。

实践证明，任何好的政策都有时效性，受到范围、对象、时间等因素变化的限制，因而不可能成为解决某一问题的终结，国家示范性农业高等职业院校建设也不例外。当我们从政府、行业、企业、学校、学生、学生家长、社会公众等多视角、开放性思考这些问题的时候，就会感到任重而道远。

1.2 农业高等职业教育发展中存在问题

农业的根本出路在科技和教育。农业高等职业教育作为我国高等职业教育的重要组成部分，在推进农业现代化进程中发挥着不可替代的作用。我国农业高等职业教育经过了近20年的跨越、转型和提升，取得了很大的发展，培养了数以百万计的农业发展急需的技术应用性人才，为我国农业现代化、农民增收、社会主义新农村建设和实现高等职业教育大众化作出了重要贡献。但是，我们应该清醒地认识到，当我国的经济建设进入到工业化、信息化、市场化、全球化、城镇化的新阶段时，必须重新审视农业高等职业教育发展中存在的问题，如农业高等职业教育经费投入不足，农业高等职业院校办学条件较差；学生从事非农专业、到城市工作，已经成为当下报考学生、毕业学生的主流选择；专业建设质量不高，毕业生社会认可度低；教师的专业服务能力弱，科研与教学、应用结合度低等。

1.2.1 农业高等职业院校的专业设置要与农业职业的发展变化相适应

《中华人民共和国职业分类大典》(2007增补本)中涉及农业职业的主要是第五大类(GBM 5)农、林、牧、渔、水利业生产人员，主要包括从事农业、林业、畜牧业、渔业及水利业生产、管理、产品初加工的人员。其中包括6个中类，30个小类，121个细类。结合农业、农村和农民中出现的新情况，借鉴国外的农业职业分类进行调整，有必要加上以下职业类别：①有关农业市场运作及管理方面的职业，如农产品经纪人、农业协会管理人员等；②有关农业物资供应与销售方面的职业，如农业生产资料、农业初级产品的加工与营销人员等；③有关农产品仓储与物流管理方面的职业，如农产品仓库管理员、农产品物流人员等；④有关农业工程技术方面的职业，如生物工程技术员等；⑤有关农业经营管理方面的人员，如农业金融、财务、经营管理、法律方面人员等；⑥有关农业信息化方面的职业，如农产品信息采集、发布、传播与服务方面，农产品质量追溯方面的人员等。当然，我们也可以从农业产业链的角度进行划分，主要包括为农业生产服务的科学研究部门和农业生产资料的生产部门这些产前环节，农作物种植和畜禽饲养等中间产业部门，以及以农产品为原料的加工、储存、运输、销售等产后部门。

农业不仅仅是个产业，也是一个职业。一个人的职业身份是要通过工作活动表现出来的，在实践工作中运用技术的人，我们称之为“技能型”的人。任何职业劳动和职业教育都是以职业的形式进行的。农业高等职业院校的专业设置与农业职业的发展变化是否相适应，这是我们回避不了、也绕不开的一个重要问题。

1.2.2 农业高等职业教育的目标定位需要匡正

农业高等职业教育的人才培养目标虽已逐步清晰，但对具体的目标规格还缺乏十分明晰的统一认识。我国教育界对这个问题的认识与表述经历了一个嬗变过程。1998 年提出培养“实用人才”；教育部《关于加强高职高专教育人才培养工作的意见》(高教[2000]2 号)中提出要培养“高等技术应用性专门人才”；2004 年提出培养“高技能人才”；教育部《关于全面提高高等职业教育教学质量的若干意见》(高教[2006]16 号)和《国家高等职业教育发展规划(2010—2015)》中都提出要培养“高素质技能型专门人才”；教育部《关于推进中等和高等职业教育协调发展的指导意见》(教职成[2011]9 号)中明确提出“中等职业教育是高中阶段教育的重要组成部分，重点培养技能型人才，发挥基础性作用；高等职业教育是高等教育的重要组成部分，重点培养高端技能型人才，发挥引领作用。”这些变化反映了政府制定政策时充分考虑到经济社会发展对人才需求规格和重点的适应。目前学界就高等职业教育人才培养目标规格的认识上也存在不少争议，主要观点有：一种认为高等职业教育应以培养技术型人才为主，其中一分支观点认为从层次上按照“高等技术应用性专门人才”培养；另一种观点认为侧重于培养技能型人才，其中一分支观点也是从层次上按照“高技能人才”培养，还有一种认为侧重于“培养生产、管理、服务、建设的高素质技术技能型人才”(俞仲文，2011)，技术技能型人才是具有一定技术应用能力的高技能人才。这种人才培养目标规格认识上的不尽统一，导致了高等职业教育人才培养的总体要求、质量标准和培养过程中的一些盲目和混乱，具体到农业高等职业教育的这条线上，就更需要匡正目标定位。如果把人力资源的能力分成体能型、技能型和智能型，那么农业社会需要的是身强力壮、吃苦耐劳的体能型人才；工业社会需要的是掌握熟练技术、具备专门技能的技能型人才；知识经济社会需要的是精通知识、能胜任创造性和开发性工作的智能型人才。面对 21 世纪我国正在建设社会主义新农村，农业在质、量、结构等方面发生了深刻变化，需要更多的农业科技创新人才、优质专用新品种开发人才、畜禽防疫和疾病控制人才、农民信息员和农民经纪人、农产品加工业经营人才等。

1.2.3 农业高等职业教育发展的体制机制需要突破

高等职业教育的外延变化、规模扩张，伴生了诸多深层次、亟待解决的问题，如办学方向不明确，办学定位不清晰，高等职业教育与普通教育之间同类化、高等职业院校之间同质化现象严重，致使高等职业教育管理体制不顺畅，办学活力动力不够，投入机制单一，办学特色不明显，人才培养质量不高，发展后劲不足等等，这些问题直接或间接源于我国现行高等职业教育体制机制所存在的缺陷，成为制约我国高等职业教育可持续发展亟待解决的瓶颈问题。

1. 从宏观的管理体制看，管理体制僵化，缺乏统筹协调

宏观环境的制约，使得高等职业教育的发展环境缺乏可持续性。主要表现为：①除了传统的社会文化观念需要进一步转变外，国家的相关法律制度和政策体系也有待进一步完善。《职业教育法》作为一部国家职业教育的基本法，还远未完善，对行业企业承担职业教育的法律责任不明晰，利益驱动机制不健全，政府相关部门政策不配套，特别是社会资本进入公办院校的问题在法律方面没有通道，造成职业教育的校企合作办学缺乏必要的法律制度保障。②《职业

教育法》规定，国务院教育行政部门负责职业教育工作的统筹规划、综合协调、宏观管理；国务院教育行政部门、劳动行政部门和其他有关部门在国务院规定的职责范围内，分别负责有关的职业教育工作。这种"中央集权制"导致高等职业院校缺乏办学自主权，社会中介发育缓慢，立法与信息服务的职能不够突出。由于计划经济体制的惯性，导致学校建立、经费投入、专业设置、招生计划以及教育教学活动、科学研究、社会服务等，都遵循国家或主管部门的指令，形成了按行政机构规则办事的运行机制，削弱了市场、社会、行业、产业、企业与学校的联系，也压抑了制度创新主体的积极性，缩减了制度创新的空间。同时，由于政府及教育主管部门的有限理性和偏好，政府发展高等职业教育的统一性要求与地区、行业、学校发展的差异性形成了尖锐矛盾，加剧了教育资源配置非优化和高等职业院校之间的不平等竞争。

2. 从中观的办学主体看，我国高等职业教育办学体制最突出的问题是资源条块分割，多头管理，政出多门，资源缺乏整合，责权利不能协调统一

由于高等职业院校的行业分割、部门分割和条块分割，导致以下结果：①由于体制和隶属关系的障碍，不同主管部门下属的高等职业院校无法实现资源整合、统筹发展，难以发挥职业教育资源的规模效益和整体效应；②由于办学主体不明，省市职责划分不清，往往政出多门，表面上的多头管理，而实际无人管理，管理缺位、错位、越位，致使各院校的培养目标、经费投入、招生计划、人事管理、行政与业务管理、评价标准等不能协调统一，院校之间不可避免地存在重复建设和低水平恶性竞争，造成资源的内耗和利益冲突；③高等职业院校难以按照自身发展规律要求和市场机制优化配置和整合，致使学校、专业结构和布局不合理，不能统筹高等职业院校与社会、行业和企业协调发展。

3. 从微观的内部体制机制看，高等职业院校缺乏个性、效率低下

在内部管理体制方面，其领导体制套用普通高等学校模式，实行党委领导下的校长负责制(公办)，形成了较为稳定的政治管理、行政管理、学术管理三块内容。这种领导体制和三大管理系统不仅不适应依法办学、自主管理、民主监督、社会参与的现代学校制度，而且也与高等职业教育必须遵循市场化、开放性、应用型的办学规律不协调。众所周知，校企合作、工学结合是职业教育发展的必由之路，也是艰难之路，而现行的高等职业院校内部政治色彩浓厚、行政角色意识强烈、官本位思想严重的行政壁垒，使得高等职业教育难以引入市场(行业、产业、企业)这个"看不见的手"，校企合作很难取得实质性进展。在这种管理体制下，普遍存在着管理粗细失当、效率低下等问题。

在内部管理模式方面，我国现有的绝大多数高等职业院校大都是由中专升格、成人教育或职业大学改制而成。一些高等职业院校的内部管理模式，表面上是建立了院校一级、系(部)二级管理制度，但在实际操作中，基本上沿用中专或套用普通高校的管理体制和管理模式，其二级管理没有明确的基本职能划分，学校行政管理部门与教学部门在职能上存在着过多的交叉和重叠，过程管理仍过多地集中在校一级和职能部门，系(部)缺乏自主性和创造性，管理重心并未真正下移，以致造成学院、系(部)的责、权、利分离等现象，缺乏职业教育的个性与特色。

1.2.4 农业高等职业院校的办学条件需要改善

农业高等职业院校的办学条件未能及时跟上规模扩张的需要，办学条件包括图书馆的面积和学生人均图书及电子刊物、学生人均校舍面积、学生人均教学行政用房面积、学生人均教学仪器设备、学生人均实习经费、学生人均实训基地、学生人均实习岗位等，这些将成为今后一

段时间提高农业高等职业教育教学质量的主要障碍。

1. 在投入机制方面，国家还没有建立起长期的、有效的、稳定的农业高等职业教育投入机制

现行“以学生学费为主、政府补贴为辅”的投入机制致使高等职业院校办学经费来源单一、数量有限、缺口很大，具体体现在：①“学术型”高等教育的投入观念根深蒂固，由于人们对高等职业教育的特性认识不足，没有意识到高等职业教育需要付出高昂的成本。据江苏省测算的有关教育成本的统计数据，高等职业教育的成本是普通高等教育的2.64倍，而财政在统筹安排经费时往往偏袒普通高等院校。②国家财政投入的主渠道作用较弱，财政拨款标准较低。国务院2002年、2005年关于发展职业教育的决定中规定：“城市教育费附加安排用于职业教育的比例，一般地区不低于20%，已经普及九年义务教育的地区不低于30%。”“一般企业按照职工工资总额的1.5%足额提取教育培训经费，从业人员技术素质要求高、培训任务重、经济效益较好的企业可按2.5%提取，列入成本开支。”但这些规定在许多地方没有落实。在高等职业教育经费中，政府拨款不足60%。在软硬件无法从政府拨款主渠道得到保障的情况下，各高等职业院校只能依靠提高学费和扩大规模来保障办学基本运行，高等职业学校学费一般为4 000～8 000元，这种状况不仅导致学生负担加重，还使很多高等职业院校的办学条件达不到国家标准，教育教学质量难以保障。③省、市在高等职业教育投入中职责不明确、政策执行不力，导致许多高等职业院校学生人均经费不足，发展困难，尤其是经济欠发达的省市投入（高职）职业教育的经费更是力不从心，甚至连人头费都难以保证。④办学经费来源单一，非政府集资渠道不畅。高等职业院校正处于建设与发展的“爬坡”时期，再加上其先天不足的弱势地位对行业、企业还不具备足够的影响力和吸引力，又缺少政府促进多元融资的支持政策，使得高等职业院校很难形成以政府为主导，企业、行业和社会力量积极参与的多元投入机制。

2. 农业高等职业院校教师队伍数量不足，素质不高，结构不合理

一是缺编严重。高等职业院校由于专业和实习的需要，应当编配比普通学校更多的教师，而实际上教师编制比普通学校少。高等职业院校的教师编制并没有随招生规模的不断扩大而增加。二是素质不高。近年来，国家教育行政部门及各高等职业院校，采取了一系列措施加强高等职业院校的师资队伍建设，取得了显著成绩，但仍不能满足高等职业教育发展的要求。主要表现在：①高学历层次的比例不够；②职称、专业结构不合理；③实践能力偏弱；④来源渠道单一；⑤兼职教师较少。高等职业教育的教师，除了必须具备普通高校教师所必备的职业道德素质、文化素质、心理素质和能力素质外，还要有其独特素质要求，如实践教学能力素质、操作演示能力素质、职业教育研究能力素质、职业研究能力素质、就业指导能力素质等。三是教师队伍结构不合理。高等职业院校教师主要从师范院校等普通高校招录，缺乏企业工作经验和专业技能，既是教师又是工程师的“双师型”教师更是严重缺乏。四是高等职业院校教师职称评定和收入分配没有单独的序列，往往是按普通学校的规定和标准执行，没有反映出职业教育特点，限制了企业和科研单位的工程技术人员、高技能人才进入高等职业院校教师队伍。

1.2.5 农业高等职业教育的教学质量需要提高

经济发展方式决定教育发展方式。经济发展方式由高投入、高耗能、低技能、低附加值向提高技术含量、提升产品结构、提高产品附加值转变，对高素质技能型专门人才提出了更高要求。一方面，企业只有与高等职业院校有合作发展的价值，企业才能愿意与学校合作办学；另

一方面，高等职业院校的教育教学质量适应了区域经济社会发展的需要，才有与企业合作的可能。目前，农业高等职业教育的专业设置、人才培养模式、课程设置和人才培养质量还难以完全适应区域农业经济社会发展的需要，农业高等职业教育与经济建设“两张皮”的现象还严重存在。目前的主要问题是：

1. 实践基地功能弱

目前农业高等职业院校的实训、实习基地没能发挥示范作用，养的畜禽没有农民养得好，种的农作物不如农民的产量高，缺少实实在在的说服力。加强实训、实习基地建设是高等职业院校改善办学条件、彰显办学特色、提高办学质量的重点。主要体现在：①要按照教育规律和市场规律，本着建设主体多元化的原则，多渠道、多形式筹措资金；②要紧密联系行业企业，厂校合作，不断改善实训、实习基地条件；③要积极探索校内生产性实训基地建设的校企组合新模式，由学校提供场地和管理，企业提供设备、技术和师资支持，以企业为主组织实训；④要加强和推进校外顶岗实习管理力度，不但要有老师负责指导与管理，而且要切实提高学生的实际动手能力；⑤要充分利用现代信息技术，开发虚拟工厂、虚拟车间、虚拟工艺、虚拟实训；⑥要建设优质资源共享型的高水平校内生产性实训基地。

2. 教学团队力量不强

高等职业院校教师队伍教学团队建设要适应人才培养模式改革的需要。主要体现在：①要按照开放性和职业性的内在要求，改革人事分配和管理制度；②要增加专业教师中具有企业工作经历的教师比例，安排专业教师到企业顶岗实践，积累实际工作经历，提高实践教学能力；③要大量聘请行业企业的专业人才和能工巧匠到学校担任兼职教师，逐步加大兼职教师的比例，逐步形成实践技能课程主要由具有相应高技能水平的兼职教师讲授的机制；④要重视培养教师的职业道德、工作学习经历和科技开发服务能力，引导教师为企业和社区服务；⑤要重视中青年教师的培养和教师的继续教育，提高教师的综合素质与教学能力；⑥要加强骨干教师与教学管理人员培训，争取成为在高等职业教育领域有突出贡献的专业带头人和骨干教师，重视建设优秀教学团队，提高教师队伍整体水平。

3. 保障体系不健全

高等职业院校的教学管理要强化质量意识，尤其要加强质量管理保障体系建设。主要体现在：①要以更新现代高等职业教育发展的先进理念和提高高等职业院校领导能力推动高等职业教育改革实践，确保教学工作的中心地位；②要重视过程监控，吸收用人单位参与教学质量评价，逐步完善以学校为核心、教育行政部门引导、社会参与的教学质量保障体系；③要考核学生的“双证书”的获取率与获取质量；④要致力于学生的职业素质养成、顶岗实习管理；⑤要着力提高毕业生的就业率与就业质量；⑥要着力于加强生产性实训基地建设、专兼结合专业教学团队建设。

4. 课程体系不适应

高等职业教育从整体上看还没有建立起自己的课程体系和教学模式。突出表现在：①按照学科分类划分课程门类；②课程设计以理论知识为课程内容主体，弱化课程与职业岗位之间的关系；③以理论知识为学习起点，课程学问化仍然占据主导地位；④按照知识逻辑组织课程内容，过分强调知识的系统性，忽视了知识与工作的关系；⑤以课堂学习为主要学习形式，大量存在理论课程与实践课程“两张皮”现象；⑥以书面形式评价学生学习结果，缺少过程评价、任务评价、产品评价、学生自我评价和企业评价；⑦学生学的知识、技能，特别是职业态度与企业的要求相距甚远，高等职业教育的课程远没有做成真正意义上的课程。

1.2.6 农业高等职业教育的就业质量需要提升

就业是民生之本，高等职业教育必须在全面提高广大劳动者素质和职业技能、缓解就业的结构性矛盾、培养符合经济发展和产业升级需要的高素质技能型专门人才等方面发挥独特的作用。质量问题本质上是一个价值判断问题。不同的评价主体有不同的评价标准，导致对同一事情的评价会形成差异，其原因在于不同的评价主体持有不同的质量观。关于质量，普遍认同的定义（ISO 9000：2000）是"一组固有特性满足要求的程度"。定义中特性是指事物所特有的性质，固有特性是事物本来就有的，它是通过产品、过程或体系设计和开发及其后的实现过程形成的属性。满足要求就是应满足明示的（如明确规定的）、通常隐含的（如组织的惯例、一般习惯）或必须履行的（如法律法规、行业规则）需要和期望。只有全面满足这些要求，才能评定为好的质量或优秀的质量。就业质量一般包括工作性质、工作时间、劳动报酬、工作稳定性、职工培训、工作环境、社会保障、劳动关系等因素。伴随着高等教育的大众化，就业质量下降是我们必须要面对的现实问题。一般认为影响大学生就业的因素有政府服务、社会劳动力就业供求关系、产业发展结构、专业设置、大学扩招、学习质量、就业心态等。

1. 政府就业政策导向与评价体系缺憾

从实际情况看，高等职业学生就业存在三种情况，第一种情况是企业出现"用工荒"，招聘不到合适的人员；第二种情况是毕业生找不到合适的工作，就业质量不尽如人意；第三种情况是报表上反映的是高等职业院校学生的就业率都很高，毕业生都有工作做。这三种相互矛盾的"被就业"现象背后折射出的是政府就业政策导向与评价体系的缺憾。由于政府出台的政策是就业率与招生指标直接挂钩，迫使许多学校为了获取生源运用各种手段提高就业率，学校的短期化行为直接导致教学质量的下降，形成恶性循环。一部分学生基本素质不高，学习基础差，知识积累简单化，只能从事廉价劳动力工作；还有一部分学生的操作技能不强，不能满足企业用工要求，不断转岗、转单位。因此，需要进行校正，从就业质量角度出发，构建以就业率、专业对口率、就业现状满意度、母校总体满意度、用人单位满意度等指标的就业质量评价体系。

2. 农业高等职业院校就业指导体系缺位

在教育部的要求下，绝大多数高等职业院校在人才培养方案中都开设了《职业生涯规划》与《就业与创业指导》课程，可是课程如何教授则是五花八门、各显神通了。第一种情况是方案与课表不一致，方案是应付检查用的，课表是实际操作的，作为第二课堂开设，思想政治理论课教研部老师讲课，学生做作业、考试的传统方式实施；第二种情况是由班主任进行短期培训，学生每天写培训体会；第三种情况是集中听专家报告，学生写感想。这些只注重形式不注重内容，只求数量不求质量，只顾学校眼前利益不顾学生长远发展的做法，是就业指导体系缺位的典型表现，影响了学生的就业能力和就业质量。

3. 农业高等职业院校学生就业价值观缺失

价值观是指人们对认识对象的评价标准、评价原则和评价方法的观点体系。学生的就业价值观对就业期望与社会就业现实之间的差距判断起着非常重要的作用。高等职业院校学生及其家长是人力资本的投资者，他们投入了大量的时间、金钱、青春、希望等，因而期望值都比较高，特别是涉农专业的学生，农业院校毕业生返乡务农、创业的比例呈下降趋势，在选择就业地点时，受"种田管温饱、致富往外跑"的客观现实的影响，学生就业倾向去大城市，去南方、沿海发达城市，不愿去城镇、农村和边远地区；在就业形式上，关注就业，不愿自主创业；在就业单位方面，选择去政府机关、事业单位、国有企业、外资企业的多，选择民营企业、私营企业的少；在职业面向方面，把择业当成生存的“饭碗”，而不是当成生活的“事业”。这些情况既是高等教育精英化时代就业观的延续，又反映出与高等教育大众化时代就业观念的矛盾与碰撞，已经严重影响到学生的持续发展与职业成功。

1.3 农业高等职业教育校企深度合作中存在问题

校企合作的理念不容忽视，从高等职业院校角度看是“对受教育者进行思想政治教育和职业道德教育，传授职业知识，培养职业技能，进行职业指导，全面提高受教育者的素质”的内在要求；从企业角度看是聘用、选拔、培养更为“适用”人才的客观要求。多年来，政府、行业、高等职业院校和企业在校企合作方面进行了一系列的探索，政府和高等职业院校已经形成共识。但总体而言，校企合作的研究与实践、认识与环境、体制与机制、深度与广度、形式与成效等方面还存在着诸多瓶颈，制约着校企合作的发展。

1.3.1 校企合作的理论研究滞后

校企合作研究包括的内容很丰富，有理论研究与实践总结，政策与法规研究，国内与国外比较研究等等。通过对校企合作的研究，揭示其内涵，总结其特色，明确其实施意义，分析合作过程中存在的问题，探讨解决方案，提供决策意见。但是，一方面，中国高等职业教育起步晚、时间短、整个基础比较薄弱，缺乏科学、系统、专门化的研究机构；另一方面，作为一种“类型”与“层次”的高等职业教育还处于起步发展阶段，研究队伍的基础还十分薄弱，从事高等职业教育校企合作理论研究人员的水平和素质相对较低。校企合作理论研究的薄弱性、滞后性和研究队伍的非专业化、实践经验总结不够等问题，使得我国高等职业教育校企合作的理论研究与国外相比还有很大差距，使得我国高等职业教育校企合作的践行者缺乏科学、系统的理论指导，盲目实践[1]。校企合作研究的瓶颈成为制约我国高等职业教育校企合作发展的重要因素。

1.3.2 校企合作体制机制僵化

《国家高等职业教育发展规划(2010—2015 年)》，提出“以体制机制创新作为发展的强大动力，以优化政策环境作为发展的重要保障，以基础能力建设和特色发展为重点，全面提高人才培养质量，建设与社会主义市场经济体制相适应的充满活力的高等职业教育”。《国家高等职业教育发展规划》还明确指出：“以校企合作体制机制创新为重点，深入推进学校办学体制和运行机制改革，积极探索地方政府与行业企业共建高等职业院校新模式”。虽然《国家高等职业教育发展规划》为高等职业院校开展校企合作体制机制建设提供了政策支持，但是，我国高等职业教育体制机制改革是一项艰难、复杂、曲折、庞大的系统工程，《教育规划纲要》并不能完全解决校企合作运行中的所有问题。高等职业院校的多头领导、多元体制、多层次的运行机制，使得我国高等职业院校内部管理体制僵化及运行机制不灵活，与市场经济条件下高等职业院校外部管理体制及运行机制之间相互交织、错综复杂、矛盾重重，专业设置和人才培养质量难以完全适应区域经济社会发展的需要。公办高等职业院校的教育事业行政体制机制与企业的市场经济体制机制无法有效地协调与统一，校企合作中“学校一头热”、“工学两层皮”、“政行

1 叶鉴铭，梁宁森，等.破解高职校企合作“五大瓶颈”的路径与策略[J].中国高教研究，2011(12)：72-74

校企四分离”等体制机制的瓶颈问题仍然未能得到有效解决。

1.3.3 校企合作政策法规缺陷

我国政府制定了不少鼓励发展高等职业教育的政策法规，总的来看宏观指导性强，具体操作性差。一方面，除了《职业教育法》等几部宏观的法律之外，国家或地方几乎没有出台任何具体的校企合作等法规条例与之配套，致使高等职业院校校企合作缺乏完善的政策法规保障，缺乏健全的组织协调保障体系；另一方面，现行的《职业教育法》对行业和企业都有规定，但更侧重他们的责任和义务，且职责方面对其约束力还十分薄弱，而在考虑其权利和利益方面仍存在不足，这就制约了“产教结合”、“校企合作”、“行业介入”、“企业参与”的实质性开展。如要求按照教育规律和市场规则，厂校合作，多元主体建设，多渠道、多形式筹措资金。根据这一要求，就必须有部分学校固定资产由“事业性资产”转为“经营性资产”。对公办院校而言，对照现行的国有资产管理的政策，这种“转变”存在极大的政策障碍；对企业而言，至今没有一部法规保障投入资产的权益。校企双方在实施校企合作中没有明确的法规政策保障责、权、利，致使企业参与高等职业教育缺乏驱动力和约束力。校企合作进入“深水区”后，校企合作法规政策缺陷的瓶颈明显制约着我国高等职业教育发展的动力与潜力。

1.3.4 校企双方缺乏认同

目前来看，学校与企业是不同“道”的主体，双方缺乏合作价值认同，出现了学校的热情性高，企业的积极性低，即企业“一头冷”的问题。从发展目标看，学校追求的是社会效益，企业追求的是经济效益，不能通过市场机制实现“效益”对接；但从发展价值看，两者的文化价值取向应该能相互包容并“殊途同归”，都是为了经济社会发展。

1. 从企业角度看“校企合作”

一是学校与企业文化环境的差异，导致学生在从“学生”到“员工”的转变过程中缺乏正确的认识与理性的行动，导致学生缺乏应有的责任心和职业道德，学生在实习过程中随便离岗离职，严重影响企业的正常生产经营；二是教师的实践动手能力缺乏经验，专业理论与实践教学脱节，培养的学生动手能力不强，学生的职业技能达不到企业的要求；三是教师的科研能力、技术应用能力、技术创新能力较弱，都很难满足企业需求；四是高等职业院校由于教师数量不足，实习分散，没有建立专门的校企合作机构，对实习学生疏于管理，学生在实习中自由散漫。因此，普遍反映的问题是企业承担学生顶岗实习的风险太大，学生在实习操作过程中出现意外，公司要承担所有的责任，这是公司不愿意看到的局面，导致校企合作无法达到理想的效果。

2. 从高等职业院校角度看“校企合作”

高等职业院校受办学成本高、资金投入不足、社会认可度低等因素的影响，部分高等职业院校的办学思路和理念无法跟上企业快速发展的步伐，缺乏先进的实训设备和真正意义上的“双师”素质和结构的教师，学校没有让企业参与学校的课程开发和专业建设，让企业参与学校的教学评价和课程评价机会更少，教师深入企业进行实践锻炼的机会也很少，很难实现“双师型”教师的培养目标，综合以上因素高等职业学校难以培养“适销对路”的高技能型人才。在学校看来，尽管花大力气培养的学生无偿地“送给”企业，结果还是受到企业的冷遇，双方的合作呈现出严重的不对等性。

1.3.5 校企合作资金投入不足

经费投入是高等职业教育校企合作得以实施的重要前提。目前在我国政府主导的高等职业教育体制下，办学经费主要来源于政府投入，对高等职业教育的"准公共品"认识不足，还没有改变政府在教育上承担无限责任的状况，多元化的经费投入机制还没有形成，学生人均财政拨款标准亟待建立，以举办者为主的行业、企业、社会各界、受教育者等多渠道投入得不到保证，而高等职业教育的实训基地建设是需要较高投入的，企业往往因为合作成本太高而缺乏内在驱动力。因此，校企合作资金投入不足成为制约我国高等职业院校校企合作发展的重要"瓶颈"。

以上这些因素严重影响着行业企业参与高等职业教育的积极性，使校企合作难以广泛、深入地开展。教育部出台的《关于充分发挥行业指导作用推进职业教育改革发展的意见》(教职成[2011]6 号)提出"加快建立健全政府主导、行业指导、企业参与的办学机制"，为高等职业教育的发展提供了良好的机遇。

参考文献

[1] 石伟平. 职业教育原理. 前言[M]. 上海：上海教育出版社，2007.
[2] 郭扬. 中国高等职业教育史纲[M]. 北京：科学普及出版社，2010.
[3] 克里夫・贝克著. 优化学校教育——一种价值的观点[M]. 戚万学等译. 上海：华东师范大学出版社，2011：1.
[4] 马树超，郭扬. 高等职业教育：跨越・转型・提升[M]. 北京：高等教育出版社，2008.
[5] 中国社会科学院语言研究所词典编辑室. 现代汉语词典[M]. 北京：商务印书馆，2006：146.
[6] 胡锦涛. 在庆祝清华大学建校 100 周年大会上的讲话，2011-4-24.
[7] 罗崇敏. 教育的价值[M]. 北京：人民出版社，2012.
[8] 高等职业院校人才培养工作评估研究课题组. 高等职业院校人才培养工作评估实务与点评[M]. 北京：高等教育出版社，2011：297.
[9] 袁贵仁. 价值观的理论与实践：价值观若干问题的思考[M]. 北京：北京师范大学出版社，2006：130.
[10] 刘源. 新形势下农业职业教育面临的问题及对策[J]. 农村经济与科技，2011(6)：226-227.
[11] 白永红. 职业教育是一个相对独立的教育类别—高等职业教育概念及理论框架初探[J]. 职业教育研究，2008(1)：4-9.
[12] 姚红，高职教育办学定位研究[J]. 当代教育论坛，2009(2)：82-84.
[13] 俞仲文. 高职院校应高举技术教育大旗—关于我国高职教育未来走向的重新思考和定位[N]. 中国青年报，2011-4-28.
[14] 李学斌. 提升高等职业教育吸引力的战略定位思考[J]. 教育与职业，2011(21)：15-16.
[15] 何玉宏，徐燕秋. 试论高职院校的办学定位[J]. 职教论坛，2005(7)：15-16.
[16] 金川，李蓓春. 略论高等职业教育的办学定位[J]. 浙江水利水电专科学校学报，2004，16(4)：37-38.
[17] 赵柳村，薄湘平. 论高等职业教育办学定位于高职院校科研的关系[J]. 职业教育研

究,2006(4):13-14.
[18] 颜楚华.对高职院校办学定位的再思考[J].湖南经济管理干部学院学报,2006(3):108-1110.
[19] 周建松.关于高职教育办学定位和办学模式的思考[J].中国高等教育,2005(20).
[20] 张黎.高等职业教育定位问题研究—以河南省信阳职业技术学院为例[D].华东师范大学硕士论文,2007.
[21] 杜平原.高等职业院校存在的问题与解决对策[J].教育与职业,2010(8)21-22.
[22] 孙家新.高等职业教育发展问题研究[J].中国科教创新导刊,2012(08):11.
[23] 郭旭红.高等职业教育存在的问题及解决策略研究[J].中国高等教育,2011(10):39-41.
[24] 张景书,郑昌辉.浅析高等职业教育存在的问题与对策[J].内蒙古教育,2011(7):14-15.
[25] 教育部.国家高等职业教育发展规划(2010—2015 年).
[26] 刘丽君,左文进.关于高职院校行政管理体制的思考[J].考试周刊,2010(29).
[27] 罗志.实现转型:高职院校办学管理体制的研究[J].长沙民政职业技术学院学报,2004(9).
[28] 伍建桥.高职院校管理体制创新策略研究[M].长沙:中南大学出版社,2006.
[29] 李艳.关于提升高职学生就业质量的分析[J].就业与创业,2010(5):21-22.
[30] 王爱萍,严纪杰.大学生就业质量的哲学审视—基于职业成功的视角[J].长春工业大学学报(高教研究版),2010(9):79-81.
[31] 刘素华.就业质量:概念、内容及其对就业数量的影响[J].人口与计划生育,2007(7):29-31.
[32] 麦可思公司,江苏畜牧兽医职业技术学院社会需求与培养质量报告,2012.
[33] 杜永峰.我国农业职业教育研究[D].西北农林科技大学硕士学位论文,2008.
[34] 顾卫兵.江苏农业高等职业教育现状与发展对策研究[D].中国农业大学硕士学位论文,2005.
[35] 宗小兰.新农村建设背景下农业职业教育发展研究—以江苏为例 [D].扬州大学硕士学位论文,2009.
[36] 中国劳动社会保障局.中华人民共和国职业分类大典(2007 增补本)[M].北京:中国劳动社会保障出版社,2008.
[37] 蒋锦标.深入探索"三个规律",不断创新农业高职教育人才培养模式[J].中国职业技术教育,2010(9):87-88.
[38] 上海市教育科学研究院,麦克思研究院.2012 中国高等职业教育人才培养质量年度报告[M].北京:外语教学与研究出版社,2012:46-50.
[39] 赵居礼,刘向红,贺天柱.高职学院深化校企合作体制机制的探索[J].中国职业技术教育,2011(6).
[40] 张鸿雁.将校企合作写入院校制度[N].中国教育报,2012-6-13.
[41] 张红艳.高职院校校企合作政策研究综述[J].现代企业教育,2008(10):39-40.
[42] 李海燕,刘铭.基于高职院校视域的校企合作政策环境研究[J].重庆电子工程职业

学院学报,2012(1):11-13.
[43] 杭永宝.职业院校校企合作政策的解读与实施策略[J].江苏技术师范学院学报,2008(3):24-27.
[44] 谢俊琍,杨琼.改革开放以来职业教育校企合作的政策解读及现状分析[J].职业教育研究,2009(11):11-12.
[45] 刘永亮.农业类高职院校校企合作的实践与探索[J].教育与职业,2010(4):27-28.
[46] 林浒君.云南省农业高职院校校企合作办学现状及对策研究[D].云南师范大学硕士学位论文,2006.
[47] 陈启强.论我国高等职业教育中的校企合作[D].四川师范大学硕士学位论文,2008.
[48] 王艳丽.校企合作动力机制及其合作模式研究[D].太原科技大学硕士学位论文,2010.
[49] 陈永刚.高职院校开展校企合作工学结合教育模式研究——以河南省为例[D].华东师范大学硕士学位论文,2010.
[50] 耿洁.职业教育校企合作体制机制研究[D].天津大学博士学位论文,2011.
[51] 李秋华,王振洪.构建高职教育校企利益共同体育人机制[M].北京:西苑出版社,2011:10-12.
[52] 江苏畜牧兽医职业技术学院.国家骨干高等职业院校建设方案,2011.
[53] 叶鉴铭,梁宁森,周小海.破解高职校企合作"五大瓶颈"的路径与策略—杭州职业技术学院"校企共同体"建设的实践[J].中国高教研究,2011(11).
[54] 赵祥麟,王承绪.杜威教育名篇[M].北京:教育科学出版社,2006.
[55] 吕洪波.教师反思的方法[M].北京:教育科学出版社,2006:1.
[56] 叶鉴铭,徐建华,丁学恭.校企共同体:校企一体化机制创新与实践[M].上海:上海三联书店,2009.
[57] 郭建如.声望、产权与管理:中国大学的校企之谜[M].北京:社会科学文献出版社,2010.

对话

（江苏畜牧兽医职业技术学院骨干院校建设办公室教师H与全国知名职教专家M对话）

H:M教授，您好！如果说校企合作是办学模式、工学结合是人才培养模式、顶岗实习是实践教学模式，那么农业高等职业院校如何在这三个层面上系统贯通体制机制的阻碍，提升农业高等职业教育质量，在服务“三农”、服务新农村、促进农村经济持续发展、培养农村“赤脚科技员”中发挥不可替代的引领作用呢？

M:这是个非常具有挑战性的问题，要做实校企合作、工学结合和顶岗实习这三个方面工作，确实不容易。但做不实，可能质量达不到用人单位的要求，也就发挥不了不可替代的作用。而要做实，就得花一番功夫，遵循农业生产规律、高等职业教育规律和学生职业成长规律，从跨越职业教育与经济两界、政行校企合作育人这两个逻辑起点出发、产学研结合服务“三农”，运用“五个对接”来培养人才。

2 分　析

分析就是将研究对象的整体分为各个部分、方面、因素和层次，分别地加以考察，找出这些部分的本质属性和彼此之间关系的认识活动。分析的意义在于细致地寻找能够解决问题的主线，并以此解决问题。分析方法作为一种科学方法由笛卡尔引入，源于希腊词“分散”。分析方法认为任何一个研究对象都是由不同的部分组成的，是一种机制。到2011年底，全国有高等职业学校1 276所，其中涉农高等职业学校达到343所，占高等职业学校总数的27%，农业类专业点1 042个。农业高等职业教育在服务“三农”、服务新农村、促进农村经济持续发展、培养农村“赤脚科技员”中发挥了不可替代的引领作用。高等职业教育必须实行校企合作、工学结合、顶岗实习的育人模式，可学校与企业之间的关系如何构建、工作与学习如何结合、实践育人课程如何实施等问题，都需要我们深入分析。

2.1　比较国家示范性农业高等职业院校办学模式

新的发展阶段出现了新的发展矛盾。一方面，富裕起来的江苏百姓十分渴盼下一代能得到良好的教育，在破解了“有书读”难题后，“读好书”又成为江苏教育发展的新课题；另一方面，处于转型升级的江苏经济社会的可持续发展，迫切需要教育为其培养更多更优秀的人才，传统教育模式便显得捉襟见肘。对照科学发展观的理念，对照创业富民、创新强省总战略的要求，对照人民群众“读好书”的期盼，对照江苏省农业转型升级的需要，高等职业教育尚存在着诸多不尽如人意的问题。从宏观层面来看，如何按照科学发展观的要求进一步推进高等职业教育体制机制的改革与发展、进一步加快校企合作办学模式改革，这是一项全新的使命；从中观层面来看，如何提升教育质量、切实转换工学结合人才培养模式改革，这是一项全新的课题；从微观层面来看，如何解放教师的传统教育观念、创新教育的途径和方式、建设顶岗实习的实践教学模式，这是一项全新的工作。

2.1.1 比较国家示范性农业高等职业院校办学模式

1. 理解高等职业教育办学模式

模式，其英文为 model，本义是模型或范型，是从一般科学方法或科学哲学中引用而来。其内涵可以从三个方面来界定：一是认为"模式"是一种方法，如《牛津字典》认为"模式，即方式方法、样式风格"；二是认为"模式"是一种模型、标准或范本，如《辞海》认为"模式，亦译为'范型'，一般指可以作为范本、样本、标准的式样"；三是认为模式是一种对某种事物规律或现象的抽象或概括，如赵庆典认为"所谓模式，是指人们对某种或某组事物的存在或运动形式进行抽象分析后做出的理论概括，即人们为了某种特定目的，对认识、研究对象的运动、表现或相关联系的形状、发展态势以及机制、动作的方向等方面做出的高度理论性描述。"[1]什么是办学模式？目前在教育理论界还没有一个统一的界定。潘懋元和邬大光认为"办学模式是指在一定的历史条件下，以一定办学思想为指导，在办学实践中逐步形成的规范化的结构形态和运行机制。"[2]董泽芳认为办学模式是"在一定社会历史条件制约与一定办学理念支配下形成的，包括办学目标、投资方式、办学方式、教育结构、管理体制和运行机制在内的具有某些典型特征的理论模型或操作式样"[3]。唐林伟认为"职业教育办学模式，是指为实现职业教育培养目标，在充分了解职业教育内涵特征、准确把握职业教育实施机构的管理体制和运行机制所做的特色性、系统性的归纳与设计。"[4]办学模式的特点可以从以下几方面看：办学模式的结构是一个学校由各因素有规律构成的系统。学校本身是一个由若干子系统组成的大系统，那么，我们也可以把办学模式看成一个由多个子模式构成的模式群；办学模式是教育实践的产物，是对实践的理论性概括，具有明显的示范性的范式的特点，对教育实践有一定的指导意义。构建办学模式的过程，实际上就是学校根据本身的实际情况，在国家教育方针、政策指导下，为实现教育目标而创造性地设立合理、优化的学校教育结构、教育过程、教育方法的基本框架的过程。由于学校的具体实际情况不同，因此其表现出的办学模式也不同，办学模式具有明显的多样化特点，由此形成了各学校的办学特色。办学模式的形成和来源主要有两种方式：一是对学校经验的模式化总结，二是在理论的指导下设计实验某种模式，然后进行总结。办学模式具有明显的时代特点。随着现代教育观念的更新、教育改革的深化，办学模式也必将做出新的改造和构建，不断向多样化方向发展。为此，我们理解高等职业教育办学模式，是指举办方和经办方在一定历史时期的教育制度约束下，按照高等职业教育的办学目标，在办学实践中逐步形成的规范化的人才培养方式、管理体制和运行机制。

2. 对比国家示范性农业高等职业院校办学模式

办学模式的改革是一个系统工程，其因素涉及办学的方方面面。经过十多年的跨越式发展，特别是自 2006 年实施国家示范性高等职业院校建设计划以来，农业高等职业教育的办学水平不断提高，主动适应社会需求，坚持"以服务为宗旨，以就业为导向，走产学研结合的发展

---

1 赵庆典. 高等学校办学模式探讨[J]. 辽宁教育研究，2003(9)：41.

2 潘懋元，邬大光. 世纪之交中国高等教育办学模式的变化与走向[J]. 教育研究，2001(3)：3.

3 董泽芳. 现代高校办学模式的基本特征分析[J]. 高等教育研究，2002(5)：61-62.

4 唐林伟. 职业教育办学模式论纲[J]. 河北师范大学学报(科教版)，2010(5)：98.

道路”的办学方针，在办学模式方面做了大量有益的探索，积累了大量宝贵的经验。

依据我们界定的农业职业分类，按照100所国家示范性高等职业院校涉农专业对应的院校，从2012年7月18～26日期间各学院主页的“学院概况”、“国家示范性高等职业院校建设方案”、“国家示范性高等职业院校建设计划项目总结报告”等获取的资料，对国家示范性农业高等职业院校办学模式的内涵、特征、类型、构建要素、特色等进行梳理，形成列表，见表2-1。

表2-1 国家示范性农业高等职业院校的办学模式

院校名称	办学模式描述
北京电子科技职业学院	学校确立了“求实作风强、创新能力强、个人品德强、专业技能强”的“四强职业人”教育理念；坚持以服务为宗旨、以就业为导向的高等职业教育办学方针；明确了“立足开发区，面向首都经济，融入京津冀，走出环渤海，与区域经济联动互动、融合发展，培养适应国际化大型企业和现代高端产业集群需要的高技能人才”的办学定位；积极探索了“产学一体、情境再现、能力递进”的人才培养模式；构建了具有自身特色的工学结合的教学体系模型，系统设计课程体系，实施以工作过程为导向的项目课程教学，提高了学生的职业能力
北京农业职业学院	学院坚持“立足首都，面向全国，服务‘三农’”的办学宗旨，秉承“立德、修业、求知、笃行”的院训精神，贯彻“以德为先全面育人，以实践教学为主体，办学与服务双赢，开放办学不断创新”的办学理念，深化教育教学改革，以重点建设专业为龙头，加强校企合作，创新人才培养模式，打造专兼结合的优秀教学团队，建设综合性、生产性的实训基地，提升科研与“三农”服务水平，拓展国内外交流合作，充分发挥示范引领作用
辽宁农业职业技术学院	学院以提升为社会主义新农村建设服务能力为宗旨，以提高农业高技能人才培养质量为根本任务，以校企深度融合为基础，以工学紧密结合为主线，以重点专业建设为龙头，以课程体系与教学内容改革为核心，以“双师”结构和“双师”素质教学团队建设为保证，带动校内外生产性实训基地、教育教学管理机制和社会服务能力的全面建设，形成了农业高等职业院校的产学研一体化特色办学模式
长春职业技术学院	学院以科学发展观为指导，遵循以内涵发展为主的方针，确立了“立德为先、强能为本、突出特色、和谐发展”的办学理念，凝练出以“铸诚精艺”为核心的校园文化。学院遵循市场规律和高等职业教育规律，形成了政府主导、行业指导，一汽-大众、长春轨道客车股份有限公司等大型企业多方参与的“一主多元”办学模式。在“订单培养”、“2＋1”等较成熟的育人模式基础上，探索了校企融合、工学结合的“五同”人才培养模式。学院不断探索高技能人才成长规律，使人才培养和人才使用融为一体，真正实现了学校、企业对人才培养标准与需求的统一
黑龙江农业工程职业学院	学院本着“立足黑龙江，服务三农”的服务定位，本着合作办学、合作育人、合作就业、合作发展的原则，构建校企合作长效机制，培养“有社会责任感、有技能的人”的高素质人才，积淀了“以农为本、工农结合、以工促农、农兴工旺”的办学特色
黑龙江农业经济职业学院	学院突出“育人为本、特色兴校、德育为先、技能立业”的办学理念，培养“质朴严谨、明德正行、乐学善思、求新务实”的优良校风，通过ISO 9001教育质量管理国际标准和ISO 14001环境管理国际标准的双认证，坚持“教书育人、实践育人、管理育人、服务育人、环境育人”的五育人方针，以推进“校企合作、工学结合”为核心，探索出“人才培养与社会服务并举”的办学模式，形成了“学校在农村，课堂在田间，教研在基地，成果进农家”的鲜明特色

续表 2-1

院校名称	办学模式描述
江苏农林职业技术学院	学院继续创新政府主导、行业引领的校企合作和校地合作等多元办学体制，完善江宁校区校企合作办学模式，健全江苏农林职教集团运行机制，构建“三位一体”工学结合人才培养模式，发挥行业、企业专家在专业教学指导委员会中的作用，提升培养人才服务社会的能力
芜湖职业技术学院	学院坚持以服务为宗旨，按照“地方性、市场化、技能型、开放式”发展思路，以校企合作为平台，创新工学结合人才培养模式，主动融入芜湖经济技术开发区等全市 8 大开发区，与以奇瑞公司为龙头的近 400 家企业开展校企合作，在与开发区同步建设、互动发展中形成了“融入开发区，创新校企合作模式”的鲜明办学特色，创新了“教学合作、管理参与、文化融入、就业订单”的“融入式”校企合作新模式和“产学结合、工学交替”的高技能人才培养模式，提高人才培养质量和办学水平
安徽水利水电职业技术学院	学院坚持“以服务为宗旨、以就业为导向，走产、学结合的发展道路”，紧紧围绕服务社会、促进就业两个重点开展工作；明确“坚持以教育思想、观念改革为先导，以教学改革为核心，以教学基本建设为重点，以教学管理为保障，以提高教学质量为目标”的办学思路，立足水利行业和安徽地方经济发展的特点和需求，创造了符合教育规律，适合专业建设与发展、各具特色的工学结合的人才培养模式，搭建了校企深度融合的人才培养平台，形成学校、企业、社会深度融合的办学模式
漳州职业技术学院	学院找准培养一线高技能人才的办学定位，适时抓住福建省建设海峡西岸经济区、漳州市实施“工业强市”发展战略的良机，确立了“规模适度，夯实基础，强化特色，争创一流”的办学思路，学院以内涵建设为主线，成立了由政府、企业与学院三方参与的“漳州市校企合作委员会”，大力推行订单培养和工学结合，形成了多元化“工学结合”人才培养模式，提高了人才培养质量
山东商业职业技术学院	学校秉承“创高职名校、施优教于民”的目标愿景和“尚德蕴能，日精日新”的校训，坚持“质量立校、特色兴校、主动适应、合作共赢”的理念，以条件建设促进质量提高，形成了优质的教育资源和优良的育人环境。在人才培养上，坚持“德育为先、能力为重、学做结合、合作育人”的办学理念，坚持为社会用人需求服务，为学生就业成才服务，为学生终生幸福奠基。学校依托鲁商集团，搭建“产学研结合、校企一体化”的校企合作平台，创新推行了“教学、经营一体化”、“双业融通订单式”、“准员工式 2＋1”等工学结合人才培养模式，突出高等职业教育的职业针对性和应用性，教学质量、办学特色得到社会各界的广泛肯定
日照职业技术学院	学院紧扣地方经济发展脉搏，发扬“追求卓越、争创一流”的学院精神，坚持“为学生的明天负责，为区域经济与社会发展服务”的办学宗旨，秉承“理论与实践并重，技术与人文融通”的办学理念，以服务为宗旨，以就业为导向，走产学结合发展道路，面向社会，开放办学。不断创新“职场体验→实境训练→顶岗历练”工学结合人才培养模式，推行“学训同步”的教学模式，探索出“校内设厂、厂内设校、校企互动、双向介入”的校企合作办学模式，实现了办学规模、结构、质量和效益的协调发展
黄河水利职业技术学院	以邓小平理论和“三个代表”重要思想为指导，坚持社会主义办学方向，遵循高等职业教育规律，坚持以人为本，坚持依法治校，以就业为导向，以教学工作为中心，以专业建设为核心，以改革创新为动力，以师资队伍建设为重点，以质量和特色为根本，以培养高等技术应用型人才为目的，走产、学、研结合的道路，组建中国水利职教集团，建立规范的校企合作运行制度，积极探索人才培养的新模式，牢固树立科学的发展观，努力实现学院的质量、结构、规模、效益协调发展，努力实现学生的知识、能力、素质、个性协调发展

续表 2-1

院校名称	办学模式描述
商丘职业技术学院	学院坚持"以服务为宗旨,以就业为导向,以专业建设为龙头,以内涵建设为重点,走、产、学、研结合的发展道路,创特色,建名校,培养生产、建设、管理、服务第一线需要的高技能人才"的办学指导思想,牢固树立以人为本的育人理念,全方位服务学生成人、成长、成才,不断深化课堂教学改革,强化实践教学和技能培训;注重对学生进行职业素养、人文素养教育,开设有周末人文大讲堂和素质教育公选课,全面加强大学生人文素养教育;大力推行工学结合人才培养模式改革,积极探索校企合作、产学结合的有效途径,开展校企合作办学,基本满足了学生生产性、定岗性实习实训的需要,形成校企密切合作共建的长效双赢机制,搭建了深度融合的高技能人才培养平台
武汉职业技术学院	以全面提高学生素质、凸显办学特色、提高教育教学质量,增强整体办学实力和社会服务与辐射能力为目标,依托职教集团和生物技术校企合作联络中心等平台,以专业建设为龙头,以工学结合人才培养模式创新为突破口,以工学结合课程开发与建设为核心,以"双师"结构教师团队建设为关键,以生产性实训基地建设为重点,以管理水平提高和能力建设为保障,突出体制创新,加强管理改革,全面推进学校内涵建设,形成校企深度融合的综合性、开放式办学特色
永州职业技术学院	学院始终坚持正确的办学定位,坚持以就业为导向,立足于为地方经济服务,坚持以服务为宗旨,以就业为导向,走产、学、研相结合的发展道路,不断创新办学模式和人才培养模式,为地方经济和社会发展培养高技能专门人才和高素质劳动者,形成了较鲜明的办学特色,取得了显著的办学业绩
广州轻工职业技术学院	学校立足广东,面向全国,服务地方经济,促进社会发展,坚持高等职业教育发展方向,坚持"高素质为本,高技能为重,高就业导向,创新促发展"的办学理念,与企业共建 12 个技术研发机构,既促进了企业的技术进步,又提升了教师的科技服务能力,努力实践和创新工学结合人才培养模式,建立了一个由企业一线工作的技术人员、能工巧匠、高级经理人等组成的优质兼职教师资源库,培养高素质、高技能、有创新精神、用得上、效果好的高级应用型人才,学校积极开展面向中小企业的技术服务工作,为广东乃至国家经济发展做出了巨大贡献,形成了"植根岭南文化,传承职教精髓,锻造技能英才,创建高职名校"的鲜明轻工特色
海南职业技术学院	学院坚持为地方社会经济和文化建设服务的办学宗旨,秉承"兴琼富岛、育人惠民"的办学理念,积极探索"校企合作,工学结合"发展职业教育的道路,与多家国内知名企事业单位深度合作,创新"企业全程介入、工学深度融合"的人才培养模式,形成了富有自身特色的教学体系,培养适应社会主义现代化建设的高等技术应用型专门人才
四川电力职业技术学院	学院凝练出"植根电力,与光明同行"和"培训就是服务,培训更是创新"的办学理念,举办方四川电力公司组建教育委员会,推进校企深度融合,运行"四共"机制,践行"以职业岗位能力为主线,企业全程参与"的"3211"人才培养模式,构建学校教师和企业技术骨干双向对流的通道,形成"校企互动、人才互用"长效机制,建成"师资雄厚、设施先进、管理一流、特色鲜明"的公司系统高层次应用型技术人才、技能人才培训基地,成为电网实用新技术推广中心、新技能示范中心

续表 2-1

院校名称	办学模式描述
西藏职业技术学院	学院始终坚持以贯彻落实《教育部关于全面提高高等职业教育教学质量的若干意见》(教高[2006]16号)精神为指导,紧紧抓住国家大力发展职业教育的历史机遇,全面贯彻党的教育方针,紧紧围绕西藏“一产上水平、二产抓重点、三产大发展”经济发展战略,坚持“德育为先、技能为主、突出特色、和谐发展”的办学理念,树立“改革发展与内涵建设并重、规范管理与示范引领并进”的建设思路,秉承“质量强校、特色兴校、品牌立校”发展之路,按照“夯实基础、打造亮点、凸显特色”三步走战略,不断深化管理体制、办学模式和教学改革,使学院在短时间内实现了从中职到高职办学模式和管理体制的转型,特别是通过迎评促建工作和国家示范院校建设项目的实施,极大地改善了学院办学条件,加快了内涵建设步伐,办学实力和人才培养质量显著提升,教学管理水平明显提高,办学特色初步形成,呈现了良好的发展局面
杨凌职业技术学院	学院秉承“开拓创新,求实奋进”的校训和“以人为本,质量立校,特色办学,创新发展”的办学理念,坚持“以服务为宗旨,以就业为导向,走产学结合之路”的办学方针,实施百县千企联姻工程,构建“校企合作、工学结合”平台,以能力为本位,以专业建设为核心,深化教育教学改革,形成了园艺技术专业“季节分段、工学交替”、建筑工程技术专业“情景化、模块式”、水利水电建筑工程专业“合格+特长”等适合专业特点的人才培养模式,形成了“以服务三农为宗旨,依托项目建基地,依靠共建基地为平台,创建产学研结合新模式”的鲜明办学特色
甘肃林业职业技术学院	学院主动适应经济社会发展要求,秉承“艰苦奋斗、无私奉献、爱校如家”的优良传统,贯彻“稳定规模抓质量、强化内涵图发展、突出技能促就业、立足林业创特色”的办学理念,坚持“立足林业行业、面向甘肃经济建设、服务生产一线、培养高技能人才”的办学定位,以服务西部生态文明建设和社会主义新农村建设为己任,走产学结合的办学道路,努力探索和创新林业类高等职业教育办学思路和人才培养模式,深化教育教学改革,全面推行“校企合作、校站合作、校场合作、校局合作”的专业建设模式,走出了一条独具特色的发展之路
青海畜牧兽医职业技术学院	学院始终坚持社会主义办学方向,立足青海省资源条件和农牧业生产的实际,牢牢扎根农牧,紧紧服务“三农”。以“脚踏实地,立足青海,拓宽视野、面向现代化大农业,高起点,高标准,开放办学”的思想,确立了盯住“农”字创特色,打品牌,扩规模,争效益的发展定位,形成了“以服务为宗旨,就业为导向,能力培养为核心,产品质量来兴校”的办学理念和“做中教、做中学、做中会”的人才培养理念以及“双轨、双纲、双师、双证”的“四双制”教学理念,坚持不断调整专业结构,优化资源配置,加快知识创新,提高教育教学质量,改善办学条件,逐步扩大办学规模,坚持教学围绕农牧业生产,依靠科技带动农牧民致富农牧业增效,走产学研结合的发展道路,创新构建了“技能递进五段式”、“学用结合、技能递进”的“季节性生产岗位轮训”、“生产主线、工学交替”和“分块教学,技能递进”的“1311”共四种工学结合,具有青藏高原农牧业职业教育特色的人才培养模式,培养“上岗快、能力强、素质好、用得上、留得住、后劲足”的高素质技能型人才,形成了脚踏实地,立足青海,拓宽视野、面向现代化大农业,高起点,高标准,开放办学的特色

续表 2-1

院校名称	办学模式描述
宁夏职业技术学院	学校秉承"笃信好学、志在生民"的校训,凝炼出了紧贴宁夏产业发展需求,以育人为本,坚持校企合作、工学结合,素质与技能并重,推进技能成才、技能创业、技能致富,全面提高学生就业创业能力,全面提高学校技能服务能力,把学校建设成为特色鲜明、竞争力强的创业就业型大学的办学理念;凝炼了以象征团结坚韧、永远向上的白杨树精神的学校精神;凝炼了开放、合作、包容、发展的办学传统
新疆农业职业技术学院	学院大力实施订单教育,与天山北坡经济带上的 300 多家上市公司和知名企业,以及东南沿海发达地区的企业,建立了广泛而稳定的合作办学关系,每个二级学院都与数家企业建立了合作办学共同体,每个专业背后都有强大的企业群作支撑;牵头创建了新疆第一产业职教园区,并以此为平台,形成了"四中心六基地"格局,构建全面覆盖新疆大农业的服务网络体系,在服务新疆经济社会发展进程中实现学院平稳快速的健康发展;初步形成了以农业高等职业教育为主,中职、成人教育为辅,技师培训及各类职业技能培训并举的"多类型、多层次、多形式"的办学格局
新疆石河子职业技术学院	学院紧紧围绕兵团区域经济发展,确定了"修德启智,强能善技,求真创新,育才戍边"的办学理念和"培养高技能人才,为屯垦戍边服务"的办学方向,合理设置专业,探索出了适应职业教育发展、适合行业发展特点的人才培养模式,构建了基于"理实一体化"教学的课程体系;深入开展校企合作,开展了"订单式"教育、搭建了教师接触"新技术、新工艺"实践操作平台,形成了稳定校外学生实验实训基地;狠抓校内实验实训基地建设,形成了化工、食品、机械、电子电工、自动化控制、节水灌溉等专业实验实训基地;积极开展短期培训和岗位培训,积极为师市下岗职工再就业培训,为驻地部队官兵、师市残疾人进行技能培训;为师市公务员进行相关专业知识培训,积极参与企业科研课题和技术研发等,不断提高学院的办学水平、办学质量,努力向兵团一流、国内具有一定影响的示范性高等职业院校目标迈进

从以上列表中可以做如下基本判断:

(1)以上所有院校都以服务区域经济社会发展为办学目标,走校企合作办学的道路,实行工学结合的人才培养模式。第三批的示范院校已经开始在校企合作办学体制机制方面进行探索与实践。

(2)部分院校的办学定位不够贴切。高等职业学校的"办学定位"是指高校为明确自身在整个高等职业教育体系的位置,准确把握自身角色和使命,确定服务面向、发展目标及任务而进行的一系列前瞻性战略思考和规划活动。高等职业学校办学定位要考虑三个层面的因素:第一,要研究外部对学校的需求是什么。第二,要遵循高等职业教育发展的规律,找到自己在高等职业教育系统中的位置。第三,要清醒认识自身办学条件的优势与不足。高等职业学校只有在充分了解外部需求、高等职业教育系统分工和自身实际的前提下,才能在这三方面的因素构成的立体坐标系中找到自己当前的起点和未来的发展目标。

(3)部分院校的办学特色不够鲜明。有了办学特色才能办成特色学校,也才能凝聚成不可替代的生命力和竞争力。

3. 分析江苏畜牧兽医职业技术学院的办学模式

江苏畜牧兽医职业技术学院是江苏省农业委员会举办的长三角地区乃至东南沿海地区唯

一独立设置的、专门培养畜牧兽医类高素质技能型人才的高等职业院校，建于 1958 年 9 月，2001 年 6 月升格为高等职业技术学院，2005 年学院率先通过江苏省高职高专人才培养工作水平评估并取得优秀等级，2008 年被评为江苏省示范性高等职业院校建设单位。2010 年 11 月被教育部、财政部确定为“国家示范性高等职业院校建设计划”骨干高等职业院校立项建设单位。学院紧紧围绕高等职业教育的办学方针，经过长期努力，在办学实践中逐步形成了规范化和个性化的办学目标，人才培养方式、管理体制和运行机制，积淀了“紧扣畜牧产业链、产学研结合育人才”的办学特色。

新华日报于 2007 年 6 月 28 日（A6 版：江苏新闻·社会）全文发表黄玉书撰写的江苏畜牧兽医职业技术学院办学特色文章。

报道 2-1　紧扣畜牧产业链 产学研结合育人才

——江苏牧医学院全力打造示范性高职院校

江苏畜牧兽医职业技术学院是一所以培养畜牧兽医、宠物科技、动物药学、食品科技等领域专门人才的农业高等院校。作为一所专业特色明显的高职院校，学院通过理念创新求突破，通过模式创新求发展，通过机制创新激求活力；紧紧围绕人才培养目标，充分发挥学院科技和人才优势，加强科技开发，走产学研结合之路，加大学院的社会服务功能，不断提升学院的办学水平和办学特色，全力打造全国示范性高职院校。

学院的具体做法：一是坚持“三个紧密结合”，即坚持专业建设与产业发展的紧密结合，坚持师生能力培养与产、学、研一体化基地建设的紧密结合，坚持培养人才与服务社会的紧密结合。二是实施“四环育人模式”，即紧扣畜牧业产业链设置专业，依托专业办好产业，做强产业培养学生和锻炼教师，促进教师成长、学生成才、服务地方经济。

准确把握办学方向，紧扣畜牧产业链设置专业

围绕畜牧产业链，努力打造畜牧业专业群。学院根据畜牧业产业链不断延伸的新形势，不断改造传统专业，设置新的专业方向，努力打造都市畜牧产业链。目前，学院开设的 40 多个专业涵盖了畜牧业产业链产前、产中、产后的大部分产业，约有 1/3 的专业为全省高职院校乃至全国相关院校所独有；有 1/3 的专业为全国高职院校中最早举办。由传统畜牧兽医专业拓展 20 多个新专业，分设了畜牧系、饲料科技系、兽医系、宠物科技系、动物药学系、食品科技系等，从而使学院从服务农村逐步向服务城市拓展，从服务农民逐渐向服务市民拓展，形成新的特色专业和特色产业，为学院新内涵的发展奠定了良好的发展基础。

以毕业生就业岗位需求为突破口，加快课程体系改革。根据现代畜牧产业发展走向标准化生产、规模化养殖、产业化经营的新要求，不断加强课程体系改革。邀请农业主管部门、基层一线的专家、相关企业的负责人、产业协会、高等院校、科研院所的专家群贤聚集学院，共同研讨适应市场需求的专门人才岗位需求、职业能力、开设课程和课程内容等。根据专家、企业家建议，组织相关人员修订教材，将新理论、新技术、新工艺融化到具体的教材中去，组织编印专业技能手册，将各专业技能作为考核学生的主要指标。“十五”期间学院教师主编、参编教材 134 本。2006 年主编高职高专教材 22 本，参编高职高专教材 24 本。现有省级一类、二类优秀课程各一门。

围绕专业办产业,构建高职人才培养高地

以动物药学系为依托,建设一流的动物药品产学研基地。为了适应兽药GMP要求,2003年开始,学院在泰州市经济开发区投入资金4 500万元,建设新的动物药品厂——江苏倍康药业有限公司,2005年1月以全国最高分通过了农业部GMP验收。该公司现已成为教师开展科技研究、新品开发、学生岗位技能训练的重要平台。2004年经省教育厅批准,在倍康药业公司建设"江苏省动物药品工程技术研究开发中心"。2005年该公司又被教育部、财政部指定为"国家级职业教育示范实训基地"。2006年又被省科技厅批准江苏省"三药"创制平台子平台建设项目。

以畜牧系为依托,建设省级现代畜牧科技示范园。2002年开始学院在泰州市农业开发区划拨土地52 100 m^2,投资2 000余万元,建设集畜禽生产、保种、教学、科研、技术推广服务等于一体的多功能现代畜牧科技示范园。园区内已建成的水禽种质资源基因库是江苏省首批种养业种质资源基因库之一。2006年被农业部批准为国家水禽种质资源基因库,被省科技厅批准为江苏农业种质资源保护公共服务平台子平台建设项目。已建成的还有水禽繁育推广中心、姜曲海种猪场、姜曲海猪育种中心等。

以兽医系为依托,建设省动物流行病学研究中心。动物疾病防治与人们的食品安全、人与动物的和谐相处密切相关。做好动物疾病的预防、诊断和治疗是学院服务社会的重要职能。动物医学专业是学院的品牌专业,学院依托该专业建成了在省内处于领先地位的江苏省动物流行病学研究中心,该中心占地面积700 m^2,有12个研究室,现有仪器设备价值500多万元。主要开展动物流行病学调查研究和疾病诊疗、控制工作。

以宠物科技系为依托,建设宠物研发中心。宠物经济是未来引领城市畜牧业的新天地,建设宠物研发中心,开展以宠物饲养与繁育技术、宠物疾病预防与治疗、宠物美容与护理、宠物药品、宠物食品、宠物玩具,以及开设中国宠物网等一系列教学、生产与科研工作,从而形成独具特色的畜牧都市产业链。

依托基地服务社会,促进农民增收致富

长期以来,学院一直把服务地方经济发展作为办学的主要职能和目标。积极利用学院实训基地这一平台,面向"三农"提供技术服务。发展基地产业,提高科技含量,通过示范来实践"基地+农民+经纪人=富民"的模式,带动地方产业的开发。学院现有的江苏省水禽研究开发中心,在品种改良、科学饲养、疾病防治等方面采用新技术,为社会提供优质苗鸭、饲料、兽药、技术咨询、人才培训等系列服务,取得了良好的规模效益和经济效益,为泰州及周边地区的养殖业起到了示范和引导作用。几年前,老百姓对在国际上深受欢迎、经济效益高的番鸭品种几乎是一无所知,学院水禽研发中心从法国引进了这一优良品种,探索了番鸭在我省的饲养技术,采用"基地+农户+经纪人=富民"的产业化运作方式在周边地区加以推广。现在番鸭已经在我省大部分地区大规模饲养,年饲养量达到600万只以上,且番鸭也被我省列为重点推广的优质禽。

为了加快水禽品种和饲养技术开发研究步伐,提高推广效果,使农民从中得到实惠,消化吸收法国番鸭这一优良种质资源,克服不同属间鸭杂交繁殖极低的技术难题,采用人工授精技术,培育出深受养殖户欢迎的不能繁殖后代的"骡鸭",既很好地保护了知识产权,又使养殖户免受劣质种子的危害。同时结合本地区的现状,探索出稻鸭共作、蛋鸭圈养、肉鸭网上平养、肉鸭立体饲养、高床育雏育成、全封闭饲养等技术,保护了生态环境,提高了经济效益。

学院动物医院与周边四市两区的300多个大的个体养殖场建立了良好的业务联系，为农民挽回经济损失达6 000余万元，还组织300余名师生直接到养殖场指导农民做好禽流感防疫消毒工作。实习牧场为养殖户提供外来品种公猪精液1.5万瓶，杂交三元猪商品15万头，引进南非波尔山羊两头，为当地养殖户改良品种5 000头次，增加经济效益1 550余万元。

近5年来，学院先后举办了106期培训班，培训各类人员6 800多人，印发科技资料10多万份。另外，为了更好地服务于"三农"，学院丰达种鸭场还先后承担了苏北五市家禽饲养实用技术培训班、黄桥老区养禽培训班、全国新型农民创业培植工程——鹅产业培训班等方面的培训任务。同时，学院还十分重视对养殖专业户的技术培训工作，几年来，共为泰州、南通、盐城等地年饲养量在10 000只以上的养鸭专业户培训了500多人次，使他们掌握了脱贫致富的本领，成为当地致富奔小康的带头人。通过制订泰州市水禽和苏姜猪产业发展方案，带动泰州地区养殖业向规模化、集约化方向发展。组建了泰州市水禽养殖协会，同时采用"协会＋基地＋经纪人＋农户"的模式，带领周边地区百姓养鸭、养鹅，累计向社会提供优质苗鸭2 000余万只，为农民创经济效益达1亿多元，带动农民增收致富。

建好基地，培养技能型学生，成就"双师型"教师

为培养技能型学生提供岗位锻炼的机会。为了全面提高人才培养的质量，强化对学生高等职业技能的培养，学院构建了六大实践教学板块，逐步形成了具有学院特色的实验室操作、校内基地实训、校外基地实训、岗位试就业、职业资格考证、毕业设计六大实践体系。

多年来，学院一直安排学生到畜牧科技示范园、江苏倍康药业有限公司、动物医院等校内基地和校外基地参与生产、营销、服务等实训活动。针对职业岗位每个环节的职业要求，在实训期内安排学生顶岗实习，定期交换岗位。学生在顶岗中遇到了具体问题，老师和技术人员现场进行指导。通过在基地集中训练，培养学生的组织能力、协调能力、管理能力、生产能力，增长学生的创业意识、竞争意识、责任意识，使学生一踏上社会，就具有岗位适应能力和创业本领。近几年学院毕业生呈现供不应求的局面，学院每年举办的毕业生人才市场异常火爆，已经形成了招生好、就业旺的良性循环。

为培养"双师型"教师创造优越的条件。学院特别注重加强"双师型"教师队伍的建设，出台了从企业、行业引进中、高级科技人才的方案。对刚毕业的年轻教师要求必须到产学研基地锻炼1年以上。同时每年组织专业教师到基地参与生产、建设、管理、销售、科研等过程，以丰富他们的实践经验。

目前学院专业教师中"双师型"教师达170多人，占专业教师的77%。具有研究生学历的教师200多名，师资结构得到了很大的改善和提高。其中，享受国务院特殊津贴1人，省"333工程"培养对象7人，泰州市"311工程"培养对象8人，省"六大人才高峰"资助对象2人，新世纪科学技术带头人1名，省"青蓝工程"学术带头人1名，省"青蓝工程"骨干教师8名。

产学研成果不断涌现，人才培养质量显著提高

学院坚持走产学研一体化的育人之路，经过全体教职工的努力，"十五"期间取得了显著的成绩。兽医系、动物药学系教师与倍康药业有限公司的研究人员共同研制开发出了"上感泰克"、"三九肠泰"、"仔猪百痢清"、"杆菌速克"、"先锋110"、"泰牧喘痢宁"、"泻必康"、"呼炎康"等17种国家级新兽药，并及时将研究成果在江苏倍康药业有限公司转化为产品，特别是中兽药的研究与开发更是在国内独领风骚。畜牧系教师与畜牧科技示范园的工作人员利用水禽基因库丰富的水禽种质资源，开发出了黑羽番鸭、骡鸭、白羽骡鸭母本、肉用麻鸭、苏牧鸭等水禽系列产品。这些优良品种推广到市场，已成为畅销产品，不但取得了较好的经济效益，而且有力地推动了农村经济的发展。

2002年以来，学院争取上级的科研项目经费迅速增长，平均每年600多万元，2005年达1 300多万元，主持或参与农业部、教育部、省教育厅等省部级科研、教研项目平均每年30多项。加上学院每年100万元用于院级课题研究的专项拨款，每年的科研经费都在700万元以上。2002年以来，科研成果中有9项获省部级科技进步奖；22项获市、厅级科技进步奖。承担的农业部"948"项目"法国番鸭的引进与开发利用"获"泰州市科技进步一等奖"。承担的农业部"新型农民创业培植工程"研究课题被评为2004年"江苏省高等教育省级教学成果一等奖"。承担的省科技攻关项目"骡鸭亲本选育与开发利用"、"优质矮小型黄鸡选育及利用"的研究获2005年江苏省科技进步三等奖。参与培育的"扬州鹅"2006年被农业部批准为畜禽新品种。江苏倍康药业有限公司研发的鱼用中药合剂获国家三类新兽药注册证书。"防治奶牛繁殖障碍及乳房炎系列制剂产品开发"被纳入"国家星火计划"，并获"国家星火计划"证书等。

为此，2005年学院首批通过教育部人才培养水平评估，并获得了优秀等级。2006年被江苏省教育厅表彰为"江苏省科技工作先进高校"，被江苏省教育厅、江苏省发改委等8个部门表彰为"江苏省职业教育先进集体"。

2.1.2 比较国家示范性农业高等职业院校人才培养模式

1. 理解高等职业教育人才培养模式

高等教育存在着科学教育、工程教育和技术教育三种类型。前两种是针对普通高等教育而言的，技术教育是针对高等职业教育的。技术活动是指以发明为核心的人类活动，技术活动的基本单元是发明和运用工具，最典型的形式是技术发明、技术开发、技术改进和技术操作，是一种工具体系[1]。根据技术活动的复杂程度，技术活动可以分为一般技术、基础技术和核心技术，不同的技术类型需要配备与其对应的技术结构人员，与技术活动相对应的技术教育是连接人类发现自然、改造自然和创造社会自然的关键活动，形成了相对独立的活动体系，因而具有不可替代性。技术是一个历史性的概念，是一个不断发展的概念。每一种技术都有自己特定的目的，体现自己的特点，并具有相应的功能。技术的分级体现了同类别技术之间的差异，为技术教育及其评价提供重要参考。参照阿利赫舒列尔TRIZ理论中的发明等级将技术分成五级。第1级是经验型技术，通常是简单的设计问题，主要凭借设计人员自身掌握的知识和经验，不需要创新，只是知识和经验的应用，操作较为简单，对原有技术仅有少量的变更，但这些变更不会影响技术系统的整体情况。第2级是初步设计型技术，通过解决一个技术冲突对已有技术系统进行少量改进，此时技术系统中的某个组成部分发生部分变化，这类技术主要采用行业内已有的理论、知识和经验，通过与同类系统的类比即可找到创新方案。第3级是改进型技术，对技术系统中的几个关键技术组成进行根本性改进。这一类技术主要采用本行业以外已有的方法和知识解决问题实现创新，不需要借鉴其他学科的知识，在创新过程中要解决相关的冲突。第4级是突破型技术，指对原有技术进行了彻底的革新，采用了全新的原理完成对已有技术系统基本功能的提升。这类技术一般需引用新的科学知识而非利用科技信息，主要是从科学的角度而不是从工程的角度出发，综合其他学科领域知识，充分控制和利用科学知识、

1 穆晓霞.高等职业教育的探索与创新[M].南京:南京师范大学出版社,2009:12.

科学原理实现新的发明创造。第5级是创新型技术，主要指那些发明的新技术，通常是由罕见的科学原理导致一种新技术的出现。一般是先有新的发现，建立新的知识，然后才有广泛的运用。技术结构及其对从事技术活动人员的具体要求，要求技术性人才具有独特的培养路径，这是高等职业教育存在的哲学基础。将教育活动过程与技术活动过程、职业工作过程相融合，将来也许是开发教育与生产劳动相结合的人才培养模式的逻辑起点，也是中国特色的高等职业教育发展的价值所在。

高校提出"人才培养模式"这一概念最早见于文育林1983年的文章《改革人才培养模式，按学科设置专业》中，其内容是关于如何改革高等工程教育的人才培养模式。1995年，原国家教委全面启动和实施了《高等教育面向21世纪教学内容和课程体系改革计划》，首次明确提出了研究21世纪对人才素质的要求和改革教育思想、教育观念与人才培养模式的任务。1998年教育部《关于深化教学改革，培养适应21世纪需要的高质量人才的意见》中提出："人才培养模式是学校为学生构建的知识、能力、素质结构，以及实现这种结构的方式，它从根本上规定了人才特征并集中体现了教育思想和教育观念。"目前，学术界关于人才培养模式内涵的理解主要有以下几种代表性的观点。一是将人才培养模式界定在教学活动的范畴内对其进行诠释，强调在教学方式方法上使用这一概念。他们认为人才培养模式是教育思想、教育观念、课程体系、教学方法、教学手段、教学资源、教学管理体制、教学环境等方面按一定规律有机结合的一种整体教学方式，是根据一定的教育理论、教育思想形成的教育本质的反映。二是将人才培养模式的内涵扩大至整个管理活动的范畴内进行考虑。认为"人才培养模式是在一定教育思想指导下，为了实现一定的人才培养目标的整个管理活动的组织方式。它是在一定教育思想指导下，为完成特定的人才培养目标而构建起来的人才培养结构和策略体系，是对人才培养的一种总体性表现。"三是将培养模式的内涵划定于教学活动与整个管理活动之间。认为如果将培养模式仅限定于教学活动的范畴则相对过于狭窄，而如果将其泛化至整个管理活动过程，又有失精准。因而将其界定为"在一定教育思想和教育理论指导下，为实现培养目标而采取的培养过程的某种标准样式和运行方式。"从"人才培养"和"模式"这两个词出发审视其内涵。认为这两个词都有状态的含义，人才培养是状态的变化，模式是状态中表现出来的特性，因此认为人才培养模式的内涵是在培养人的过程中呈现出的结构状态特征。所谓人才培养模式是指在现代大学培养理念和理论指导下建立起来的比较稳定的大学人才培养活动的结构框架和活动程序，其中建立"结构框架"意在指导大学的管理者和教育者从宏观上把握人才培养活动整体及各要素间内部关系的功能，而"活动程序"意在突出人才培养模式的有序性、可控性和可行性。

由于"技术是一种外在于人的客观力量，技能则是一种内在于人的主观能力"（孙福万），因而"技术与技能是密不可分的"，而且"技术教育与技能教育是集成整合的"[1]。而就业是高等职业教育的根本目的。所以，我们认为，技术、技能与就业之间存在着：技是业的魂、业是技的形，以技入业、以业修技，技业合一的关系。以就业为导向的人才培养模式是指以提高毕业生就业率和就业质量为目标，以区域人才市场所需要的综合职业能力为出发点和归宿，建立与社会就业价值取向相适应的教学体系的一种人才培养模式[2]。

---

1 姜大源.职业教育：技术与技能辩论[J].中国职业技术教育，2008(34).

2 刘福军，成文章.高等职业教育人才培养模式[M].北京：经济科学出版社，2007：7.

2. 对比国家示范性农业高等职业院校人才培养模式

依据我们界定的农业职业分类，选择100所国家示范性高等职业院校中涉农专业作为样本，从各学院的“国家示范性高等职业院校建设方案”、“国家示范性高等职业院校建设计划项目总结报告”等获取资料，对国家示范性农业高等职业院校涉农专业人才培养模式的名称、内涵、结构、内容、关键要素等进行梳理，形成列表，见表2-2。

表2-2 国家示范性农业高等职业院校涉农专业人才培养模式描述

重点建设专业	院校名称	人才培养模式描述
生物技术及应用	北京电子科技职业学院	以“生产车间”为平台，依据典型工作任务重构课程体系，创建“生产＋检验”的复合型人才培养模式
	长春职业技术学院	依托校企产学平台，以“互利、双赢”为原则，探索并实施“订单式”人才培养模式
	杨凌职业技术学院	以工学结合为手段，构建基础知识培养体系和动手能力培养体系，通过专业基本素质培养、专业技术能力培养和专业综合能力培养三个阶段培养，达到专业预期学习效果的“231”人才培养模式
	宁夏职业技术学院	以“生物发酵技术”核心能力培养为主线，与大型知名企业实行强强联合，实施“项目导向、学训交替”的人才培养模式，采用项目导向、任务驱动的模式开展课程教学，将学生三年的学习分别在学校和企业两个不同环境中进行，采用不同的培养方式来完成。第1～2学期培养职业基础能力，第3～4学期工学阶梯培养岗位核心能力，第5学期生产性实训，第6学期顶岗实习
园艺技术	北京农业职业学院	遵循技能型人才成长规律，依据农业生产特点，以农业种植类生产过程为导向，根据季节变化、围绕植物生长物候期同步安排教学活动，学生边做边学，通过完成园艺岗位典型工作任务，学习专业知识，训练职业技能，使教学环境与工作岗位融为一体，创新形成了体现都市农业特征的“植物生长周期循环”人才培养模式
	辽宁农业职业技术学院	依据高等职业教育规律、农业生产规律和学生成长规律，按三年制6学期和学校与企业的时间安排，形成了企业体验实训、企业顶岗实训和企业就业实习的企业实践体系，推出了以校企合作、工学结合为主要特征的校企贯通“4—1—1”人才培养模式。在该模式的总体框架下，系统探索和构建了各专业灵活多样的运行方式。园艺技术专业根据种植类生产周期长、季节性强的特点，实行了“双线双循环”任务导向式教学模式，以农时季节为时间节点，根据生产任务设置教学内容与进度
	江苏农林职业技术学院	把3年学习期分成4个学习时段，分别在校内基地、职教集团和校外企业，完成“基础课程＋基本技能”的夯实基础期、“专业课程＋专项技能”的技能训练期、“承包经营＋岗位技能”的实战演练期、“顶岗实习＋综合技能”的顶岗实习期，实施四段式“三位一体”工学结合人才培养模式

续表 2-2

重点建设专业	院校名称	人才培养模式描述
园艺技术	芜湖职业技术学院	针对园艺植物生产管理具有的——生产对象与生产方式的多样性、地域性、季节性和周期性等特点，立足培养具有创新精神和实践能力的高素质技能型人才的目标，将实践教学系统和基础理论教学系统有机融合构建课程体系；根据岗位工作任务要求，结合生产季节和园艺植物生长特性以及实习基地特点，融入职业工种标准，精心设计教学内容；按照“教学内容融合工作任务、技能训练紧贴生产实际、培养过程立足岗位需求”的人才培养理念，创建并实施“以岗位工作任务为切入点、以职业能力培养为核心、生产教学一体化”的任务驱动、产教合一的人才培养模式
	商丘职业技术学院	以提高教学质量为根本，以培养“双高”人才为目标，以实验实训基础建设为平台，积极探索校企合作的新机制，以职业岗位技能标准为依据，探索以项目为驱动的实践教学模式，优化“双线式(素质教育与技能教育)·2—3—1(学期)”人才培养模式，通过学生的认知技能、单项操作技能、专业核心技能的反复训练，实现了知识结构、能力结构和职业综合素质的阶梯式上升
	杨凌职业技术学院	从园艺行业用人单位对高职人才的需要出发，以就业为导向，按照园艺行业种子苗木、产品生产、采后处理、行业技术推广与服务等产业链条的能力要求确定学生的能力培养目标，构建基于工作过程的课程体系，实践教学体系(专业认知实训、专业单项技能实训、专业综合能力实训、顶岗实习分四个层次)，按照园艺植物物候期和农事活动的规律性，教学过程按季节、分阶段在校内外教学基地实施课程教学活动，以校内园艺生产性实训基地和校外紧密型企业为依托，对实践环节按春夏秋冬四个季节循环进行，使学生的实践能力得到反复训练，实现毕业生的职业能力与园艺行业岗位能力要求之间的有机统一
	新疆农业职业技术学院	结合新疆特色林果业的果树生长规律、学生职业成长规律和高等职业教育教学规律，打破六学期制，构建学习学期与工作学期，将2、3学期定位“实训性生产周期”，4、5学期定为“服务性生产周期”，通过在果园现场组织实施“做中学、做中做、学中做”，实现教学内容与生产任务相融合、教学进度与生产进度相融合、技能考核与生产指标相融合的“两周期、三融合”人才培养模式
	海南职业技术学院(热带园艺方向)	以就业为导向，优化“企业全程介入，校企深度融合”的工学结合人才培养模式。根据地方经济发展对人才的需求特点，以“厚德、强技、有为”人才培养为目标开展教学活动，通过基础性学习领域与迁移性学习领域、主体性学习领域的有机结合，培养学生的职业道德、社会责任、创业能力和职业岗位能力，通过反复训练完成不同项目的完整工作任务，达到知识、能力、素质的螺旋式上升，实现毕业生的创业能力、职业能力、可持续发展能力与园艺行业岗位群要求的高度一致
畜牧兽医	北京农业职业学院	以服务北京都市畜牧业为宗旨，根据宠物养护及美容、绿色畜禽养殖、畜禽良种繁育、动物疫病防治四大领域的人才需求，以畜牧兽医专业动物养护与疫病防治能力培养为核心，通过在种禽繁育企业、动物医院、畜禽养殖场、动物疫病预防控制中心等不同企业间，及同一企业内部不同岗位间实施轮动教学，创新形成体现畜牧兽医人才成长特色的“岗位轮动”人才培养模式

续表 2-2

重点建设专业	院校名称	人才培养模式描述
畜牧兽医	辽宁农业职业技术学院	在校企贯通“4－1－1”人才培养模式的总体框架下，畜牧兽医专业根据行业产业化水平较高、防疫要求严的特点，按照“工作导向、双班轮流、内外交替、工学结合”的思路，形成了“双班双基地”工学交替的教学模式，即以校内外两个实训基地为载体，采用两个班级在基地间交流循环、工学交替进行，以充分实现学生培养与企业需求的对接
	江苏农林职业技术学院	建立了以“基本技能、专项技能、岗位技能、综合技能”实践教学为主线的“四段式‘三位一体’”工学结合人才培养模式，促进了学生专业技能水平的提高，增强了就业竞争力
	商丘职业技术学院	为实现专业培养目标，把商丘市畜牧局下属的动物疫病预防与控制中心和畜产品质量检测检验中心引入学院之中，学院充分利用两中心设备先进、技术力量强且与养殖场、兽药厂、饲料厂等企业的广泛联系，在业务上与畜牧兽医专业有很强的相关性的特点，在高技能人才培养上融为一体，以学习专业技术技能为主体，以生产性实习和适宜研究项目导入教学为两翼，校企合作、工学结合、优势互补、资源共享，创建“产学一体”人才培养模式
	永州职业技术学院	构建“111”人才培养模式，就是第 1 学期在校进行单项基础技能实训，学习必须的文化课和专业基础课；第 2 学期到学校实习农场进行单项专业技能实训，边上课、边实习；第 3 学期到企业顶岗实习，进行专业综合技能实训
	西藏职业技术学院	以提升学生职业技能为目标，紧密结合西藏畜牧业区域特点和行业发展需求，根据畜牧兽医岗位群所涉及的关键能力，充分整合校企资源，校企合作共同制定人才培养方案，设计实训内容，在实训过程中通过理论学习和实际操作两种形式的交替进行，使学生掌握必备的技能，探索畜牧兽医专业“技能驱动，学训交替”人才培养模式，将“爱岗敬业、诚实守信、公平公正”等职业道德的培养贯穿在整个教学过程，完成专业人才培养目标
	青海畜牧兽医职业技术学院	在“技能递进五段式”工学结合人才培养模式的基础上，根据省内大多数实习基地提出“学生在企业实习不能间断，一年四季必须有学生在企业”的要求进行改造，将五段式中的第三段、第四段合为一个阶段，为专业核心课程实施“理论与实践一体化”集中教学阶段，原第一段文化基础和技能训练、第二段专业技能训练、第五段顶岗实习不变，运行“季节性生产岗位轮训”人才培养模式
	宁夏职业技术学院	根据本专业人才培养的特点，将学生基本技能、专业技能、综合技能和岗位技能分别采取四种不同的培养方式，采取学训交替、典型任务训练、综合岗位训练和顶岗实习——就业的方式，在“行业认知”阶段、“综合技能训练”阶段、“岗前强化训练”阶段、“顶岗实习——就业”阶段，完成面向“四大养”(即牛、羊、猪、禽的饲养)，具有“养、防、繁、销”能力的“四段式”人才培养模式
	新疆农业职业技术学院	构建了畜牧兽医专业的“工学融合，在企业中办学”的人才培养模式，基于就业导向，分析研究职业能力和职业特征，根据养殖企业生产流程、岗位特点组织教学，学生从第一年的学徒、第二年的协岗到第三年的顶岗，将主要专业技术理论教学穿插在实践教学主线上，充分利用全真的养殖企业环境及职教资源实施“情境”教学，学生边干边学习，实现了“教学做”的合一

续表 2-2

重点建设专业	院校名称	人才培养模式描述
绿色食品生产与检测	北京农业职业学院	从提升首都食品安全水平角度出发，充分考虑食品生产产前环境监测和原料检测，产中生产加工环节控制，产后质量检验、包装及储藏运输质量监控等环节，以绿色食品标准化生产、加工和食品安全检测三个职业岗位群为就业导向，围绕标准化生产、加工与质量监控、食品安全检测三大职业能力，本着知识由简单到复杂、技能由单项到综合的递进特点，从教学进程和组织实施两个层面创新形成"1－4－1工学结合"人才培养模式
食品加工技术	辽宁农业职业技术学院	在学院"4－1－1"人才培养模式的总体框架下，进一步探索和完善产品导向，校中有厂，学工交替；厂中有校，工学交替。实现工作学习双循环的产品导向式"双厂双校、双工双学"教学模式
	黑龙江农业经济职业学院	携手黑龙江九三油脂(集团)有限公司等企业，构建两学期校内培养、一学期顶岗实习两轮回交替进行，专业实训与顶岗实习有效衔接的"2121"工学交替人才培养模式
	漳州职业技术学院	根据认知规律，构建以"单项能力、岗位能力和综合能力"，即"点→线→面"为一体的技能训练系统，实施"双系融合、两证推动、三段提升"的人才培养模式。通过课堂学习和校内外工作实践多次循环交替，使学生理论知识和专业技能在交替中呈阶梯式攀升，提高了学生对职业岗位的适应性，真正实现了学生在专业学习与实际工作岗位之间的有效对接
	日照职业技术学院	创新并完善了"323"工学结合人才培养模式，根据职业岗位要求，遵循学生认知规律，以职业能力、职业素质增长为主线，通过"三个层次(职场体验、实境训练、顶岗历练)、两个层面(学校层面、企业层面)、三种评价(职业体验测评、职业资格鉴定、岗位工作评价)"，分层逐级提升学生的职业能力和职业素质，每个阶段均由校企双方参与，使学生毕业前就成为企业的"准员工"，实现了教学过程的实践性、职业性和开放性
	商丘职业技术学院	构建了"模块化后置订单"人才培养模式，前四学期通过工学交替的形式，使学生初步具有专业基本技能和食品生产技术、食品检测与质量控制、食品营销与管理的岗位群职业能力，根据食品行业的发展和办学经验，在第4学期后的暑期，与企业签订订单；第5学期在企业订单的基础上定向培养；第6学期学生在订单企业"真实岗位"上进行顶岗实习，由企业技术人员进行指导，教师辅助管理，采用校企共同考核的制度，使学生达到就业岗位的综合职业能力要求
	新疆石河子职业技术学院	以企业生产规律和技术要求为标准，教育教学规律为依据，强化学生职业道德和职业技能培养，将专业学习课程参照职业行动领域的难易程度并遵循职业能力形成规律，分为第1～2学期的第一轮、第3学期的第二轮、第4～6学期的第三轮的三个阶段工学交替，形成了"学用一致，工作学习一体化"的有机整体，构建了"三轮工学交替"人才培养模式
农业机械应用技术	黑龙江农业工程职业学院	根据农业生产的季节性特点，依托校内外实训基地，对学生进行两轮生产性实训，探索并实施了工学交替"两轮实践"的人才培养模式

续表 2-2

重点建设专业	院校名称	人才培养模式描述
农业机械应用技术	新疆石河子职业技术学院	为服务兵团的"三大基地"建设，适应各农机行业企业对高技能复合型人才的需求，结合兵团地域辽阔、冬季时间长的特点，不断发现"两轮复合"人才培养模式。第2学期结合兵团一季一熟特点，针对不同作业机械，进行简单生产性实习和定岗实习，农闲时将课堂设在校内实训中心和校外实训基地采用理论与实践一体化教学；第3学期实施大型收获机械的生产性实习，开展有针对性的顶岗实习；在两轮交替中，实现了职业资格证书与毕业证书，人文素养与职业素养的两个复合
农业经济管理	黑龙江农业经济职业学院	针对新农村建设对农村合作经济管理、农业企业经营管理、农产品购销与代理岗位对技能型人才的需求，携手黑龙江省农村合作经济管理总站和黑龙江北大荒集团所属企业，采取行校结合、三阶能力递进"4＋1＋1"人才培养模式，培养"精于农业生产策划、掌握农业管理要领、擅长农产品营销"的农业经济管理人才
园林技术	江苏农林职业技术学院	分四个阶段在校内实训基地、职教集团、合作企业分别夯实岗位基础技能、训练"四目标"岗位技能、强化岗位综合技能、顶岗实习实战训练，运行"四段式'三位一体'"工学结合的人才培养模式
食品生物技术	山东商业职业技术学院	构建了适应"准员工式2＋1"人才培养模式，本着"学校为主、企业参与"的原则，学生在校学习2年，将行业标准、企业文化引入到专业教学；本着"企业为主、学校参与"的原则，学生以准员工身份顶岗实习1年，预就业，实现学生人向社会人的转变
水产养殖技术	日照职业技术学院	根据水产养殖生产的季节性强，不同的养殖品种有所差异的特点，按照水产动物苗种繁育生产周期安排学期，使教学学期与生产周期同步，将课堂搬到育苗养殖场，在生产实际环境中培养学生的职业能力，突出了教学进程的开发性、职业性和实践性，完善了"教学学期与生产周期同步，校企共育"的人才培养模式
生物制药技术	武汉职业技术学院	通过校企深度融合，在共建、共享、共赢的基础上，按照校企合作全过程贯穿、工作过程导向全方位实施、工学交替全面普及、以订单式培养主体的"三全一主体"的专业建设思路，面向生物制药产业，根据不同企业的要求，学校和企业双方围绕专业人才培养实现资源耦合——学校完成专业所需的通识教育及技术基础教育，企业完成特定岗位的职业能力培训，实行小批量、多订单共同培养的"双元耦合"订单人才培养模式
农产品质量监测	永州职业技术学院	完善农产品质量检测专业(烟草班)的"专业班＋示范基地"人才培养模式。"专业班"是指根据市场需求或按照校企合作、订单培养的要求分别招收"烟草班"、"果树班"、"蔬菜班"、"畜禽班"等更好地服务地方经济和社会发展。"示范基地"是指充分利用该专业的校内实训基地(包括实验室和实训基地)和校外实训基地(包括校企合作的企业等)进行"专业班"人才培养，并且将校内外实训基地建设成为教学的示范基地、新产品研发的示范基地、职业技能鉴定需配的示范基地、校企合作资源共享的示范基地、农民增收和农业增效的示范基地

续表 2-2

重点建设专业	院校名称	人才培养模式描述
食品营养与检测	广州轻工职业技术学院	按照建立健全"从田头到餐桌"的农产品及食品生产规范的要求，依据食品标准，以实施全程质量控制岗位工作要求为主线，形成了"食品检验项目驱动，专业技能分项集成"的人才培养模式，构建了食品理化检验技术、食品微生物检验技术、食品仪器分析技术和食品安全与质量控制技术为核心的课程体系，涵盖了食品生产、农产品深加工、产品检测与质量控制、市场流通等整个产业链，突出培养食品检验与质量安全控制岗位群的专业核心能力
动物防疫与检疫	青海畜牧兽医职业技术学院	校企合作改革"课程模块化"、"实训、生产、就业"一体化的教学，紧密结合畜牧业生产的季节性，以培养学生职业基本素质、专业技术应用能力和就业竞争能力为主线，充分利用学校和行业企业不同的教学资源，将学生在校理论学习、基本技能训练和在行业企业工作岗位的职业综合能力训练有机结合起来，在学校和行业企业不同育人环境中，采用不同的培养方式，完成学生在校三年(6 个学期)的学习全过程，形成"学用结合、技能递进"的工学结合"季节性生产岗位实训"人才培养模式
农畜特产品加工	新疆农业职业技术学院	"工作主线、按需施教"订单人才培养模式的内涵是直接面对企业核心岗位的职业人才需求，以企业工作流程为主线，构建课程体系和实践教学体系，以企业技术标准为参照继续进行系统的技能提升训练，达到学生技能训练与企业核心岗位职业需求的无缝对接
畜牧(国家无疫区标准化养殖方向)	海南职业技术学院	结合海职院的"企业全程介入，工学深度融合"人才培养模式设计，构建畜牧专业的"双轨分段制"人才培养模式，以就业为导向，以技术应用能力为主线，在海南率先实施了"职业特长培养"为特色的"2＋1"人才培养模式(即学生前 2 年在学校学习，后 1 年到企业进行专岗职业特长实训和多岗顶岗综合实习)，建立了顶岗实习制度，实行了学历和职业资格教育"两个并重"的双证书制度，寓教学于岗位生产之中，达到学有所长、一专多能、毕业即能上岗的教学目标，培养掌握标准化养殖操作技能的"双岗精多岗通"高素质技能型人才

我们试图将高等职业教育涉农专业的人才培养模式进行比较分析，寻找共性，发现特色，以此作为借鉴。从以上列表中可以做出如下思考：

第一，人才培养模式过多。有的院校人才培养模式过多，几乎每个专业都有一个人才培养模式，各自分工，互不关联，认为培养模式越多越能体现人才培养的质量和水平。其实，人才培养是一个过程，培养模式过多会造成模式构成要素之间相互冲突，并会导致模式之间协调困难、功效降低。

第二，培养模式表述不清。人才培养模式命名没有统一的规定，有用组织名命名的，如 BTEC 模式；有用教育体系命名的，如 TAFE 模式；有用主要培养、培训主体来命名的，如双元制模式；有反映教育理念的，如 CBE 模式；有用教学时间安排的，如三明治模式、工学交替模式等。从上述列表看，主要存在问题有，其一是，模式名称的逻辑错误多。例如"校企合作、项目代训"人才培养模式，其中校企合作是办学模式，项目代训是教学模式，把两个不同属的概念并列在一起并不恰当。其二是，模式名称表述不当。如“候鸟式”人才培养模式，这种形象性的比喻，并不能体现模式的本质特征；如“食品检验项目驱动，专业技能分项集成”人才培养模式中，项目驱动是教学方法，技能是生成，并不能分项集成；如“合格＋特长”人才培养模式反映了培养的结果，而不是培养过程；再如“以水电工程建设项目为载体，以送水点工程施工岗位能力为主线，企业参与、工学结合”的人才培养模式名称冗长，不便交流、识记。著名“定位”研究者特劳特·瑞维金曾说，“市场营销中最重要的决策是如何给产品起名字”。他们提出了四条给产品命名的原则：可接受性；现有意义，你的名称同你想象中的名称是否有出入；负面含义，你的名称容易和别的什么词弄混；可发音性，你的名称的发音容易还是困难。因此，在人才培养模式命名时应注意：第一，模式名称应体现模式的主要特点，反映模式的内涵特质。第二，考察模式的产生过程，模式命名时应抓住关键环节、事件和人物。第三，模式名称应当简洁，字数不宜过多，应便于识记。第四，模式名称要悦耳，读起来要朗朗上口。

第三，培养模式的关键要素缺失。人才培养模式是解决“怎么培养人的问题”。尽管目前理论界对高职人才培养模式的概念还没有统一的看法，但可以界定高等职业教育人才培养模式是高等职业院校为实现人才培养目标而采取的制订培养方案、确定培养规格、构建课程体系、组织教学实施、进行教学管理的比较稳定的结构化样式和运行方式。高职人才培养模式由不同要素构成，主要有服务区域定位、培养方案、培养规格、课程体系、培养途径、教学运行机制、教学组织形式、实训条件、教学团队、管理制度和评价体系等要素。各要素之间既相对独立又相互作用、相互联系，形成紧密、有机的关系。某一要素的改变会引起相关要素及其关系的变化，最终导致模式本身的改变。在有些建设方案或总结报告中看不到“课程体系的结构、内容、培养途径、教学组织形式”，更不用说“教学管理制度和运行方式”要素了。

第四，结构优化与整体功能的发挥。在提炼高职人才培养模式构成要素的同时，还要构建培养模式的结构体系。培养模式与其构成要素之间的关系是属概念与种概念的关系，课程体系、教学运行机制、教学组织形式、培养途径包括教学方式改革等是人才培养模式的下位概念。模式内各构成要素既能各自独立发挥本身功能，又具有紧密的关系。课程体系是人才培养的核心，课程体系由人才培养规格（目标）决定，同时还受培养途径和教学时空的影响。如工学结合，不同程度的结合都会影响理论课程与实践课程之间的关系。而某些课程也约束着培养途径和教学组织形式的选择、教学运行机制保障、调节着课程的实施。课程体系及其构造形态的变化要求教学管理制度随之变化。优化人才培养模式的结构才能发挥培养模式的最大效益。人才培养模式结构的外部是与专业设置、师资建设、实训实验室（基地）相关联的另一个结构，他们共同构成了一个完整的专业建设框架。

第五，形成人才培养的品牌与特色。高职人才培养模式由学校独特的文化、价值观念、自身条件和与之相关联的经济社会环境所决定，而学校的资源有限，应集中有限的人、财、物和社会关系进行人才培养，形成特色、铸就品牌。示范性高职人才培养模式的建设就在于创造精品培养模式，打造品牌，引领高等职业教育发展。

3. 分析江苏畜牧兽医职业技术学院的人才培养模式

江苏畜牧兽医职业技术学院以畜牧产业转型升级对高素质高技能型人才需求为目标，动态设置专业并适时调整专业方向，以就业为导向、能力为本位，共享校企合作联盟成员企业资源，结合学校自身的条件，将畜牧产业生产规律、高等职业教育规律和学生职业成长规律有机结合，创新形成“三业（专业、产业、就业）互融、行校联动”的人才培养模式。其内涵表述为：“三业互融”是指专业设计以就业为导向，办好专业服务产业，产业发展促进就业质量提高，就业质量促进专业改革；“行校联动”是指行业制定职业标准，学校教学内容对接职业标准；行业规范企业生产过程，学校教学过程对接企业生产过程。其具体内容解析如下：

(1)区域定位：以服务江苏畜牧产业转型升级为宗旨，以产学研结合育人为特色，建设畜牧产业链条上的专业群，全面提高教育教学质量，提升就业率和就业质量，在全国农业高等职业院校中发挥示范、辐射和引领作用。

(2)培养方案：包括专业名称、专业代码、招生对象、学制与学历、就业面向、培养目标与规格、职业资格证书、课程体系与核心课程(教学内容)、专业办学基本条件和教学建议、继续专业学习深造建议等。

(3)培养规格：面向专业对应的产业，培养德智体美劳全面发展，掌握专业核心技术、岗位操作技能和职业工作能力，具有创新意识、创新能力和职业发展能力，在专业领域的技术岗位从事生产、管理、服务工作的高素质高级技能型人才。

(4)课程体系：在专业教学委员会指导下，深入行业企业调研，召开实践专家研讨会，找准专业所涵盖的职业主要岗位群，分析岗位工作任务和工作过程、完成工作任务应该具备的知识、技能和态度，根据典型工作任务归纳出职业行动领域，按照职业教育学原理，转换成学习领域课程，按照工作过程导向课程设计原理选择学习内容，序化学习情境，开发课程；以职业素养为核心构建职业通用能力课程体系，以职业资格为核心构建综合职业技能体系，以职业岗位工作过程为核心构建就业工作能力体系，校企合作共建课程资源库，系统培养学生的就业、创业能力。

(5)培养途径：以实践教学课程体系为主导，设计双线培养路径，一条线是通过专业认知、职业道德、职业生涯规划、职业通识课程培养学生职业基础能力，另一条线是通过职业体验、专业专项技能实训、综合职业技能训练、随岗实习、跟岗实习、顶岗实习培养学生的职业工作能力。

(6)教学运行机制：以就业为导向的工学结合“三业互融、行校联动”人才培养模式教学运行，见图 2-1。

(7)教学组织形式：以学生为中心，教师为主导，组建各种类型的学习小组，在多媒体教室实施理论教学，在实验室实施验证性教学，在实训室实施技能训练，在理论与实践一体化教室实施工作过程导向课程，在校中厂实施职业认知、综合技能训练、随岗实习、跟岗实习及技能鉴定，在厂中校、校外实习基地实施顶岗实习，通过顶岗实习平台实施校企合作评价。

(8)实训条件：建设校内实训基地、厂中校、校外实训基地、校中厂及顶岗实习基地，满足实践教学的需要。

(9)教学团队：在教师工作站、技师工作站培养“双师”素质和结构合理的教学团队。

(10)管理制度：实行“双制”(学校的教学制度、企业的培训制度)与“双纲”(学校教学大纲、企业培训大纲)的互融，期望学生获取“双证”(毕业证书、职业资格证书)。

(11)评价体系：校企合作共建教学质量标准、教学质量监控体系和评价、反馈体系。

2.1.3 比较农业国家示范性高等职业院校实践教学课程体系

所谓体系是指若干有关事物相互联系、互相制约而构成的整体，组成体系的若干事物在本质上都是具有内在联系的。所谓教学体系是指在教学活动过程中，由构成教学系统的诸要素

图 2-1 “三业互融、行校联动”人才培养模式运行图

组成的一个整体，它涵盖了教学活动的各个主要方面，如教学内容、课程、师资队伍的建设与管理、教学方法、教学管理的组织系统、教学管理制度、教学保障、实训基地建设与管理、教学质量的监控与评价等方面的内容。高等职业教育的职业性、技术性和实践性，决定了实践教学体系在教学体系中的主导地位。

1. 理解高等职业教育实践教学课程体系

“实践”是一个哲学术语，其基本意义是指“行动”、“行为”及其结果，是一个同“识见”相对立的概念。实践教学是实现高职人才培养目标的主体性教学环节。以服务为宗旨、就业为导向、能力为本位的高等职业教育人才培养目标，要求系统化设计就业导向的实践教学体系。这里所讲的实践教学体系是指在高职教学体系中相对于理论教学体系而言的实践教学体系。实践教学体系的概念可以有广义和狭义之分。广义的实践教学体系是由实践教学活动的各要素构成的有机联系的整体，具体包含实践教学目标体系、内容体系、管理体系和条件支撑体系等要素。狭义的实践教学体系是指实践教学内容体系，即围绕专业人才培养目标，在制订教学计划时，通过合理的课程设置，如实验（示范性实验、操作性实验、综合性实验、设计性实验）、实训

（基本技能训练、单项技能训练、综合技能训练）、实习（教学实习、生产实习、顶岗实习、毕业实习）、创业、创新制作、创新型项目课程（项目设计、技术设计）、毕业设计等各个实践教学环节的合理配置，建立起来的与理论教学体系相辅相成的教学内容体系。

从高等职业教育与普通高等教育比较的来看，高等职业教育实践教学体系具有以下几个方面的特点：

（1）综合性。实践教学更加重视学生综合职业能力的培养，包括了知识、技能、态度、价值观和职业道德等，在做的过程中教会学生做人、做事。

（2）实际性。无论是模拟教学还是现场教学，强调工作任务、工作环境、工作标准、工作组织、工作人员、工作技术、工作方法、工作设备、工作材料以及工作结果的实际性，重视培养学生的职业习惯。

（3）开放性。实践教学内容面向行业、企业开放，教学任务的设计面向社会开发，发展性教

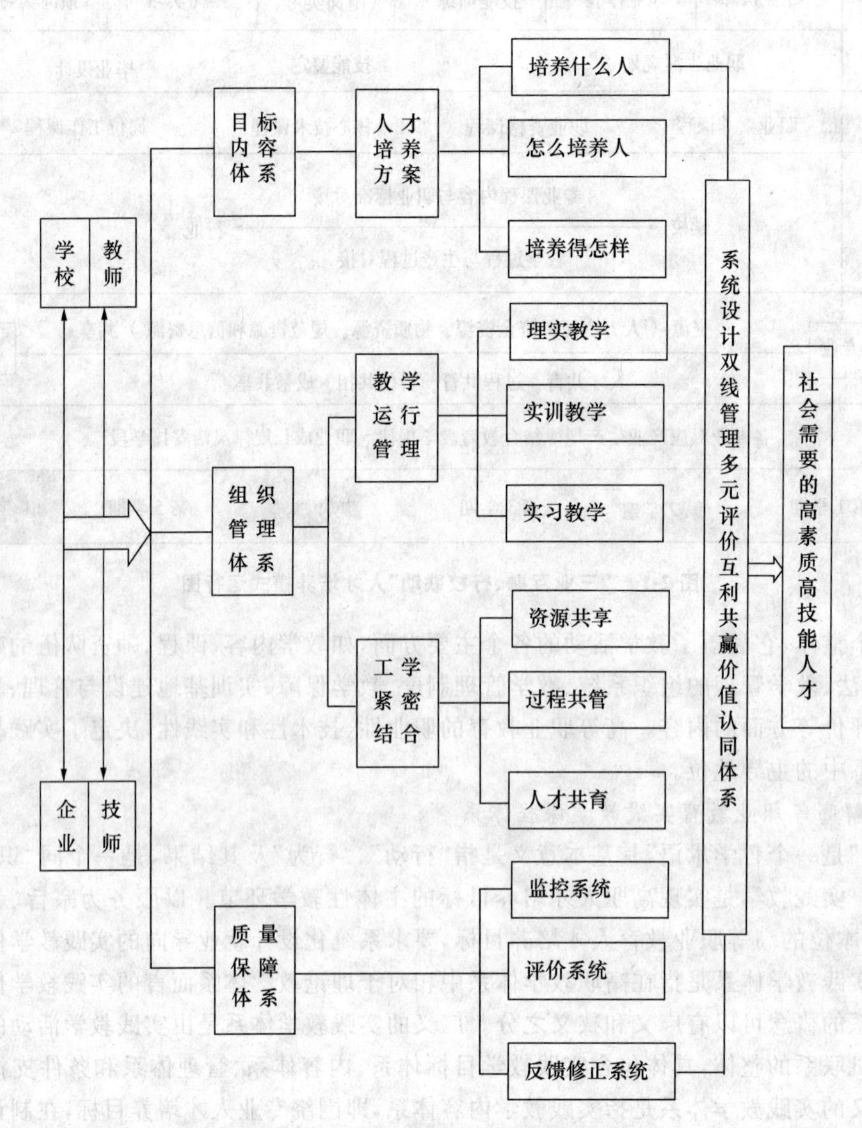

图 2-2 就业导向的实践教学体系设计思路

学任务的结果是开放的，重视培养学生灵活处理问题的能力。

(4)双元性。实践教学的主体是学校教师与行业企业教师、地点是学校与企业、内容是教学与培训的结合，重视培养学生的职业能力。

这里所讨论的高等职业教育实践教学体系是从广义上来理解的，是在运用系统学理论及方法的基础上，对组成实践教学的各个要素进行结构与功能的系统化设计。其设计思路见图 2-2。

2. 对比国家示范性农业高等职业院校实践教学课程体系

依据我们界定的农业职业分类，选择 100 所国家示范性高等职业院校中涉农专业作为样本，从各学院的“国家示范性高等职业院校建设方案”、“国家示范性高等职业院校建设计划项目总结报告”等获取资料，对国家示范性农业高等职业院校中涉农专业实践教学课程体系进行梳理，形成描述列表，见表 2-3。

表 2-3 国家示范性农业高等职业院校中涉农专业实践教学课程体系

重点建设专业	院校名称	实践教学体系描述
生物技术及应用	北京电子科技职业学院	学生通过在发酵制品车间、乳制品加工车间进行产品的加工和检验实训，并在企业进行为期半年的顶岗实习，成为合格的“食品工艺员”和“食品检验员”
	长春职业技术学院	根据制药企业生产岗位与质控岗位的生产技术要求，按照企业生产与质控的工作情境，探索“生产+质控”交互式教学模式，完成以企业生产过程为导向的课程教学任务
	杨凌职业技术学院	通过岗位分析和职业能力分析，按照“以工作过程为导向”的思路优化教学内容，按照岗位核心技能设计实训项目，以项目为载体提升学生的知识、技能等综合素质
	宁夏职业技术学院	在专业建设指导委员会指导下，对生物发酵行业职业岗位及岗位能力进行分析，构建基于行动导向的课程体系
园艺技术	北京农业职业学院	在充分考虑行业发展趋势和学生职业可持续发展的基础上，以园艺植物不同生长阶段的工作任务为载体，以职业岗位综合能力培养为核心，构建由单项技能与综合技能训练结合的实践课程体系
	辽宁农业职业技术学院	确立园艺技术专业毕业生的三个主要就业岗位，分析岗位典型工作任务，构建主要由“基本技能训练”、“单项技能训练”、“专业综合实训”、“生产性实训”构成的校内实践技能培养体系和“企业体验实习”、“企业主修课”、“企业顶岗实训”、“企业就业实习”构成的企业实践技能培养体系
	江苏农林职业技术学院	基于“三位一体”工学结合理念的课程体系改革，以真实的工作任务或产品为载体对课程进行整体设计，将行业、企业技术标准与通用权威的职业资格标准引进课程开发。形成了以工作实践为主线，以项目化课程为依托、以学生自主学习为目标的课程开发和建设模式，编制“技能包”构建相应的实践教学课程体系
	芜湖职业技术学院	在加强学生实训、实习教学的过程中，以“校企合作”为平台，重点推进顶岗实习、实训工作，逐步推广教学过程与生产过程融于一体的实践教学方式，形成了校企“资源共享、互惠互利、共同发展”的实习、实训格局

续表 2-3

重点建设专业	院校名称	实践教学体系描述
园艺技术	商丘职业技术学院	以就业为导向，结合园艺作物生产、技术推广、农资和产品营销岗位群的职业能力、工作过程要求，以理论知识"必须、够用"。专业技能"先进、实用"的原则进行课程设置，依据学生的实际情况，充分利用先进的教学设施，在遵循职业能力形成规律的基础上，以学生为主体进行了教学情境设计，构建工作过程为导向的系统化课程模式
	杨凌职业技术学院	以校内园艺生产性实训基地和校外紧密合作型企业为依托，构建基于"工作过程"的专业认知实训、专业单项技能实训、专业综合能力实训和顶岗实习的实践教学体系，按照园艺植物物候期和农事活动的规律性，教学过程按季节、分阶段实施教学活动
	新疆农业职业技术学院	明确课程对应的职业岗位及典型工作任务，结合国家、行业、企业技术标准和职业资格证书考核标准确定专业人才规格，基于生产过程筛选教学内容，基于工作过程的六个步骤组织实施教学过程；基于课程目标任务进行课程实施保障条件分析，组建课程教学团队，设计配备实验实训条件；基于工作过程要求开发工学结合的优质教学资源；最终开发设计与专业人才培养模式相适应的课程教学模式；采用"做中学"、"做中教"的教学方法；以"师生互动、自主学习、过程考核、开放评价"的方式，实现学生自我调控、自主学习的课程教学目标
	海南职业技术学院（热带园艺方向）	面向园艺职业岗位群，构建以职业岗位能力为核心、工作过程为导向的工作过程系统化课程体系
畜牧兽医	北京农业职业学院	以岗位核心能力培养为主线，以动物养护与疫病防治两大核心能力培养为重点，以企业岗位为教学场所，校企共同实施"做中学"与"学中做"，实现教学与生产的直接对接，通过在企业岗位（群）间的轮动教学，变企业岗位为课堂，变企业人员为教师，变学生为员工，实现教学情境与企业岗位一体化，工作评价与学习评价相结合，实现了学校和企业对高素质技能型专门人才的共同培养
	辽宁农业职业技术学院	根据职业面向，确立了 7 个岗位群，针对畜禽的"养、繁、防、治"四个能力的培养，分析得出 17 项典型工作任务，按照行动领域和学习领域的转化路径，形成了专业的工作过程系统化核心课程体系
	江苏农林职业技术学院	基于"三位一体"工学结合理念的课程体系改革，以真实的工作任务或产品为载体对课程进行整体设计，将行业、企业技术标准与通用权威的职业资格标准引进课程开发。形成了以工作实践为主线，以项目化课程为依托、以学生自主学习为目标的课程开发和建设模式，编制"技能包"构建相应的实践教学课程体系

续表 2-3

重点建设专业	院校名称	实践教学体系描述
畜牧兽医	商丘职业技术学院	与畜牧行业、企业技术骨干联合成立教学指导委员会，抽出专业骨干教师成立优质核心课程建设团队，按照专业人才培养方向、规格和职业资格标准，对商丘市及周边地区养殖场、饲料厂、兽药厂和广大养殖专业户进行走访调研，完成具体工作领域岗位工作任务分析、统计，根据工作领域岗位典型工作任务，按照完成岗位工作任务应具备的岗位技术技能、工作态度，对学生提出知识、技能、素质的要求，制定出基于工作过程的核心课程体系
	永州职业技术学院	由畜牧行业、企业专家和学校有关专业教师共同组成的专业教学改革指导委员会，根据就业岗位群和专业技能包要求，构建以面向大中型养殖企业、饲料兽药销售公司、宠物医药、动物疫病诊所、乡镇兽医站等企业，能熟练掌握畜禽养殖、动物疾病防治、动物检疫、宠物保健美容、企业经营管理等专业能力为主线的教学体系
	西藏职业技术学院	以形成学生的职业能力为课程目标，通过对行业、企业人才需求调研深入分析，并结合西藏畜牧业生产特点，归纳出畜牧兽医类行业企业所需要的岗位类型和学生应具备的岗位技能，针对所需技能安排实训内容和课程内容，构建"岗位技能导向"课程体系
	青海畜牧兽医职业技术学院	在创新并实施专业核心课程"理论与实践一体化"教学模型的基础上，通过对行业、企业人才需求调研及养殖企业工作领域中工作流程的分析，并结合青藏高原养殖企业的季节性生产特点，进一步分析职业能力，归纳了行动领域应具备的种畜鉴定选择等 17 个典型工作任务，重构了以养殖企业工作过程为导向、针对牛、羊、猪、禽、经济动物五大养殖方向的 5 门核心课程、6 门素质课程、兽医基础等 7 门支撑课程共同组成畜牧兽医专业的课程体系，实现了"养"与"防"的结合
	宁夏职业技术学院	按照职业岗位技能要求，结合畜牧业生产实际整合成具有鲜明特色的牛、羊、猪、鸡的饲养与疾病防治技术 4 门核心课程
	新疆农业职业技术学院	与人才培养模式相适应，系统化设计对应畜禽饲养员岗位的畜禽饲养与管理课程模块、对应畜禽育种岗位的畜禽人工授精课程模块、对应执业兽医岗位的畜禽疾病防治课程模块，将校内生产性实训与校外顶岗实习相结合，三年三循环，工学相融合，构建"三级递进"(单项技能、岗位技能、专业综合能力)的实践教学系统
绿色食品生产与检测	北京农业职业学院	以实践教学为主体，通过认知实习、专项实训、综合实训和定岗实习四种形式深入企业进行实践，强化专业技能训练，建立一套完善的实践教学体系，强化实践教学的过程控制与效果评价，保障实践教学的质量与效果
食品加工技术	辽宁农业职业技术学院	确定了食品加工技术专业毕业生所从事的三个职业岗位群的 65 项典型工作任务，构建"产品为导向，能力为本位，工作(生产)任务为主线"的课程体系

续表 2-3

重点建设专业	院校名称	实践教学体系描述
食品加工技术	黑龙江农业经济职业学院	针对黑龙江粮食、油料、山特产品、乳制品、肉制品五类加工企业的生产和质量检测岗位，构建以岗位能力为核心的课程体系，以食品加工、检测过程的典型工作任务为导向开发课程
	漳州职业技术学院	通过调研，召开实践专家访谈会，归纳出食品加工类的典型工作任务，构建由学习领域课程构成的“教学做”一体的模块化课程体系，将行业标准、企业规范、职业资格标准融入教学内容，探索开发具有鲜明高等职业教育特色的工作，实现了学习内容与职业工作要求的直接和有效对接，实施理论实践一体化的教学
	日照职业技术学院	构建了“以加工类课程为主体，以检验类和管理类课程为两翼”的“一体两翼”课程体系，实施“课程设计—项目化、课程组织—团队化、课程实施—生产化、课程成果—产品化、课程评价—立体化”的“五位一体”课程模式
	商丘职业技术学院	以就业为导向，从广度和深度动态了解食品行业对人才的需求，确定专业毕业生所从事的三个职业岗位群，通过对典型工作任务分析，转化学习领域，构建基于工作过程的课程体系
	新疆石河子职业技术学院	根据专业的职业面向，以培养食品加工、食品检验和食品质量管理等工作能力为核心，依据专业岗位的职业特征，基于工作过程导向，以食品企业实际生产项目、检验项目为载体，实施对学生能力、素质的要求，建立专业职业学习领域，对专业学习领域课程进行重构。核心课程的设计与教学实施从基本训练、专业技能训练到职业综合训练循序渐进
农业机械应用技术	黑龙江农业工程职业学院	学生在农机作业季节，第一轮在学院农场以师傅带徒弟的方式，培养作业机械操作和农业机械驾驶技术及维护能力；第二轮在企业由农场技术人员指导，进行生产实践；最后进行顶岗实习
	新疆石河子职业技术学院	根据“两轮符合”人才培养模式确立以“岗位职业能力”为专业核心能力的人才培养主线。通过调研，明确职业岗位范围，推演出典型工作任务、行动领域，依据行动领域构建新的课程体系，并确立核心课程体系
农业经济管理	黑龙江农业经济职业学院	以农业经济管理专业毕业生就职岗位典型工作任务为载体，以岗位能力培养为主线，根据农业经济“产前策划、产中管理、产后营销”流程特点，按照专业课程门类职业化和内容综合化的要求，设置 4 门核心课程，前 4 学期进行专业单项技能训练，第 5 学期进行专业岗位能力综合模拟实训，第 6 学期进行顶岗实习
园林技术	江苏农林职业技术学院	基于“三位一体”工学结合理念的课程体系改革，以真实的工作任务或产品为载体对课程进行整体设计，将行业、企业技术标准与通用权威的职业资格标准引进课程开发。形成了以工作实践为主线，以项目化课程为依托、以学生自主学习为目标的课程开发和建设模式，编制“技能包”构建相应的实践教学课程体系

续表 2-3

重点建设专业	院校名称	实践教学体系描述
食品生物技术	山东商业职业技术学院	创建了三年不间断的"四层递进、一线贯穿"的实践教学体系,实现了校内实训与校外顶岗实习接轨,顶岗实习与就业接轨
水产养殖技术	日照职业技术学院	针对专业人才培养面向的岗位群,通过调研与讨论,参照水生动物苗种繁育工职业资格标准,由企业专家、专业带头人、骨干教师组成小组共同讨论,整理出 59 项典型工作任务,归纳出 15 个行动领域,依据行动领域设置学习领域课程,构建工作过程系统化的课程体系
生物制药技术	武汉职业技术学院	专业将人才培养目标定位于区域产业结构调整和企业生产方式的转变以及人才需求变化紧密结合,及时掌握人才市场和相关行业企业对高职人才的需求动态,并按照职业能力目标化、工作任务课程化、课程开发多元化的思路,建立了基于工作过程、有利于学生职业生涯发展的课程体系
农产品质量监测	永州职业技术学院	根据农产品质量检测行业就业状况确定无公害农产品生产、农产品质量检测、无公害农产品加工 3 个主要职业岗位群,根据职业岗位群构建职业能力模块,形成 5 大课程模块,按照取样—样品前处理—样品测定—数据处理—分析报告等分析检测过程构建课程体系
食品营养与检测	广州轻工职业技术学院	依据职业岗位群的要求,参照食品生产规范和相关职业资格标准,以实施全程质量控制岗位工作要求为主线,构建了食品理化检验技术、食品微生物检验技术、食品仪器分析技术、食品安全与质量控制技术为核心的课程体系
动物防疫与检疫	青海畜牧兽医职业技术学院	确定了动物防疫与检疫专业动物疫病诊疗、动物疫病防控、动物检疫、动物产品安全检验 4 大工作岗位领域,在分析岗位群职业能力和职业标准的基础上,通过对职业领域岗位群典型工作任务的分析,确定学习领域"知识、技能、素质"标准和教学内容,按照"必须、够用、实用"的原则,形成文化基础、专业基础、动物疫病防控、动物检疫、动物产品检验五大模块,对教学内容进行整合后,系统化形成专业课程体系
农畜特产品加工	新疆农业职业技术学院	以企业核心岗位技术操作标准为基础和参照,在企业生产规律和职业教育规律的双重指导下,融合职业资格标准,制定专业核心课程标准。在课程学习结束后,学生不仅掌握订单企业核心岗位操作技术,同时获得劳动部职业资格证书,使学生在掌握订单企业特定技能的基础上,获得更多的职业迁移能力
畜牧(国家无疫区标准化养殖方向)	海南职业技术学院	按"无疫区"畜牧业典型岗位群分类设置专业课程,以工作过程涉及的职业技能岗顺序(如养禽技术:禽场建设规划岗→引种与育禽岗→种禽饲养岗(含饲养、配种、产蛋)→孵化岗→肉用禽育雏岗→育肥岗→禽产品销售岗)确定专业课程内容,以各职业技能岗必备的通用基础技能设置专业基础课程及其内容。据国家高等职业教育改革方向,在课程中实施操作技能标准化训练、"教、学、做一体"、循环跟岗实训、顶岗实训等教学模式,构建具有高职特色的"职业工作过程"课程体系

从表 2-3 可以看出，大部分专业都能把实践教学课程按照企业的生产要求进行学段调整，将教学过程与生产过程相结合安排教学活动；都能根据专业对应的职业岗位工作任务构建工学结合或工作过程导向的实践教学课程体系，强调了职业能力的培养。

3. 分析江苏畜牧兽医职业技术学院的实践教学课程体系

江苏畜牧兽医职业技术学院按照“三业互融、行校联动”人才培养模式改革的要求，在原有实践教学体系的基础上，充分利用校企合作示范区的平台，分析校企合作办学、工学结合培养的具体情况，提出了“双线管理、层层对应”的实践教学运行与管理系统。其内涵是：针对学生具有“学校在校生”和“企业准员工”的双重身份，教师具有“学校教师”和“企业导师”、技师具有“企业技师”和“学校导师”的双重身份，实行学校和企业“双线管理”；针对工作过程导向课程教学，实践教学的运行要求各类教学标准与生产标准相融合、学院各类岗位工作规范与企业岗位工作规范相融合、静态教学管理制度与企业管理制度相融合，校企合作办公室与企业人力资源部、教学系部与生产部（车间）、专业教研室与功能班组相对应，形成相互融合、相互对应的关系。“双线管理、层层对应”的实践教学运行与管理系统（图 2-3）。

图 2-3 “双线管理、层层对应”的实践教学运行与管理系统

2.2 整合高等职业教育校企合作理论

我国高等职业教育从 1999 年开始快速发展，到 2011 年底，全国独立设置的高等职业院校和高等专科学校已经有1 276所，占普通高等学校总数的 60%；2011 年全国高等职业学校招生数为 32 万人，占普通高等学校招生总数的 47.7%；2011 届高等职业学校毕业生已达 329 万人[1]，为推进高等教育大众化进程做出了不可替代的贡献。从高等职业教育校企合作的现实状况来看，已经开始走出松散的、无组织的混沌状态，逐步演变成有内部治理结构的社会组织形式，如通过理事会、董事会等组织机构的建立和运作，将使高等职业院校校企合作办学形成有序的管理体制。高等职业院校通过政府牵动、行业拉动、学校发动、理事会推动、企业联动，建设了一批校企互动的合作办学实体，如专业学院、产学园区、校企共同体、股份实体等教育教学平台，改革了人才培养模式，提升了办学质量，形成良性互动的运行机制。这都是高等职业教育实践者应对挑战与抓住机遇而在高等职业教育体制机制创新实践的结果。但是，如何运

1 上海市教育科学研究院，麦可思研究院. 2012 中国高等职业教育人才培养质量年度报告[M]. 北京：外语教学与研究出版社，2012.

用相关的理论对这些实践现象进行解释与总结，并整合相关理论指导高等职业教育校企合作的实践，还是一个非常薄弱的环节。近些年来，人们已经开始认识到校企合作理论研究的重要性，并关注校企合作理论研究，但理论还是滞后于实践，不能满足当前校企合作发展的需求。基于此，我们以校企关系架构为基础、以校企合作发展为核心、以提高教育质量为目标，从法学、哲学、心理学、教育学、管理学、经济学、社会学等学科，运用资源依赖理论、公共治理理论、委托代理理论、交易成本理论、人力资本理论、教育与生产劳动相结合理论、利益相关者理论、制度变迁与创新理论、共同体理论、教育价值理论、构建主义理论等，构建高等职业教育校企合作体制机制创新的理论基础，期望通过理论的整合与协同，为农业高等职业教育校企合作的实践提供理论支持。

2.2.1 应用资源依赖理论，组建校企合作联盟

1. 资源依赖理论的主要内容

资源依赖理论源于开放系统的观点，即组织为了获取资源必须与生存的环境进行交易。所谓资源依赖理论，是指一个组织最重要的存活目标，就是要想办法降低对外部关键资源供应组织的依赖程度，并且寻求一个可以影响这些供应组织的关键资源能够稳定掌握的方法。资源依赖理论提出了4个重要假设：第一，组织最重要的是关心生；第二，为了生存，组织需要资源，而组织自已通常不能生产这些资源；第三，组织必须与它所依赖的环境中的因素互动，这些因素通常包含其他组织；第四，组织生存建立在一个控制它与其他组织关系的能力基础之上。资源依赖理论的核心假设是组织需要通过获取环境中的资源来维持生存，没有组织是自给的，都要与环境进行交换。

2. 资源依赖理论在组建校企合作联盟中的应用

资源依赖理论认为，各企业之间的资源具有极大的差异性，而且不能完全自由流动，很多资源无法在市场上通过定价进行交易。校企合作中的资源主要包括高等职业院校师生和企业科技人员构成的人力资源；教学、职业培训和技术攻关所必需的实训场地、设施、设备等构成的物力资源；政府财政拨款、企业资助资金、高等职业院校科研专项资金等构成的财力资源；图书情报信息、技术开发信息、科技服务信息、人才需求信息、行业市场信息、科研学术信息等构成的信息资源；政府制定的法律法规政策和校企签订的协议等构成的规则资源[1]；行业职业标准、企业技术规范、岗位操作流程和学校教学规范等构成的标准资源等。任何企业都不可能完全拥有所需要的一切资源，在资源与目标之间总存在着某种战略差距。因此，为了获得这些资源，企业就需要同它所处环境内控制着这些资源的其他组织之间进行互动，从而导致企业对资源的依赖性。根据资源依赖理论，企业与高等职业院校之间在文化环境与教育资源之间的差异，决定了校企之间的合作介入、双向互动，并进而缔结校企合作联盟，不仅具有可能性，而且具有必要性[2]。

高等职业院校从事职业教育活动，必然要和周围的环境条件联系在一起，这是毫无疑问的。事实上，高等职业院校所进行的一切活动都是为了适应所处的环境，是对环境的适应和调整。这种环境包括配套保障法规政策的缺位，经费投入不足，行业的就业准入、职业标准和岗位操作规程等缺失，生源数量的减少、质量的下降，企业文化环境的缺乏，教育资源的短缺等。

1 张海峰. 高等职业教育校企合作联盟的系统研究[J]. 教育与职业，2009(20)：5-7.

2 杭瑞友，葛竹兴，朱其志. 基于体制机制创新的高职教育校企合作联盟理论思考[J]. 佳木斯教育学院学报，2012(9).

组织要生存下去，需要对外部环境进行有效的管理，以获取和维持资源。如果组织对其运行所需要的元素有完全的控制权，问题变得非常简单。事实上，没有一个高等职业院校可以实现对所需教育资源的完全控制。高等职业院校是植根于由其他组织组成的环境之中的。它们对其他的组织由于资源的需求而具有依赖性。通过联盟、协会、顾客——供应商关系、竞争关系以及限定和控制这些关系的性质和界限的社会——法治工具等，与周围的环境发生联系[1]。资源依赖的稳定是结成联盟的基础。为了解决组织外部限制性因素而设计的组织战略，创新办学的投资体制，破解高等职业教育作为准公共产品由政府、举办方配置资源渠道单一的障碍，顺应“高等职业教育资源配置的社会化、市场化和多元化”[2]的趋势，转变资源配置方式，实现资源共享，缔结校企合作联盟培育人才具有极强的可行性[3]。

2.2.2 应用公共治理理论，创新联盟管理体制

1. 公共治理理论的主要内容

公共治理理论是治理理论在公共管理领域的应用。该理论强调社会公共事物应以治理的方式使各种民间组织机构享有参与的权利，强调发挥政府功能的同时，要使社会组织参与管理，形成政府与社会组织之间相互依赖、相互合作、共同管理的格局。

国内学者认为公共治理理论的主要内容包括：①公共治理的组织载体不局限在单一中心的政府组织，政府、公民个人、非政府组织等都可以成为公共服务管理的主体，共同承担公共事务治理的责任。②公共治理意味着国家与公民社会关系的重新调整，强调国家与社会组织间的相互依赖关系。③互信互赖的合作关系成为公共治理过程中有效沟通和伙伴关系形成的内在道德基础。④公共治理强调政府与社会通过互动合作的方式来实现治理目标。⑤公共治理的基本理念及善治的重要标准是参与性、透明性、回应性、责任性、合法性等原则。

2. 公共治理理论在校企合作联盟管理体制创新中的应用

公共治理理论的核心在于多元、参与、合作，把对社会的有效管理看成是多元化管理主体的合作过程，从而建立起调节政府与社会利益关系的新体制，建构起“对话—协商—谈判”的治理方式和“共识—互信—共同发展”的治理模式，实现“政府—社会组织(社会中介组织、第三部门、非政府组织)—基层自治”的多元模式，为处理不同利益组织之间的关系开辟了联合行动、持续合作的途径和渠道，为校企合作管理体制机制创新提供了丰富的理论支持[4]。

对于校企合作联盟的治理而言，在治理主体方面，由于校企合作的主体由来自不同领域、不同层级的组织或个人组成，应突破校企合作组织治理的范围，强调合作的多管理主体；在治理目标方面，企业、行业协会、研究机构、参与院校等可以与政府组织一样，成为校企合作中不同层面的权力中心，作为校企合作管理主体与政府平等合作，实现校企合作多方资源与优势的互补，同时在互信、互利、相互依存的基础上各个行为主体可以持续不断地协调，求同存异，满足合作各方参与行为主体的利益，最终实现合作共赢；在治理方式方面，应提倡多层级、多权力

---

1 杰弗里·菲佛，杰勒尔德·R·萨兰基克.组织的外部控制：对组织资源依赖的分析[M].北京：东方出版社，2006：2.

2 刘铁.中国高等教育办学体制研究[J].高等教育研究，2007(5)：89.

3 杭瑞友，葛竹兴，朱其志.基于体制机制创新的高等职业教育校企合作联盟理论思考[J].佳木斯教育学院学报，2012(9).

4 耿洁.职业教育校企合作体制机制研究[J].天津大学职业技术教育学院博士学位论文，2011.

中心的网络化管理，把政府与其他合作组织的关系由单向直线控制关系转变为指导、平等合作的关系，使行业企业能够深度参与到校企合作的管理和决策中，建立起自主自治的高等职业教育校企合作联盟管理体制。

2.2.3 应用委托代理理论，生成校企合作的动力机制

1. 委托代理理论的主要内容

委托代理理论是制度经济学契约理论的主要内容之一。其主要观点是：委托代理关系是随着生产力大发展和规模化大生产的出现而产生的。其原因，一方面，是生产力发展使得分工进一步细化，权利的所有者由于知识、能力和精力的原因不能行使所有的权力；另一方面，专业化分工产生了一大批具有专业知识的代理人，他们有精力、有能力代理行使好被委托的权力。其主要研究的委托代理关系是指一个或多个行为主体根据一种明示或隐含的契约，指定、雇佣另一些行为主体为其服务，同时授予后者一定的决策权利，并根据后者提供的服务数量和质量对其支付相应的报酬。授权者就是委托人，被授权者就是代理人。委托人希望效用最大化，但是，委托人的效用需要通过代理人来实现，而代理人所追求的目标不一定与委托人相一致，并且，由于信息不对称，委托人无法了解代理人的真实意图和行为，代理人由此可以利用信息优势采取不利于委托人的行为。为此，在设计委托代理合同时，委托人应采用激励和约束两个措施。只有满足了这两个条件的委托代理合同，才是有效的合同。

2. 委托代理理论在生成校企合作动力机制中的应用

由于委托代理关系在社会中普遍存在，因此委托代理理论被用于解决各种问题。如学校委托企业培养企业需要的人才，形成学校与企业之间的委托—代理关系。

(1)缩短人才适应周期，为企业节省成本。从企业的角度来看，校企合作同样可以实现企业利益的最大化。因为，如果企业从单一校园环境办学模式培养出的学生中招聘人才，这些人才会有一段适应期，人才的效能难以充分挖掘。而从校企合作培养模式培养的学生中订单培养人才，由于学生培养过程是专业认知→职场体验→职业规划→企业岗位操作，学生毕业时没有工作岗位适应期，这样可以为企业创造更多的价值，实现人才效益的最大化。此外，企业可以通过与高等职业院校合作，充分利用高等职业院校的科研优势，及时解决生产与发展创新中遇到的技术难题，实现企业技术开发效能的最大化。

(2)运用市场交换机制，调动企业的积极性。资源是稀缺的，教育资源也不例外。在校企合作中，学校应深刻认识到企业的资源不是“天生的”，所有资源的取得都是有代价的，何况我国的校企合作是政府主导型的“设计—生产—控制”的产物[1]，而不是企业自发的需求，即类似德国“双元制”的“萌芽—生长—调整”企业内生模式。因而，政府和学校对企业付出的教育资源要运用“看不见的手”价格机制，政府运用财政转移支付手段，行业研究企业教育资源价格结算标准，学校把工学结合课程经费列入预算，对企业进行补偿，弥补企业的合作风险和成本，调动企业的积极性，这样才能形成校企合作的长效机制。

(3)规范委托——代理行为，激励与约束相结合。由于目前校企合作培养人才的契约受法律的约束性不强，在合约中明确企业的责、权、利固然重要，但激励与约束相结合，以激励为主的措施更为重要。对代理人进行激励约束的制度安排主要包括两类：一方面是指直接激励约

[1] 徐国庆.职业教育原理[M].上海：上海教育出版社，2007：94.

束，如报酬、职务消费以及各种形式的监督机制，如发放工学交替、集中顶岗实习兼职教师报酬，企业的技师与学校的教师相互兼职，形成"双岗双职"[1]的关系；另一方面是指间接激励约束，主要是指利用企业所面临的环境因素对代理人进行激励约束，如经济环境、社会环境、法律环境等。目前，我国的校企合作市场机制还不建立，激励约束仍应以直接手段为主。

2.2.4 应用系统理论，整合校企合作发展资源

1. 系统原理的主要内容

系统是由相互作用和相互联系的若干组成部分结合而成的整体，它具有各组成部分孤立状态不具有的整体功能，它总是同一定的环境发生联系和关系。系统是普遍存在的，任何社会组织都是由人、物、信息组成的系统，任何管理都是对系统的管理。没有系统，也就没有管理。系统论认为，整体性、关联性、等级结构性、动态平衡性、时序性、开放性、环境适应性等是所有系统共同的基本特征。系统论的基本思想方法，就是把所研究和处理的对象，当作一个系统，分析系统的结构和功能，研究系统、要素、环境三者的相互关系和变动的规律性，优化系统观点看问题。系统论的任务，不仅在于认识系统的特点和规律，更重要的还在于利用这些特点和规律去控制、管理、改造或创造系统，使它的存在与发展合乎人的目的需要。高等职业教育也是一个系统，职业院校、企业分别是两个不同的系统，由于在技术应用型人才培养方面的"天然"联系，我们需要将这三个系统进行整合，创造出一个适合人才培养的校企合作环境、资源的新系统。

2. 系统原理在校企合作整合资源中的运用

第一，从系统整体性来说，校企作为一个整体，其功能远超过单一校园环境或单一企业环境的功能。从系统功能的整体性来说，系统的功能不等于各要素功能的简单相加，而是大于各个部分功能的总和，即"整体大于各个孤立部分的总和。"这里的"大于"不仅指数量上大，而是指在各部分组成一个系统后，产生了总体的功能，即系统的功能。这种功能大大超过了各个部分功能的总体。在校企合作模式中，学校和企业构成一个系统，学校资源和企业资源有机结合，构成一个整体，这样产生的功能大大超过单一校园环境或单一企业环境对人才培养的功能。

第二，从系统动态性来说，校企合作可以使校企双方达到双赢的目标动态性则是系统原理的另一要点。系统作为一个运动着的有机体，其特定状态是相对的，运动状态是绝对的。"系统内部的联系就是一种运动，系统与环境的相互作用也是一种运动。高等职业教育办学模式，也不可能一成不变，要根据社会经济的发展而发展。打破传统模式，探索新的途径，正是系统论中动态性的体现。系统还是开放的。从系统原理来看，全封闭的系统是不存在的，不存在一个与外部环境完全没有物质、能量、信息交换的系统。对外开放是系统的生命，因此，明智的管理者应当从开放性原理出发，充分估计到外部对本系统的种种努力，努力从开放中扩大本系统从外部吸入的物质、能量和信息。"[2]校企合作突破传统的单一校园环境办学模式，与企业合作，使学校与企业实现有序的对接与交流，达到互动、双赢的目的。

第三，从系统环境适应原则来说，校企合作有利于高等职业院校更好地适应人才市场。系统原理还有一个重要原则，就是环境适应原则。系统不是孤立存在的，而要与周围事物发生各

---

1 葛竹兴，张龙，杭瑞友."双岗双职一体化"校企合作体制机制的创新实践[J].中国职业技术教育，2012(11).

2 黄津孚.现代企业管理原理[M].北京：北京经济学院出版社，1997.

种联系，如果系统与环境进行物质、能量和信息的交流，能够保持最佳的适应状态，则说明这是一个有活力的系统。否则，一个不能适应环境的系统则是无生命力的。同样，高等职业院校的系统不是孤立存在的，它与社会环境及地方经济等外界环境因素紧密相关，高等职业院校要发展，必须和当今的市场经济环境融合在一起，培养社会需要的人才，关起门来办学，培养目标、教学内容与市场需要脱节，这样的学校自然没有生命力。校企合作，正是学校走向社会迈出的第一步，正是为自己赢得生机的有效途径。

2.2.5 应用利益相关者理论，落实校企合作的保障机制

1. 利益相关者理论的主要观点

“利益相关者(stakeholder)”原是一个西方经济学概念，1695 年，美国学者 Ansoff 最早将该词引入管理学界和经济学界，该理论认为：要制定一个理想的企业目标，必须平衡考虑企业的诸多利益相关者之间相互冲突的索取权，他们可能包括管理者、工人、股东、供应商及分销商。利益相关者包括企业的股东、债权人、雇员、消费者、供应商等交易伙伴，也包括政府部门、本地居民 、本地社区、媒体、环保主义等的压力集团，甚至包括自然环境、人类后代等受到企业经营活动直接或间接影响的客体。这些利益相关者与企业的生存和发展密切相关，他们有的分担了企业的经营风险，有的为企业的经营活动付出了代价，有的对企业进行监督和制约，企业的经营决策必须要考虑他们的利益或接受他们的约束。从这个意义讲，企业是一种智力和管理专业化投资的制度安排，企业的生存和发展依赖于企业对各利益相关者利益要求的回应的质量，而不仅仅取决于股东。前哈佛大学文理学院院长罗索夫斯基在其著作(The University：an Owner's Manual)指出，大学的“拥有者”不仅包括认为“自己就是大学”的教授以及视大学为“私人领地”的董事，还包括更为广泛的有利害关系的个人或群体，如学生、校友、捐赠者、政府、公众、社区等。因此，大学也应充分发挥各利益相关者的作用，在大学组织生态内外和谐相处，以合作伙伴关系共生共赢，共同实现大学的有效治理。

2. 利益相关者理论在落实校企合作保障机制方面的应用

第一，分析高等职业教育校企合作的利益相关者组成。高等职业教育校企合作载体如校中厂、厂中校等合作项目既具有企业管理属性，更具有高等职业教育属性。校企合作，既是一种办学模式，又是一项合作项目。借鉴企业利益相关者的界定，对高等职业教育校企合作中利益相关者的组成及其关系分析如下：①高等职业院校有自己的利益相关者系统，包括政府、教师、管理人员、学生、家长、校友、媒体、社会公众、中介等。②企业也有自己的利益相关者系统，包括股东、管理人员、员工、顾客、分销商、供应商、贷款人、政府、行业协会等。③校企合作项目的利益相关者是这两个系统的相交，交集部分是直接的利益相关者，交集外的部分是间接利益相关者。因此，在一定程度上说，高等职业教育校企合作项目的利益相关者就是学校和企业的所有利益相关者。高等职业教育校企合作项目主要利益相关者的组成及其关系[1](图 2-4)。

第二，校企合作项目在本质上是一个合作系统，组织是协调利益相关者利益的有力工具，组织的关键任务就是达成利益相关者的共同目标，形成联合利益相关者利益的有力机制，减少环境不稳定对管理的影响。为此，需要高等职业院校、企业、合作项目分别建立相应的组织，指导与协调校企合作事宜，从组织方面保障校企合作的顺利进行。

---

1 贺修炎.构建利益相关者共同治理的高等职业教育校企合作模式[J].教育理论与实践，2008(11)：18-21.

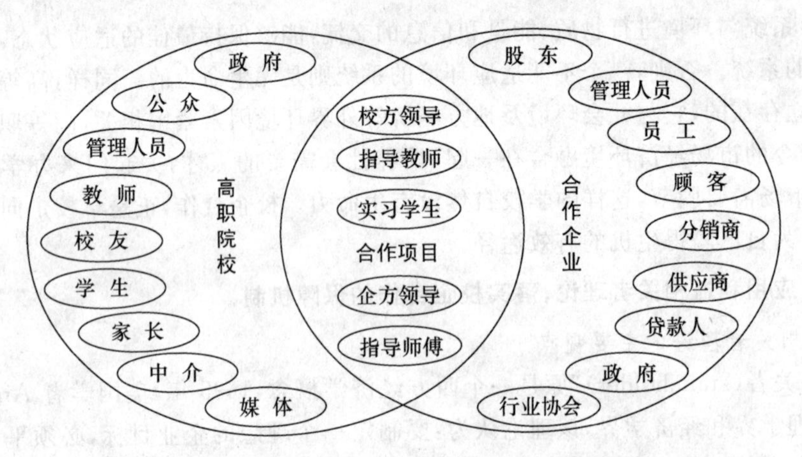

图 2-4 高等职业教育校企合作项目主要利益相关者的组成及其关系

第三,为了明晰校企合作项目利益相关者的利益,需要从制度层面明确利益相关者的参与和投入机制,参与和投入到校企合作项目的资源不限,如人力、信息、关注、资金、政策、咨询、设备、监督、标准等;明确风险控制机制,如订单培养协议执行的诚信问题、实习学生的生产安全与人身安全问题等,实施利益相关者共同治理模式,形成"谁参与治理谁受益"的合作共赢机制。

2.2.6 应用教育共同体理论,搭建校企合作育人载体

1. 教育共同体理论的主要观点

按照中国《现代汉语词典》的解释,"共同"是指"属于大家的;彼此都具有的"。共同体的一般含义是指"人们在共同条件下组成的集体"[1]。共同体具有公共性、共同性、共通性、稳定性和闭合性等特征。

(1)共同体是多种主题或事物直接或间接地存在于同一时空条件下,这是不同主体或事物产生一定联系并构成共同体存在的首要前提。

(2)共同体条件是共同体赖以存在的基础。

(3)共通或接纳是共同体结合的基础形式。

(4)共同体具有一定的闭合性和排他性。

(5)共同体是个体丰富和完善自身的必要途径。高等职业教育培养的是企业需要的高素质高技能专门人才。培养这种类型的人才,高等职业院校教育功能的有限性,决定了只有和企业合作才能培养出来。学校和企业之间合作的模式不应该是政府设计出来的,而应当是学校和企业"内生"形成的合作载体,协调合作过程的价值冲突,自发形成教育共同体。

2. 教育共同体理论在搭建校企合作育人载体方面的应用

高等职业院校和企业由于资源的相互依赖而缔结的校中厂、厂中校、教师工作站、技师工作站和管理信息平台等载体是教育共同体的存在形式。但高等职业院校和企业分属两个不同的社会领域,是社会经济生活中两个不同的文化主体和经济主体,从表面上看两者的核心利益不一致,企业的核心利益是生存、市场竞争和盈利等经济性或功利性目标,高等职业院校的核

1 中国社会科学院语言研究所.现代汉语词典[M].北京:商务印书馆,1987:389.

心利益是文化传承、培养人才等公共性或社会性目标。但一个不争的客观事实是,学校和企业是不存在竞争关系的两类社会组织,高等职业院校以培养高素质高技能人才为培养目标,而企业需要高素质高技能人才才能生产出市场持续需求的产品。从社会分工的角度看是前后道工序之间的关系,即一个是“出口”,一个是“进口”。这种源发性的需求、“天然的依存关系”[1]使得校企之间“自然而然”地就会产生合作,形成一个“共同体”。这个共同体“不仅仅是它们的各个组成部分加起来的总和,而是有机地浑然生长在一起的整体(滕尼斯)”。共同体的承受能力决定了共同体成员数量的多少,共同体的整合能力决定了共同体的发展速度与瓦解趋势,共同体的生产与再生产功能决定了共同体的吸引力,共同体的教化功能对成员的发展和共同体的稳定起着重要作用。建设以相互支持、价值认同为准则的教育共同体是解决高等职业教育关键问题的有效实践路径。只有充分发挥校企合作载体的功能,不断提升合作成员的教育价值认同,构建制衡与稳定的校企合作系统,才能实现校企的长效合作。

2.2.7 应用制度创新理论,运行示范区校企互动机制

1. 制度创新理论的主要观点

创新的概念是熊彼特于20世纪初提出的。科斯于1937年发表了《企业的性质》,首次提出交易费用的概念,以此解释企业作为一种制度存在的理由;1960年又发表了《社会成本问题》,进一步论述了在交易费用为零的情况下生产的制度结构存在的重要性。这两篇论文奠定了制度创新的基石。其核心概念:一是产权,即受制度保护的利益;二是交易费用,指达成契约和保证契约执行的费用。合约形式被理解为制度安排。之后,美国经济学家道格拉斯·诺斯深入研究了制度创新问题,总结出:正是由于制度上的创新,才能使技术得以创新,资本得以积累,教育得以发展,也才会导致经济的增长。制度创新是指在人们现有的生产和生活环境条件下,通过创设新的、更能有效激励人们行为的制度、规范体系来实现社会的持续发展和变革的创新。所有创新活动都有赖于制度创新的积淀和持续激励,通过制度创新得以固化,并以制度化的方式持续发挥着自己的作用。

2. 制度创新理论在校企合作示范区互动运行中的应用

新制度经济学认为,制度是人类用于解决相互制约关系的所有形式,是一套行为规则。有效率的制度是推动人类社会经济增长和进步的决定性因素。制度创新理论为保障校企合作模式的长效运行提供了实现路径。

第一,合作办学,科学选择校企合作模式。互动是一种使对象之间相互作用,彼此发生积极改变的过程。校企合作示范区[2]主要是由职业院校与企业合作共建的育人平台。校企互动是指学校与企业在相互作用、相互依存、相互促进的过程中,找到共同的目标和获得彼此利益的契合点,深化校企双方的合作。制度创新模式大致分为诱致性制度创新和强制性制度创新,从校企合作的角度看,前者适用于学校与企业之间自发实行,后者适用于政府与行业通过制定法律、政策来实施。目前的校企合作办学模式如订单班、冠名班等的缺点已经暴露,合作长效性不够、学生发展后经不足等,需要通过制度创新,科学选择校企合作办学模式。

第二,合作研发,找准学校服务企业的基点。目前,高等职业教育改革正处于转型期,客观方面确实存在许多问题如法律法规不完善、行政部门之间不协调、行业产业不积极、企业不支

---

1 杭瑞友,葛竹兴,朱其志.高等职业教育校企合作价值认同的思考[J].教育与职业,2012(12).

2 江苏畜牧兽医职业技术学院.国家骨干高等职业院校建设方案[C],2011:16.

持、社会不理解、就业市场不配套等问题，但是这些问题无法在短期内解决的情况下，学校自己应该怎么跟企业合作？是消极等待，还是迎难而上？我们应当积极主动探索自身加快改革的发展之路，有“为”才能有“位”。世界经济形势的变化，促使企业转型升级，而这恰恰是学校服务企业的最佳时机。学校通过与企业合作研发，在帮助合作企业转型升级的过程中，找到合作的基点，赢得企业的信任，才能让企业发现合作的价值。

第三，合作育人，吸引企业介入教学全过程。学校以就业为导向办学，实施路径是培养企业需要的“人”。这就要求学校创新教育教学改革，从分析企业的人才需求规格、能力、素质入手，吸引企业的人员全程参与人才培养模式、人才培养方案、课程教材改革、课堂教学方法、师生评价方式以及教师队伍建设等方面改革创新，加强基础能力建设，促进学校内涵提升，全面提高教育质量。

2.2.8 应用建构主义理论，完善人才培养模式

1. 建构主义理论的主要观点

建构主义(constructivism)是认知心理学派中的一个分支。建构主义理论一个重要概念是图式。图式是指个体对世界的知觉理解和思考的方式。图式的形成和变化是认知发展的实质，认知发展受三个过程的影响，即同化、顺化和平衡。瑞士的皮亚杰(J. Piaget)是认知发展领域最有影响的一位心理学家，他所创立的关于儿童认知发展的学派被人们称为日内瓦学派。皮亚杰关于建构主义的基本观点是，儿童是在与周围环境相互作用的过程中，逐步建构起关于外部世界的知识，从而使自身认知结构得到发展的。在皮亚杰的“认知结构说”的基础上，科恩伯格(O. Kernberg)对认知结构的性质与发展条件等方面作了进一步的研究；斯腾伯格(R. J. sternberg)和卡茨(D. Katz)等人强调个体的主动性在建构认知结构过程中的关键作用，并对认知过程中如何发挥个体的主动性作了认真的探索。维果斯基(Vogotsgy)提出的“文化历史发展理论”，强调认知过程中学习者所处社会文化历史背景的作用，并提出了“最近发展区”的理论。维果斯基认为，个体的学习是在一定的历史、社会文化背景下进行的，社会可以为个体的学习发展起到重要的支持和促进作用。

建构主义认为，知识不是通过教师传授得到，而是学习者在一定的情境即社会文化背景下，借助教师和学习伙伴等的帮助，利用必要的学习资料，通过人际间的协作活动，实现意义建构的方式而获得的。因此，建构主义学习理论认为学习环境具有：“情境”、“协作”、“会话”和“意义建构”四大要素。①学习环境中的“情境”建构必须有利于学生对所学内容的意义。即教学设计不仅要做教学目标分析，还要创设有利于学生建构意义的情境问题。②“协作”发生在学习过程的始终，包括对学习资讯的搜集与分析、假设的提出与验证、学习成果的评价直至意义的最终建构。③“会话”是协作过程中的不可缺少的环节。在协作过程中，每个学习者的思维成果(智慧)为整个学习群体所共享，因此会话是达到意义建构的重要手段之一。④“意义建构”是整个学习过程的最终目标。所要建构的意义是指事物的性质、规律以及事物之间的内在联系。学习的质量是学习者建构意义能力的函数，而不是学习者重现教师思维过程能力的函数。

2. 建构主义理论在完善人才培养模式中的应用

建构主义理论对高等职业教育的人才培养目标与规格定位具有指导意义。高等职业教育作为高等教育发展中的一个类型，其人才培养目标应定位在：培养面向生产、建设、服务和管理

第一线需要具备的敬业精神、责任意识、遵纪守法、交流沟通、团结协作和终身学习理念的高技能人才。

建构主义理论要求高等职业教育重心落在培养学生的职业岗位胜任能力,包括专业能力、方法能力和社会能力。因而,教育者仅仅凭在课堂上描述、实验室里的操作是无法建构实际岗位工作过程中所需要的能力,也无法解决生产中的难题。因此,高等职业院校要想培养出符合企业需要的高技能人才,使培养的毕业生受到用人单位的欢迎,必须与企业合作,实行专业与产业对接,根据职业活动的内容、环境和过程改革人才培养模式。按照职业岗位任务的标准(实际)要求,以岗位(群)工作任务分析为课程开发的逻辑起点,设计学习情境。紧贴岗位实际生产过程,利用学校和行业(企业)两种不同的教育环境和教育资源,推行理论实践一体化教学、工学结合、顶岗实习,将课堂上的学习与工作中的学习结合起来,学生将理论知识应用于现实的实践中,然后将工作中遇到的挑战和问题带回学校,促进学校的教与学,学生在学思结合、知行统一的学做过程中掌握企业所需要的综合职业能力。

2.2.9 应用教育与生产劳动相结合理论,实施工学结合

1.“教育与生产劳动相结合”理论的主要内容

教育与生产劳动相结合,是马列主义教育理论、毛泽东教育思想的一个重要原则,是邓小平教育理论的重要组成部分,也是党和国家教育方针的重要内容。这一原理是教育必须遵循的普遍真理,更是与生产劳动结合更为密切的职业院校必须遵循的真理。因此,职业院校实行校企合作是按马克思“教育与生产劳动相结合”理论办学的必然要求。

马克思关于教育与生产劳动相结合的理论。教育与生产劳动相结合理论是马克思主义教育原理的主要构成部分。马克思在蒸汽机应用和资本主义走向成熟的背景下,从分析研究现代生产、现代科学、现代生产劳动和现代教育的本性中,提出了教育与生产劳动相结合的观点。他认为具有革命性技术基础的现代工业决定了现代劳动者必须是受到全面教育、全面发展的劳动者。“现代工业通过机器、化学过程和其他方法,使工人的职能和劳动过程的社会结合不断地随着生产的技术基础发生变革。这样,它也同样不断地使社会内部的分工发生革命,不断把大量资本和大批工人从一个生产部门投到另一个生产部门。因此,大工业的本性决定了劳动的、职能的变动和工人的全面流动性……大工业……承认劳动的交换,从而承认工人尽可能多方面的发展是社会生产的普遍规律,并且使各种关系适应于这个规律的正常实现。”[1]从本质上说,一方面机器大工业的发展需要全面发展的工人,而全面发展的工人必须接受全面发展的教育,必须具有综合技术的素养;另一方面工人不能脱离生产劳动去接受教育,因而只有把教育过程和生产劳动过程这两个相互独立的过程结合起来,才能使工人受到全面发展的教育。因此,教育与生产劳动相结合是机器大工业本性所要求的,是现代社会的产物。然而,机器大工业催生了现代学校,在现代学校产生以后,教育逐渐成为一个独立的社会过程,学校教育也渐渐远离了生产劳动过程,这样教育与生产劳动相结合也必然成为一种社会状态持续存在。马克思提示了这一客观存在,并预见性地提出了教育与生产劳动相结合。此后,教育与生产劳动相结合理论不断丰富和发展。

列宁关于教育与生产劳动相结合理论。列宁在“学校的教学与教育同生产劳动相结合”的

1 马克思,中共中央马克思恩格斯列宁斯大林著作编译局.资本论(第1卷)[M].北京:人民出版社,2004.

基础上开创了“包含社会教育在内的大教育与生产劳动相结合”，拓展了结合的形式，丰富了教育的内涵，在前苏联创办了新型的工农学校，如由工厂开办“工厂艺徒学校”、“农村青年学校”、“工农速成中学”、广播函授大学、工人大学等。

毛泽东关于教育与生产劳动相结合理论。毛泽东把马克思主义教育与生产劳动相结合原理运用于中国实际，并将其确定为我国的教育方针，创造性地将教育与生产劳动相结合从“产—教”和“教—产”双向结合的角度，实施“大教育”与生产劳动相结合，一方面要求学校的学生进行劳动教育和生产劳动教育，另一方面创办工人夜校等组织工人接受教育。1957 年，毛泽东在《关于正确处理人民内部矛盾的问题》的讲话中，提出了著名的教育方针：“我们的教育方针，应该使受教育者在德育、智育、体育几方面都得到发展，成为有社会主义觉悟的有文化的劳动者。”[1]1958 年，中共中央、国务院进一步提出“教育为无产阶级政治服务，教育与生产劳动相结合”的方针。由此，实施教育与生产劳动相结合成为贯彻落实全面发展的教育方针的重要组成部分。

邓小平关于教育与生产劳动相结合理论。邓小平赋予了教育与生产劳动相结合理论新的时代内涵。第一，强调始终把教育同生产劳动相结合放在教育同经济有着密切联系的宏观大背景下审视，推动教育为经济发展服务。他认为教育与生产劳动相结合“更重要的是整个教育事业必须同国民经济发展的要求相适应”，“使教育事业的计划成为国民经济计划的一个重要组成部分”，“制订教育规划应该与国家的劳动计划结合起来，切实考虑劳动就业发展的需要”。第二，强调把教育与生产劳动相结合作为培养德智体全面发展的根本途径，推动教育改革。“为了培养社会主义建设需要的合格人才，我们必须认真研究在新的条件下，如何更好地贯彻教育与生产劳动相结合的方针”，要对教育的体制、结构、规模、专业设置和课程以及办学的途径和方法等进行认真研究，“在教育与生产劳动结合的内容上、方法上不断有新的发展”。第三，提出“科学技术是第一生产力”的观点。经济发展要依靠科学技术，科学技术要依靠人才，人才培养要依靠教育。“历史上的生产资料都是同一定的科学知识相结合的，同样，历史上的劳动力，也都是积累了一定的科学知识的劳动力”，“要实现现代化，关键是科学技术要能上去。发展科学技术，不抓教育不行”，“科学和教育，各行各业都要抓”，“要千方百计，在别的方面忍耐一些，甚至于牺牲一点速度，把教育问题解决好”。

2.“教育与生产劳动相结合”理论在校企合作中的具体运用

教育与生产劳动相结合理论确立了教育与生产劳动相互依存、互为条件、共同发展的关系，表明了教育与生产劳动的关系是动态变化的。从教育与生产劳动相结合到现代社会经济和科学技术迅速发展背景的“教必须同国民经济发展的要求相适应”，推动了职业教育与生产劳动相结合在内容与方法上的改革和创新，这种思想明确将学生的学习与将来的就业、与科学技术的发展联系起来，为“以就业为导向”、“以能力为本位”、“培养高素质技能型人才”的职业教育校企合作奠定了基础。

第一，校企合作进一步改进与完善了学校教学理念、教学目标、专业与课程设置。在校企合作过程中，企业对学校提出了更加具体的人才培养要求，只有学校按照企业的要求培养人才，企业才会满意，这样合作才会长远。因此，校企合作就使高等职业院校在培养人才时必须树立“培养出企业所需要的合格员工，而不是简单的学生”的教学理念和目标。同时其专业与

---

1 毛泽东. 毛泽东著作选读(下册)[A]. 北京：人民出版社，1986.

课程设置要紧紧与市场变化和企业需要紧密结合，淘汰或压缩那些过时的、人才需求量小的专业，根据市场未来需要培养人才，培养需求较大的技术型、技能型人才。

第二，“教育与生产劳动相结合”的理论要求教师必须把理论教学与实践教学相结合。高等职业教育单一校园环境的办学模式，其培养过程存在重理论、轻实践，重知识、轻技能的问题，教师满足于向学生灌输书本知识，缺乏对学生实践能力的培养，学生满足于掌握课堂教学内容，不注重从实践中去提升和锻炼自己。学校检验教师和学生的教学效果偏重于学生的考试分数，缺少对学生实践能力的考核。不仅如此，有些专业的设置滞后于社会经济的发展，与现代化大生产对高新技术的要求差距甚大，存在理论与实践脱节的现象。而通过校企合作不仅可以让学生在学习理论知识的同时，接受实践的锻炼，从而真正掌握相关知识和技能，做到理论与实践相结合，而且可以促进高等职业院校教师钻研自己的教学，提高业务水平，以便指导学生实践，及时解决学生实际操作时遇到的问题。

第三，校企合作有利于学生把理论与实践相结合，学到技能，练就真本领。在没有实行校企合作以前，由于政府的投入有限，学生很少有机会亲自去实践操作。通过校企合作，高等职业院校就可以获得企业的资金、设备、人员等部分资源，学生有机会进入企业顶岗操作，这样便可以为学生获取一个更有效的实践环境，而且在培养学生的过程中可以把企业的培训课程纳入到教学中，给学生创造“学在厂中，厂在学中”的仿真环境。有了良好的实践环境，学生就能很好地把理论与实践结合起来。

从一般意义上说，教育与生产劳动和社会实践相结合，有利于解决理论与实践的脱节，有利于受教育者全面素质的提高，也有利于社会生产的发展。正如马克思说的，教育与生产劳动相结合是提高社会生产的一种方法。

2.2.10 应用人本主义学习理论，回归课程教育价值

1. 人本主义学习理论的主要内容

人本主义学习理论的主要观点是：①心理学应该探讨完整的人，而不是把人的各个侧面(如行为表现、认知过程、情感障碍等)割裂开来加以分析。强调人的价值，人有发展的潜能，而且有发挥潜能的内在倾向即自我实现的倾向。②主张将学生从教师权威的羁绊中解放出来，学生不但是学习的能动主体，而且是教学活动的主动参与者；重视学习者内在学习动机的激发；强调充分发展学习者的潜能，满足自我需要，实现自我价值，从而使学习者成为人格健全发展的人。③学习者作为学习的主体，在学习过程中要真正做到自由发展、自我实现，完成有意义的学习。④强调性、创造性、自我表现、自主性、责任心等心理品质和人格特征的培育，对现代教育产生了深刻的影响。马斯洛作为人本主义心理学的创始人，充分肯定人的尊严和价值，积极倡导人的潜能的实现。马斯洛认为人类行为的心理驱力不是性本能，而是人的需要，他将其分为两大类、七个层次，好像一座金字塔，由下而上依次是生理需要、安全需要，归属于爱的需要，尊重的需要，认识的需要，审美的需要、自我实现的需要。人在满足高一层次的需要之前，至少必须先部分满足低一层次的需要。另一位重要代表人物罗杰斯，同样强调人的自我表现、情感与主体性接纳。他认为教育的目标是要培养健全的人格，必须创造出一个积极的成长环境。其学习观点可以概括为个人具有学习的潜能和意义学习是学习的本质。

2. 人本主义学习理论在工学结合培养人才中的运用

第一，工学结合有利于实现高等职业院校人才培养目标。高等职业院校的实训基地、“双

师”素质教师和“双师型”教师结构相对缺乏。学生进入高等职业院校的目的是为了学到专门技术，以便毕业后找到一份好工作。然而，因高等职业院校的理论型教师占的比重过大，相当多的教师把教材视为“圣经”，把学生当作本科生来教；学校又因实训基地的缺乏，很少甚至几乎没有安排学生实践过，这种教学方式培养出来的学生很难适应市场需要，学生毕业可能就面临着失业。这种培养条件、教学方式、教学结果何谈以人为本。而通过校企合作、工学结合就能实现高等职业院校让学生成才的目标。通过工学结合，学生可以利用企业提供的实训场所亲自操作，通过实践可以让学生实实在在地学到技术，立足于社会，增强学习的动力，从而使学生主动学习，并为找份好工作打下基础。

第二，工学结合有利于激发学生学习的主动性并乐于学习。很多进入高等职业院校的学生本来底子就较差，非常厌恶那种“填鸭式”的教学方式，他们更喜欢动手操作，而工学结合可以提供给他们实践的机会，可以激发他们对学习的兴趣。兴趣是最好的老师，他们对自己的专业感兴趣了，自然也就学好。学生通过实践学习能完成某些操作，就会有成就感。通过工学结合的方式，可以让学生“学在做中，做在学中”，既学到了知识，又获得了快乐。

第三，工学结合有利于学生毕业后顺利就业。企业的养殖场、工厂、车间本身就是很好的实践工作环境和实践资源。学生在校期间，通过工学结合，就可以像工厂的职工一样学习技术，并锻炼自己的能力。学生一毕业就可以直接进入工厂、养殖场，甚至一入职就进入岗位操作。这样的学生正是目前很多企业所需要的，学生的就业自然也就不成问题了。学生读高等职业院校的目的最终是找份好工作，而校企合作、工学结合就可以为学生提供这样的机会，这种以满足学生和社会需要的教育就是真正的以人为本。

2.2.11 应用教育价值理论，全面提升教育质量

1. 教育价值理论的主要观点

哲学界关于价值问题有三种基本理论：主体需要论、课题属性论和主客体关系论。教育学与哲学有天然的联系。教育价值的本质也有三种理论，即需要论、属性论和关系论。大多数学者认为教育价值是主客体间的一种特殊关系。王坤庆提出把教育现象作为客体，认为教育价值是指作为客体的教育现象的属性与作为社会实践主体的人的需要之间的一种特定关系[1]。关于教育价值的分类，从教育价值指向上，划分为对个体的价值与对社会的价值（或称内在价值与外在价值、本体价值与工具价值、理想价值与功利价值等），并强调二者的统一。当我们把教育作为一种活动来理解时，它的价值表现为受教育者（个人）发展需要的满足（适合、一致、促进等），这是教育的本体价值（内在价值）。当我们把教育作为一种社会现象来理解时，它的价值主要表现为对社会（包括教育本身）发展需要的满足，这是教育的社会价值（外在价值）。从根本上说，教育的本体价值是基础，教育的社会价值是教育本体价值的社会表现；教育的本体价值是“源”，教育的社会价值是“流”。这两类价值在社会发展的不同历史时期，有所侧重。进行教育价值选择时，坚持教育一元性和价值多元性的辩证统一，坚持价值与规律的统一，坚持教育的社会批判性，坚持教育与人、社会的具体的历史的统一。除此之外还要遵循统一性原则与偏移性原则这样两条教育价值选择的基本原则[2]。

---

1 王坤庆．现代教育哲学[M]．武汉：华中师范大学出版社，1996：125．
2 扈中平，陈东升．教育价值选择的方法论思考[J]．教育研究，1995(5)．

2. 教育价值理论在提升教育质量方面的应用

目前，我国高等职业教育进入大众化教育时代，但由于其实施的时间短，其发展过程中存在的质量问题、标准问题、能力结构问题、教育特色问题、学生就业问题、服务社会问题和教育价值实现问题等都需要实践和总结。

第一，调整高等职业教育课程体系。专业是高等职业教育的灵魂，课程是专业的核心。根据高等职业教育的“服务为宗旨”、“就业为导向”、“能力为本位”的教育价值取向调整课程体系，包括：①人文课程。人文课程的精神实质是树立和培育人的理念。教养和文化、智慧和德性、理解力和批判力这些一般认同的理想人性，总是与语言的理解和运用，古老文化传统的认同，以及审美能力和理解反思能力的培养联系在一起，语言、文学、艺术、逻辑、历史、哲学总是被看成是人文学科的基本课程。②行业知识课程。人的本质是人通过自己构成的，技术就是人的本质[1]。行业职业知识是技术载体，我国高等职业院校现行开设的专业课、专业基础课和实践教学课程都属于这类课程。③学生生活经验课程。职业教育中的人是活生生的、实实在在的人，人的自我实现的源泉是人类的劳动和工作。公司或组织需要通过具体的工作、操作环境而拥有和获得意会知识，并因此创造或维持某种组织结构。这类课程包括学生经验课程、学生开发课程、学生创造知识与文化和学生创造社会生活经验。

第二，重构高等职业教育质量标准。普通高等教育和高等职业教育的划界是两种教育类型的质量标准。其比较见表 2-4。

表 2-4 两类高等教育的质量指标

普通高等教育	高等职业教育
培养学术型、研究型人才	培养技术应用型、高素质技能型人才
知道是什么、为什么	知道怎么做、怎样做得更好
发现、研究客观规律	生产物质财富、提供服务
理论与科学研究	技术应用与发明
学术能力	工作能力
书面、文本信息	实践、口头信息
学科知识、理论知识	工作知识、技术知识
智力的	应用的
思想	行动
问题形成	问题解决
学科基础	问题基础
概念为本	任务为本
抽象的	具体应用的
陈述性学习	经验性学习
集体学习	个别学习
全面的	针对性的
不从个人利益出发的/公正的	重实效的/实用主义的
系统科学导向	工作过程导向

（资料来源：根据肖化移. 高等职业教育质量标准研究[D]. 华东师范大学博士学位论文，2004：86. 改编）

1 吴国盛. 技术与人文[J]. 北京社会科学，2001(2).

2.3 反思农业高等职业教育的总体现状

2.3.1 农业高等职业教育建设成效

到2011年底，全国涉农高等职业院校达343所，占高等职业院校1 276所的27%，每年有20多万高职毕业生在服务“三农”中发挥引领作用。

1. 农业高等职业教育的地位得到进一步提升

我国农业高等职业教育的快速发展顺应了建设现代农业、增加农业收入、建设农村小康社会的迫切需要。1996年公布的《中华人民共和国职业教育法》明确了高等职业教育是“职业教育”的类型。从全国来看，高等职业院校的在校生已接近高等教育“半壁江山”。客观事实证明，高等职业教育已经成为我国高等教育的一个重要组成部分，是高等学校教育框架下的一类职业教育，是高等教育发展中的一种新的类型。随着身份的明确，农业高等职业教育的社会地位也在逐步提升、发展前景更加广阔。2006年启动100所国家示范性高等职业院校建设计划，作为中央财政对高等职业院校的首次专项投入，涉农高等职业院校26所占26%、涉农专业(含不同学校相同专业)58个占14.04%，体现了中央人民政府对农业高等职业教育前所未有的高度重视，推动了农业高等职业教育的改革与发展。2010年7月13日胡锦涛总书记《在全国教育工作会议上的讲话》中明确要求“2012年实现国家财政性教育经费支出占国内生产总值的4%，并保持稳定增长”，达到21 984.63亿元。2010年又启动了100所国家示范性(骨干)高等职业院校建设计划，通过创新办学体制机制，全面提高教育教学质量，实现行业企业与高等职业院校相互促进，区域经济社会与高等职业教育和谐发展。这些都标志着农业高等职业教育进入快速发展的时期。

2. 农业高等职业院校形成了开放办学的理念

农业高等职业教育的农业性、高等性、职业性、技术性的特征，要求农业高等职业院校坚持“以服务‘三农’为宗旨，以就业为导向，以能力为本位，走产学研结合发展道路”的办学方针，“大力推行工学结合、校企合作的培养模式。与企业紧密联系，加强学生的生产实习和社会实践，改革以学校和课堂为中心的传统人才培养模式”。纵观古今中外职业教育的历史，办学成功的职业教育无不与行业企业合作。黄炎培指出“设什么科，要看职业界的需要；定什么课程，用什么教材，要问问职业界的意见；就是训练学生，也要体察职业界的习惯；有时聘请教员，还要利用职业界的人才。”[1]无论是技术应用型、高素质技能型、高素质技术技能型专门人才还是高端技能型人才的培养，为了让学生获得工作过程中所需要的态度、素质、能力、知识、技术、技能，“通过工作实现学习，学习的内容是工作”[2]，所以，必须有相当部分的学习内容、时间、地点只能在实际工作场所进行，在畜牧场的畜禽舍、饲料配制间、化验室等进行实际操作。而学生在学校学习，无论是职场环境感受还是心理状态都与实际工作现场环境有差距，只有在现实的职场环境中学生的知识、技术才能掌握和内化。目前，农业高等职业院校已经走出封闭的校内教育，充分利用自身资源与优势，并结合农业技术发展需要，开展了多种形式的办学，实施校校合作、校企合作、校县合作、校乡合作、校村合作、校区合作，逐步形成了开放办学的局面。并且

---

1 黄嘉树.中华职业教育社史稿[M].西安:陕西人民教育出版社,1987.

2 赵志群.职业教育工学结合一体化课程开发指南[M].北京:清华大学出版社,2009.

通过组建校企合作联盟，进行市场化运作，共享教育资源，让学生在学校和养殖场两个育人环境中养成工作的能力，提升学生的就业质量。

3. 农业高等职业教育的教学质量有了明显提高

"十一五"期间，我国高等职业教育的主要任务是加强内涵建设，全面提高教育质量。2006年教育部推出《关于全面提高高等职业教育教学质量的若干意见》(教高[2006]16号)，标志着国家高等职业教育政策在加快改革、提高质量、强调特色三个方面进行重点引导。2006年教育部与财政部联合推出《关于实施国家示范性高等职业院校建设计划 加快高等职业教育改革与发展的意见》(教高[2006]14号)，在全国遴选100所示范高等职业院校的500个左右办学理念先进、产学结合紧密、特色鲜明、就业率高的专业进行重点支持，同时聘请一批精通企业行业工作过程的技术骨干和能工巧匠兼职，促进高水平"双师"结构教师队伍建设。100所示范性院校中中央财政支持的农业高等职业院校占26所、58个专业点，总体建设情况良好，推进了农业高等职业教育人才培养模式的转型，做到了"面向企业设专业，突出特色开课程"，发挥了农业高等职业教育第一梯队的改革示范、管理示范和发展示范作用。2010年教育部与财政部又联合推出《关于进一步推进"国家示范性高等职业院校建设计划"实施工作的通知》(教高[2010]8号)，新增100所骨干高职建设院校，其中中央财政支持的农业高等职业院校占23所，43个专业点，极力"推进地方政府完善政策、加大投入，创新办学体制机制，推进合作办学、合作育人、合作就业、合作发展，增强办学活力；以提高质量为核心，深化教育教学改革，优化专业结构，加强师资队伍建设，完善质量保障体系，提高人才培养质量和办学水平；深化内部管理运行机制改革，增强高等职业院校服务区域经济社会发展的能力，实现行业企业与高等职业院校相互促进，区域经济社会与高等职业教育和谐发展"。农业高等职业院校正努力践行胡锦涛总书记于2011年4月24日"在庆祝清华大学建校100周年大会上的讲话"中所要求的"不断提高质量，是高等教育的生命线，必须始终贯穿高等学校人才培养、科学研究、社会服务、文化传承创新各项工作之中"。

2.3.2 农业高等职业院校发展路径的思考

原教育部部长周济曾指出，高等职业教育必须科学和准确定位，找准自己的定位区间和发展空间。所谓定位，在《现代汉语辞典》中解释为："一是指用仪器对物体所在的位置进行测量；二是经测量后确定的位置；三是把事物放在适当的地位并做出某种评价。"[1]只有正确、合理、科学的定位，才能保证高等职业院校的规模、结构、质量和效益的协调发展。《教育部关于印发〈高等职业院校人才培养工作评估方案〉的通知》(教高[2008]5号)中，把"学校事业发展规划"和"办学目标与定位"放在主要评估指标的第一条，要求"学校事业发展规划适应地方区域经济发展规划或行业发展规划要求；学校定位科学、准确；办学宗旨、服务方向明确；坚持以人为本，以服务为宗旨，以就业为导向，走产学研结合发展道路；重视内涵建设，努力办出特色"[2]。学校的办学定位是一个系统，"核心是解决好培养什么人，怎样培养人的重大问题"，需要从理论研究、教育规律方面进行深入探讨并进行实践探索。

---

1 中国社会科学院语言研究所词典编辑室. 现代汉语词典[M]. 北京：商务印书馆，2006：146.

2 高等职业院校人才培养工作评估研究课题组. 高等职业院校人才培养工作评估实务与点评[M]. 北京：高等教育出版社，2011：297.

1. 把握农业高等职业教育的发展规律

农业高等职业教育发展的根在农业,路在教育。因此,一方面需要把握农业的发展规律。当前,我国的农业正处于农业现代化、农民职业化、农村城镇化发展的关键时期,正以转变农业发展方式为主线,以保障主要农产品有效供给和促进农民持续较快增收为目标,以提高农业综合生产能力、抗风险能力和市场竞争能力为主攻方向,着力促进农业生产经营专业化、标准化、规模化、集约化,着力强化政策、科技、实施装备、人才和体制支撑,着力完善现代农业产业体系,全面建设小康社会的阶段,应按照现代农业发展对新型职业农民的要求设计综合职业能力,遵循农业生产规律设计人才培养模式。另一方面需要把握高等职业教育的发展规律。农业高等职业教育是高等职业教育的重要组成部分,必须坚持走坚持以服务为宗旨、以就业为导向、走产学研结合的发展道路。在高等教育大众化的现实面前,调整发展理念,与社会建立更加密切的联系;适度调控规模,增加教育资源的投入;认清教育对象,提供切合需求的服务;提高教育质量,保障持续发展;制订多元标准,关注各方利益;实行校企合作,解决就业难题。此外还需要根据职业技术人才由新手到专家的成长规律,科学设计符合高职学生认知特点的教学方式方法,将工学交替、工学并行、学中做、做中学、创新型项目课程、顶岗实习等实践课程有机整合,发现学生的价值,发掘学生的潜能,提高学生学习技术的积极性,发展学生的个性,培养"毕业就能上岗"的企业需要的人。

2. 理清农业高等职业教育的发展理念

理清农业高等职业教育的发展理念,首先必须要明晰农业高等职业教育的发展本质,即我们为什么要发展农业高等职业教育?无疑,所有教育的最终本质都是发展人。人是以职业的方式存在的,是在职业工作中应用技术、操作技能而实现工作目标的。问题是:高等职业教育的目标是培养"职业人"、"工作人"、"技术人"还是"技能人"?他们之间是相容关系还是不相容关系?不同形式的高等职业教育反映了人们对自身发展方式的选择,反映了高等职业教育的本质回归。

我国的职业标准设计根据我国的实际情况,结合国际上的先进经验,以职业活动为导向,以职业技能为核心的总原则指导下,运用职业功能分析法,按照模块化、层次化、国际化和专业化的方向发展,使国家标准成为以职业必备能力为基础的,具有动态性、开放性和灵活性的职业标准,以全面满足企业生产、科技进步以及劳动就业的需要,将职业核心技能包括以下8个大类:

(1)交流表达。通过口头或者书面语言形式以及其他适当形式,准确清晰表达主体意图,和他人进行双向(或者多向)信息传递,以达到相互了解、沟通和影响的能力。

(2)数字运算。运用数学工具,获取、采集、理解和运算数字符号信息,解决实际工作中问题的能力。

(3)革故创新。在前人发现或者发明的基础上,通过自身努力,创造性地提出新的发现、发明或者改进创新方案的能力。

(4)自我提高。在学习和工作中自我归纳、总结,找出自己的强项和弱项,扬长避短,不断自我调整改进的能力。

(5)与人合作。在实际工作中,充分理解团队目标、组织结构、个人职责,在此基础上与他人相互协调配合、互相帮助的能力。

(6)解决问题。在工作中把理论、思想、方案、认识转化为操作或工作过程和行为,以最终解决实际问题、实现工作目标的能力。

(7)信息处理。运用计算机技术处理各种形式的信息资源的能力。

(8)外语应用。在工作和交往活动中实际运用外国语言的能力。

3. 明确农业高等职业教育的培养目标

目前,我国现代化的进程已经推进到工业化的中、后期,而农业高等职业教育的发展仍然沿用工业化初期的观念和做法,没有认清农业职业化特征已初现端倪:农业领域内分工越来越细,农业生产经营所要求的知识越来越专门化,农业从业人员的群体个性越来越明显,农业就业岗位的职业规范越来越多[1]。这就要求我们在新的历史背景下,合理确定农业高等职业教育的培养目标。

(1)高等职业教育培养目标一般意义上的定位。培养目标是对教育形式进行分类的依据。培养目标的指向是普通教育与职业教育的区分标志。普通学校教育以学科知识层次和相应学历层次为标准已经形成了初等、中等和高等的普通教育体系。职业教育作为一个独立的教育类别,有其自身固有的理论、体系和规律。职业学校教育以生产领域分工层次为标准初步形成了初等、中等和高等的职业教育体系。这两类相互沟通、协调发展。高等职业教育培养目标指向生产领域,培养生产、服务、管理一线的技术应用型、高素质技能型专门人才。教育部《关于推进高等职业教育改革,创新引领职业教育科学发展的若干意见》(教职成[2011]12号)中提出"高等职业教育必须准确把握定位和发展方向,自觉承担起服务经济发展方式转变和现代产业体系建设的时代责任,主动适应区域经济社会发展需要,培养数量充足、结构合理的高端技能型专门人才,在促进就业、改善民生方面以及在全面建设小康社会的历史进程中发挥不可替代的作用。"这就为高等职业教育培养"什么人"重新做了科学界定,那就是培养"高端技能型人才"。如何解读"高端"?黎红米认为,高端是指:一要具备胜任产业链高端职业岗位的能力和素养;二要掌握产业升级的新技术、新工艺的能力;三要适应新兴产业发展的素质与能力;四要具备职业迁移及岗位提升能力;五要具备创造创业创新的素质与能力[2]。

这个界定,为高等职业院校今后在专业设置、课程体系构建、教学内容改革、教学模式创新等等方面提供了导向与依据。

(2)农业高等职业教育培养目标的区域定位。经济的发展方式决定着教育的发展方式,高等职业教育更是如此。"根据有关方面的认定,我国的工业化进程处在极不平衡的状态之中。除港澳台之外,有7个省市处于工业化后期,有13个省市处于工业化初期,其余的处于工业化中期。如此不均衡的工业化水平,反过来要求高等职业院校的培养目标应当是多样的和多层次的,才能适应当地社会经济发展的要求。"[3]因此,理性分析高等职业教育"东起西随"与"区域梯度"[4]的发展特征,科学定位农业高等职业教育的区域人才培养目标。

(3)农业高等职业教育培养目标的发展定位。"在现代社会,人的发展与社会发展的互动态势更加明显"[5]。面对中国经济发展全球化、信息化、工业化、农业现代化、社会主义新农村建设,高等教育大众化与职业教育终身化的形势,一是信息化时代导致一次性学习向终身学习

---

1 杜永峰.我国农业职业教育研究[D].西北农林科技大学硕士论文,2008.

2 黎红米.新形势下对高等职业教育发展的重新思考[J].[EB/OL],2012-8-15,http://www.tech.net.cn/web/articleview.aspx?id=20110629103040283&cata_id=n148,2011-6-29.

3 俞仲文.高等职业院校应高举技术教育大旗—关于我国高职教育未来走向的重新思考和定位[N].中国青年报,2011-4-18.

4 马树超,郭扬.高等职业教育:跨越·转型·提升[M].高等教育出版社,2008:61.

5 姜大源.职业教育学研究新论[M].北京:教育科学出版社,2007:7.

转变，要求劳动者具备开发自己的学习能力；二是劳动分工由单一岗位向复合岗位转变，要求劳动者具备跨岗位的工作能力；三是技术进步导致劳动技能由简单向综合转变，要求劳动者具备跨职业的技术创新能力；四是社会竞争加剧导致终身单一职业向多种职业转变，要求劳动者具备职业发展能力；五是农业职业化发展需要从业者具备职业道德、职业精神、农业生产和经营能力、择业能力、就业能力和创业能力，这些客观要求使得我国农业高等职业教育的人才培养目标要兼顾高等教育、职业教育与技术教育的特征。高等教育强调以较宽的知识面和较深厚的基础理论知识作为支撑，并与终身学习密切联系的人的发展能力，职业教育强调以人的专业能力、方法能力和社会能力作为支撑，并与职业、岗位工作相关的发展能力，技术教育强调以掌握成熟的技术和管理规范作为支撑，并与解决实际问题相关的技术应用与技术创新的发展能力，因此，以就业为导向的高等职业教育既要为人的生存服务，更要为人的发展服务，发展能力的培养至关重要。

4. 创新校企合作办学体制机制

农业高等职业教育要适应社会主义新农村建设的要求，增强办学活力和综合竞争力，必须深入推进办学体制和运行机制改革。

(1)建立地方政府与行业企业共建农业高等职业院校的办学体制。《国家中长期教育改革和发展规划纲要(2010—2020年)》指出，“要把职业教育纳入经济社会发展和产业发展规划，促使职业教育规模、专业设置与经济社会会发展需求相适应”，建立政府主导、行业指导的农业高等职业教育办学体制。所谓主导是指政府对农业高等职业教育的办学起主导作用；指导是指行业在举办农业高等职业教育方面要引导办学发展方向。具体来说，一是要明确各级政府对发展高等职业教育的责任与义务，二是要转变政府职能，由政府对高等职业教育的直接行政管理，变为运用立法、规划、政策指导、拨款、信息服务、监督检查、评估等间接宏观管理。行业应该制定人才培养的一般技术标准和职业能力标准，企业制定具体的不同阶段的人才招聘标准，学校在行业标准基础上制订人才培养的特色标准，形成地方政府依法管理、高等职业院校自主办学的协调机制，建立起人才共育、过程共管、成果共享、责任共担的合作机制，实现互利共赢。

(2)探索建立董事会或理事会领导下的校长负责制。改革高等职业院校的办学体制，必须依法落实党委、校长职权，完善校企合作的高等职业院校治理结构。一种路径是，可由当地教育工委对学校派党委书记，以保证高等职业院校的社会主义办学方向。加强教职工代表大会、学生代表大会建设，发挥群众团体的作用。探索建立董事会或理事会领导下的校长负责制，完善大学校长选拔任用办法。同时在董事会组织架构下成立教学工作委员会、校企合作委员会、学术委员会、监事会，对校长、各级部门负责人、教师的办学活动和学术活动进行监督。充分发挥校企合作委员会在专业建设、质量评价、合作发展中的重要作用。通过理顺管理，明确职责，推动农业高等职业院校健康、协调发展。另一种路径是，突破法律上的投资障碍，在“校中厂”、“厂中校”层面探索建立校企合作董事会管理体制。

(3)创新试点公办院校股份制战略改组，建立一主多元的资金投入机制。按照胡锦涛总书记2010年7月13日《在全国教育工作会议上的讲话》要求，“积极鼓励行业、企业等社会力量参与公办学校办学，引导社会资金以多种方式进入教育领域”，需要突破法律障碍，建立公司管理性质的董事会管理体制，对公办院校比照国有企业进行股份制战略改组。高等职业教育是“准公共产品”，政府作为高等职业教育的管理者和主要受益方，在高等职业教育的改革与发展中起着主导和决定性的作用，应该是高等职业教育办学的主要投资者。行业、产业是高等职业教育的间接受益者,企业、学生是高等职业教育的直接受益者,行业、产业、企业、学生和其他利益相关方也应分别承担对高等职业教育经费投入的相应责任,以改善高等职业院校的办学条件,保证高等职业教育的可持续发展。

(4)建立切实有效的校企合作二级管理运行机制。目前,许多高等职业院校的校企合作还停留在"报告"中,并没有真正落实到操作层面。张鸿雁经过调查,得出"关于校企合作管理机构设置情况的调研,在50个抽样样本职业院校(20所国家示范校、20所国家骨干校、10所省示范和一般院校)中,只有30%设置了学校层面负责校企合作的管理机构,12%的院校将校企合作管理部门与科研管理部门合并,其他58%的院校既没有独立的校企合作管理部门,也没有在任何管理部门中明确校企合作的管理职能,校企合作完全依靠二级学院的单打独斗,学院层面的协调则是临时委派,至于决策层面的校企合作更是无从谈起。"[1]因此,需要在学院、二级院系之间建立科学有效的校企合作柔性管理机构,明确其职权利,并建立评价与考核制度、监督与约束制度。正如德鲁克在《成果管理》一书中说的那样,成果和资源均存在于企业之外,而要想获得预期成果,必须根据企业外部机会来配置有限资源。根据企业环境的快速变化、顾客需求多元化且更为挑剔的情况下,基于柔性制造系统(FMS),人们提出了管理组织也应向着能适应这种变化的方向变革,于是提出柔性组织。在国内王满仓,闫奕荣将柔性组织的个性特征归结为:①核心作业;②扁平的等级层次;③自我管理的团队;④智能至上;⑤相互依存的微型经营单位;⑥多种形式的联盟;⑦网络结构;⑧全球经营思想[2]。组织有效性与管理有效性的关系,见图2-5。

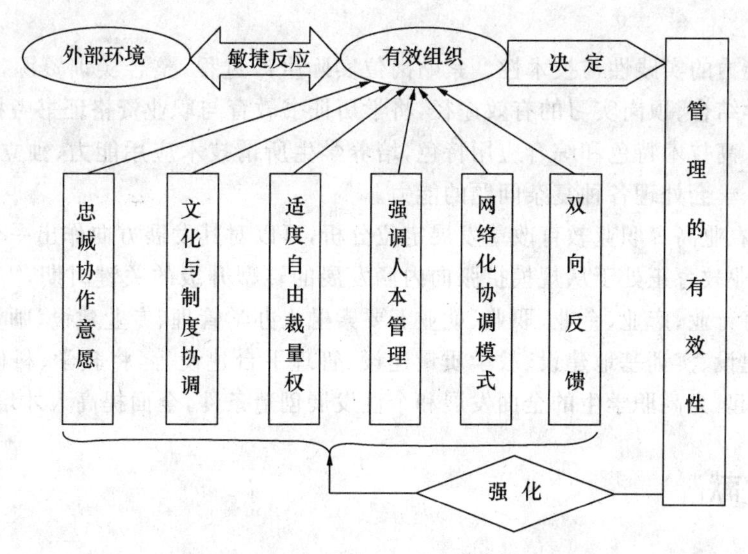

图 2-5 组织有效性与管理有效性的关系

(资料来源:张勇.组织的有效性—管理有效性的基础[EB/OL].http://blog.sina.com.cn/s/blog_6404bc8d0100gpo4.html,2012-06-15.)

---

1 张鸿雁.将校企合作写入院校制度[N].中国教育报[EB/OL].http://www.tech.net.cn/web/articleview.aspx?id=20120613105354286&cata_id=N002&page=1,2012-06-15.

2 王满仓,闫奕荣.等.柔性组织:企业组织结构的战略性创新.西北大学学报.1999,29(3):57-61.

5. 探索水平与特色并重的发展道路

中国是一个农业大国，全国总人口的三分之二在农村，农业、农民、农村的“三农”问题始终是我国经济发展和社会进步的根本问题。农业生产经营相对于工业、第三产业而言，具有生产季节性、市场弱势性、工作持续性、技能复杂性、地域辽阔性、效益滞后性等特征，因此，农业高等职业教育是一种特殊类型的高等职业教育，必须坚持以服务“三农”为宗旨，走水平与特色并重的发展道路。

农业高等职业教育的水平既包括教育教学水平，也包括就业水平。特色既体现为学院本身的特色，也体现为农业行业特色、区域特色。水平是立校之本，特色是超越之路；专业是关键，课程是核心。中外学者们也往往认为，“特色是学校继续生存的前提，没有特色的学校常常处于‘破产’的危险之中。”我们认为，农业高等职业院校的水平与特色并重的发展路径主要表现在三个方面：

(1)专业设置的适应性与职业性。重点专业和专业群设置与农业产业结构、合作企业状况、职业岗位群的动态变化相适应，不断修订人才培养模式，通过教学过程与生产过程的有机结合，培养适应现代农业发展的在农业职业领域的复杂工作情境中解决实际问题的综合职业能力。

(2)课程内容的实用性与开放性。遵循高等职业教育规律和农业人才成长规律，将专业课程内容与职业标准有机结合，构建实用性课程体系，优化课程结构，使职业道德课程、理论教学课程和职业技能课程形成合理的比例，将职业教育与终身学习对接，培养学生的自主学习能力。

(3)专业能力的实践性与技术性。紧贴岗位实际生产过程，整合实训资源，共建技术服务中心，探索工学结合、顶岗实习的有效途径，将学历证书教育与职业资格证书考核结合在一起，突出现场特色、高技术特色和综合应用特色，培养学生所谓技术应用能力、独立分析问题和解决问题的能力、学会处理各种复杂问题的能力。

从以上对农业高等职业教育改革发展定位分析，可以对其发展方向作出一个基本判断：我国农业高等职业教育正处于从规模扩张向内涵发展的转型升级的关键时期，需要通过办学体制机制改革，将行业、产业、企业、职业、就业五要素融入办学管理、专业建设、师资队伍建设、课程建设、教材建设、实训基地建设、教学质量建设、管理平台建设等，将教学、科研、社会服务有机地结合在一起，为高职学生的全面发展和个性发展创造条件，全面提高人才培养质量。

参考文献

[1] 孙勇. 高校办学模式的多样化类型分析[J]. 上海工程技术大学教育研究，2006(1)：10-14.

[2] 孟英伟. 再论高等职业院校工学结合的办学模式[J]. 四川工程职业技术学院学报，2009(1)：5-7.

[3] 刘晓，石伟平. 高等职业教育办学模式评析[J]. 教育与职业，2012(2)：5-8.

[4] 滕维波. 浅论高等职业院校的办学模式[J]. 职业教育研究，2008(2)：28-30.

[5] 李晓. 试论我国职业教育办学模式改革的思路[J]. 河南科技学院学报，2012(2)：29-32.

[6] 陈旭峰.职业教育办学模式改革研究:回顾与展望[J].现代教育管理,2011(2):39-42.
[7] 郭传杰.高校办学模式改革需把握的四个要点[J].中国高等教育,2011(3):4-5.
[8] 浙江省教育科学研究院."育人模式"新探索[M].杭州:浙江大学出版社,2009.
[9] 查有梁.教育模式[M].北京:教育科学出版社,1993:1.
[10] 郭玉梅.高等职业教育实践教学管理研究[M].北京:中国农业大学出版社,2009:40-42.
[11] 李国艳,田鸣.系统化实践教学体系——基于就业导向视角的研究[M].北京:经济管理出版社,2012:3-8.
[12] 刘福军,成文章.高等职业教育人才培养模式[M].北京:经济科学出版社,2007:178-183.
[13] 张楚廷.高等教育哲学通论[M].北京:高等教育出版社,2010:345-349.
[14] 邓蓉,阎晓军,胡宝贵.中国畜牧业产业链分析[M].北京:中国农业出版社,2011:7-9.
[15] 刘松林.高职人才培养模式研究——基于第一批国家示范性高等职业院校建设方案的分析[J].教育发展研究,2009(1):72-75,83.
[16] 杨近,姚启和.高等职业教育概念的界定[J].教育与职业,2000(8):16-18.
[17] 梁志,赵祥刚.高等职业教育的概念解析及其内涵的厘定[J].山东师范大学学报(人文社会科学版),2008(1):88-91.
[18] 张海峰.高等职业教育概念的歧见分析与界定[J].九江职业技术学院学报,2002,(2):2-5.
[19] 徐国庆.职业教育原理[M].上海:上海教育出版社,2007.
[20] 耿洁.职业教育校企合作体制机制研究[D].天津大学职业技术教育学院博士学位论文,2011.
[21] 殷红,米靖,卢月萍.我国高等职业院校校企合作研究综述[J].职教论坛,2011(12):11-16.
[22] 竺辉,方湖柳.2006 年职业院校"校企合作"研究综述[J].中国职业技术教育,2007(23):9-12.
[23] 刘文江,杨理连.高等职业院校深层次校企合作的内涵理解及其途径分析[J].职教论坛,2009(11):21-23.
[24] 曾国勋."校企合作"的内涵研究[J].四川工程职业技术学院学报,2011(4):12-14.
[25] 方向阳.校企合作的内涵与模式[J].职教论坛,2003(1):29-30.
[26] 傅伟.高等职业教育校企合作的内涵与特征[J].高职教研,2009(1):18-21.
[27] 齐格蒙特·鲍曼/欧阳景根译.共同体[M].南京:江苏人民出版社,2003.
[28] 刘铁.中国高等教育办学体制研究[J].高等教育研究,2007(5):89.
[29] 杨德广.60 年来中国高等教育办学体制和管理体制的变革[J].大学教育科学,2009(5):5-12.
[30] 王昆欣,王方.高等职业教育办学体制、机制创新研究[J].黑龙江高教研究,2011(10):96-98.
[31] 李刚.高职校企合作管理体制和运行机制的探索[J].物流工程与管理,2011(5):152-

154.
[32] 张海峰.高等职业教育校企合作联盟的系统研究[J].教育与职业,2009(20):5-7.
[33] 郑旭,李萍,姜昱汐,姜岩.辽宁校企合作联盟模式与发展战略研究[J].中国成人教育,2010(19):60-61.
[34] 国务院.关于大力发展职业教育的决定[Z].国发[2005]35号.
[35] 教育部关于职业院校试行工学结合、半工半读的意见[Z].教职成〔2006〕4号.
[36] 教育部.关于全面提高高等职业教育教学质量的若干意见[Z].教高〔2006〕16号.
[37] 陈永刚.高等职业院校开展校企合作工学结合教育模式研究—以河南省为例[D].华东师范大学硕士学位论文,2010.
[38] 徐涵.工学结合概念内涵及其历史发展[J].职业技术教育,2008(7):5-8.
[39] 顾明远.教育大辞典增订合编本(上)[M].上海:上海教育出版社,1997.
[40] 陈解放."产学研结合"与"工学结合"解读[J].机械职业教育,2007(4):34-36.
[41] 陈波涌.半工半读职业教育思潮(上)[J].职教论坛,2004(10/上):60-61;60.
[42] 洪贞银.高等职业教育校企深度合作的若干问题及其思考[J].高等教育研究,2010.
[43] 陈玲.高等职业院校学生顶岗实习存在的问题及对策分析[D].曲阜师范大学硕士论文,2010.
[44] 秦传江,胡德声,兰成琼.高职学生顶岗实习教学环节的管理与实践[J].教育与职业,2009(8):37.
[45] 卢洁莹.生存论视阈中职业教育价值观研究[M].武汉:湖北人民出版社,2010.
[46] 李进.关于高等职业教育可持续发展的哲学思考[C].遵循科学发展 建设高等教育强国—2009年高等教育国际论文集,2009(10):283-288.
[47] 李德顺.新价值论[M].昆明:云南人民出版社,2004.
[48] 唐林伟.试论职业教育的价值体系[J].教育与职业,2008(4):12-13.
[49] 张成涛.在"职业性"与"教育性"之间—论职业教育价值取向[J].职教通讯,2010(4):12-15.
[50] 肖化移.试论高等职业教育发展的价值取向—兼论高等教育的价值观[J].高职论坛,2003(1):29-31.
[51] 肖化移.高等职业教育质量标准研究[D].华东师范大学比较教育学博士学位论文,2004.
[52] 杨琼.高职学生职业能力评价体系研究[D].浙江师范大学职业技术教育学院硕士学位论文,2010.
[53] 邓泽民,陈庆合.职业教育课程设计[M].北京:中国铁道出版社,2006:6-9.
[54] 苏士尚.就业质量问题研究——国内外就业质量研究的理论和政策综述[D].首都经济贸易大学硕士学位论文,2007.
[55] 刘景峰,齐永意,刘治安.对高职毕业生就业质量监控与评价体系的探索[J].职教论坛,2010(21):8-10.
[56] 刘素华,董凯静.再论就业质量[J].河北师范大学学报(哲学社会科学版),2011(1):35-39.
[57] 麦可思数据有限公司.江苏畜牧兽医职业技术学院毕业生半年后社会需求与培养

质量年度报告,2012.
[58] 王艳芹.教育过程主客体关系的解构及建构[D].中国地质大学硕士学位论文,2007.
[59] 刘茨,肖起清,王启智.个人与社会:教育价值的共同体[J].玉溪师范学院学报,2005(8):83-86.
[60] 马俊峰.马克思社会共同体理论研究[M].北京:中国社会科学出版社,2011:41.
[61] 柯玲.农村教育共同体构建——基于成都郫县的探索与实践[M].成都:四川大学出版社,2010.

对话 （江苏畜牧兽医职业技术学院骨干院校建设办公室教师H与江苏省畜牧兽医行业领袖、江苏现代畜牧业校企合作联盟理事会理事长C对话：）

H：C理事长，您好！农业高等职业院校以培养学生为主，如何在服务"三农"、服务新农村建设、促进农村经济持续发展中发挥引领作用？怎样把培养学生与服务"三农"有效结合起来？

C：这个问题提得很有意义。农业要科学发展，就要转变发展方式，发展现代农业，现代农业要以新技术来发展农业，这就有了我们老师、学生的用武之地。把培养学生与服务"三农"有效结合，需要做好顶层设计，破除现行的体制机制障碍，将农业发展、农业产业转型升级需要的新技术、技术推广、技术服务与课程教学结合起来、与教师的研究结合起来，不能搞为研究而研究的事情，要注重应用，实施产学研结合育人。在服务"三农"过程中，锻炼教师、培养学生，这是我们农业高等职业院校一条很好的发展道路。

3 设　　计

设计是把一种计划、规划、设想通过视觉的形式传达出来的活动过程。设计活动的过程，先是策划一个即将实施的项目，然后按照策划的要求进行构思、制定方案、实施操作、绘制图样、进行施工、检验样本、通过设计方案的验收等整个环节的工作。2010年11月30日《教育部　财政部关于确定"国家示范性高等职业院校建设计划"骨干高等职业院校立项建设单位的通知》(教高函[2010]27号)确立了江苏畜牧兽医职业技术学院为2010年启动建设单位。学院党政领导通过组织学习文件政策、专家"问诊"、参观交流、赴企业调研、反复研讨等方式，从系统性和整体性角度把握、构建国家骨干校建设的核心理念，从农业高等职业教育的本质角度分析、搭建校企合作育人概念框架，运用顶层设计原理创新校企合作育人的体制机制，成立江苏现代畜牧业校企合作联盟理事会，推动江苏现代畜牧业校企合作示范区建设，探索多种校企合作有效形式，实现育人质量的提升。

3.1　搭建农业高等职业教育校企合作育人概念框架

概念框架是指当某信息到达时，我们对其进行解读的方法。我们所认识的世界，其实是受我们的概念框架(conceptual framework)和知识系统(system of knowledge)所影响。这里的"概念框架"是指当某资讯到达时，我们对其进行解读的方法，这是受到我们大脑本身的基本构造影响的。概念界定是研究的重要前提之一，构建一个相互连贯、内在一致的规范性的高等职业教育体制机制创新的概念框架，是研究问题、分析问题和解决问题的逻辑起点。这些概念都是高等职业教育校企合作中至关重要的概念，正确把握这些概念的内涵，有助于这些概念的普遍性应用。

搭建高等职业教育体制机制创新的概念框架，首先要理清体制机制创新的目标。在整个概念框架中，目标是指引方向的，所有概念的研究都要服从于同一目标。而且所有概念的应用都是为了实现同一目标的要求。教育部、财政部关于实施国家示范性高等职业院校建设计划，加快高等职业教育改革与发展的意见（教高[2006]14 号）中将示范院校建设定位在“办学实力、教学质量、管理水平、办学效益和辐射能力等方面有较大提高，特别是在深化教育教学改革、创新人才培养模式、建设高水平专兼结合专业教学团队、提高社会服务能力和创建办学特色等方面取得明显进展”。而新增加 100 所骨干高等职业院校的建设目标发生了深刻的变化，向着改革的“深水区”发展。根据教育部、财政部关于进一步推进“国家示范性高等职业院校建设计划”实施工作的通知（教高[2010]8 号）的要求，其实施目标为“推进地方政府完善政策、加大投入，创新办学体制机制，推进合作办学、合作育人、合作就业、合作发展，增强办学活力；以提高质量为核心，深化教育教学改革，优化专业结构，加强师资队伍建设，完善质量保障体系，提高人才培养质量和办学水平；深化内部管理运行机制改革，增强高等职业院校服务区域经济社会发展的能力，实现行业企业与高等职业院校相互促进，区域经济社会与高等教育和谐发展”。为此，高等职业教育内涵建设的概念框架应该是：以校企合作体制机制创新为动力、工学结合人才培养模式改革为抓手、人才培养质量提高的教育价值实现为目标。为此，试图围绕“高等职业教育”、“校企合作”、“管理体制”、“工学结合”、“运行机制”和“教育质量”等核心概念架构高等职业教育体制机制育人的概念体系，对这些概念的界定借鉴描述式定义方式、“种＋属”概念规则进行。

3.1.1 高等职业教育的概念界定

到底什么是高等职业教育？它是培养什么人、如何培养人、培养怎样的人三大核心问题？目前的认识还很不一致。由此产生的争论对于我们发展高等职业教育的实际工作已产生了不利的影响，迫切需要采用一种能够得到较为普遍公认的标准，来为高等职业教育寻找一个准确的定位。这里只对高等职业教育的概念做个界定。

1. 高等职业教育的内涵描述

高等职业教育是我国高等教育的重要组成部分，是具有中国特色的概念。从国际上看，其他国家是很少有人使用这一名词的，即使有也与我们所理解的内涵不尽一致。很多国家狭义地将“职业教育”理解为是专指培养技术工人类人才的特定教育类型，即培养那些不需太多理论知识而主要依靠动作技能和经验技艺在生产、服务第一线从事现场工作的直接操作者的那部分教育（包括培训），并不进入高等教育领域，所以也就不存在什么“高等职业教育”。从国内来看，发展高等职业教育现已成为当前我国整个教育界的一大热点问题。

“高等职业教育”概念的内涵和外延仍处于不断变化之中。但这并不意味着我们无法理解和把握它。以上分析为把握“高等职业教育”概念的内涵定义提供了参考。所谓内涵定义就是列举被定义概念的特征描述概念的内涵的定义，该内涵定义中所表达出来的特征，应该是被定义概念的本质特征。为此，高等职业教育的内涵，首先应在“教育”范畴内部，要体现文化传承，彰显“人文性”；其次通过横向与普通高等教育相比，要体现技术应用，突出“技术性”；最后通过与中等职业教育相比，强调技术的复杂程度，凸显“高等性”。这三个本质特征在高等职业教育人才培养目标、培养过程和培养场所等方面都应该得到反映。

2. 高等职业教育的“种十属”概念规则界定

(1)高等职业教育的种差。科学地界定一个概念,一般需要注意两点:一是选准其邻近的“属”,即涵盖范围比它广且同它最接近的上位概念;二是要确定其“种差”,即该概念区别于同一属下其他概念的限制条件。高等职业教育与普通高等教育之间的种差应是教育类型的功能,其中决定性的因素是这种教育类型的人才培养目标。这两类高等教育相区别的关键“不在于‘职业性’,更不在于层次的高低,而在于技术应用性、实践性的程度”[1]。从现代社会生产的过程和目的来看,可以将人才类型分为:一类是把客观规律转化为科学原理和学科体系的学术型(理论型、研究型)人才;二类是把科学原理及学科体系的知识转化为设计方案或设计图纸的工程型(设计型)人才;三类是把设计方案、工作流程转化为产品、服务的技术人员(技术型)、技术工人(技能型)。高等职业教育的培养目标应该定位在第三类,其技术性主要体现在技术分配、技术指向、技术应用、技术创造、技术监察等方面。

技术与职业并不是相互排斥的一组概念;相反,技术与职业是密切联系的。职业是技术的“家”,技术在职业的工作资格、工作领域、工作空间和工作价值中得到体现。台湾的叶至诚从《台湾职业分类法》角度对工作、行业、职业和技术之间的关系进行了系统的研究,见表 3-1。

表 3-1 工作、行业分类关系[2]

<table>
<tr><td rowspan="3">工作</td><td rowspan="2">有报酬的经济活动</td><td>行业</td><td>农业
(一级产业)</td><td>工业
(二级产业)</td><td>服务业
(三级产业)</td></tr>
<tr><td>职业</td><td>专业技术人员
行政主管人员
管理人员</td><td colspan="2">买卖工作人员
服务工作人员
生产作业人员</td></tr>
<tr><td>无报酬的经济活动</td><td colspan="2">义务工作
家务工作</td><td colspan="2">志愿工作
无酬工作</td></tr>
</table>

(2)高等职业教育的属。“高等职业教育”是“高等”与“职业教育”两个概念的复合。复合的结果导致三种理解:第一种将它归入“高等教育”范畴,认为高等职业教育是高等教育中具有较强职业性和应用性的一种特定的教育;第二种认为它只是“职业教育”范畴中处于高层次的那一部分,并不属于高等教育,从而将“高等教育”与“职业教育”视为两个并列的、互不交叠的教育范畴;第三种则把它泛化地理解为,凡是培养处于较高层次的职业技术人才的教育都属于高等职业教育,如把培养技术工人系列人才中的高级技工教育也看作是高等职业教育,从而将“高等”与“高级”等同起来。

根据《教育大辞典》中的有关条目解释:高等职业教育“属于第三级教育层次”,而第三级教育“一般认为与‘高等教育’同义”。从总体上看,高等职业教育与普通高等教育一样,应包括学历教育和非学历教育两大部分。由于非学历性的高等职业教育发展客观上受外在的政策性影响相对较小,问题的要害和争论的焦点主要集中在高等职业教育的学历教育部分。根据国际

1 梁志,赵祥刚.高等职业教育的概念解析及其内涵的厘定[J].山东师范大学学报(人文社会科学版),2008(1):88-91.
2 叶至诚.职业社会学[M].台北:五南图书出版有限公司,2001:6.

教育标准分类(ISCED1997),对教育类型分类的主要标准是教学计划。在高等教育阶段,即第五层次教育,按照不同的课程计划分为5A(普通高等教育)、5B(高等职业教育)两类:5A为"面向理论基础/研究准备/进入需要高精技术专业的课程"(theoretically based/research preparatory/giving access to professions with high skills requirements programmes);5B为"实际的/技术的/职业的特殊专业课程"(practical/technical/occupationally specific programmes)。国际上一般将分别培养这些不同系列人才的学制也相应地分为三种类型:培养工程师的称"工程教育"(engineering education),培养技术工人的称"职业教育"(vocational education),培养技术员的则称"技术教育"(technical education)。后两类统称"技术和职业教育",同属广义的"职业教育"范畴。

我国在20世纪80年代,应地方经济发展急需高等应用型人才的提出,经国家教育主管部门批准,相继成立了128所职业大学,标志着我国高等职业教育的兴起。1985年我国颁布的《中共中央关于教育体制改革的决定》中使用的是"职业技术教育"。1986年国务院发布的《普通高等学校设置暂行条例》的第一章第二条指出"本条例所称的普通高等学校,是指以通过国家规定的专门入学考试的高级中学毕业生为主要培养对象的全日制大学、独立设置的学院和高等专科学校、高等职业学校。"。

综上所述,高等职业教育的属概念应当归入"高等教育"范畴,是高等教育中具有较强职业针对性和技术应用性的一种特殊的教育类型,与普通高等教育的关系是"类"同而"型"不同。所谓高等教育是指"中等教育以上程度的各种教育及少量高等教育机构设置的一般教育课程计划所提供的教育。"[1]。为此,可以定义为高等职业教育是指由高等教育机构实施的旨在培养高技术人才的高等教育。高等职业教育的本质特征是高等性、技术性,一般特征有职业性、实践性、社会性、开放性、实用性、针对性等。

3. 与"高等职业教育"相关概念解析

与"高等职业教育"相关的概念有多个,现择其要分别解析如下:

(1)职业教育。1904年山西农业学堂总办姚之栋在关于增添教习一文中首次提出"职业教育",当时未被采用。到了1917年,我国著名的教育家黄炎培等48人在上海发起创办中华职教社后,才将"实业教育"改"职业教育(Vocational Education)"。1982年"职业教育"这一称谓被宪法予以确认。1996年出台的《中华人民共和国职业教育法》中再次确认了"职业教育"的法律地位。

职业是指个人在社会中从事的并以其为主要生活来源的工作的种类。职业教育是在普通教育的基础上,对社会各种职业、各种岗位所需要的就业者和从业者所进行的职业知识、技能和态度的职前教育和职后培训,使其成为具有高尚的职业道德、严明的职业纪律、宽广的职业知识、熟练的职业技能的劳动者,从而适应就业的个人需求和客观的岗位需要,推动生产力的发展。职业教育体系由职业学校教育和职业培训组成。职业学校教育分为初等、中等和高等职业学校教育。职业培训包括从业前培训、专业培训、学徒培训、在岗培训、转岗培训及其他职业性培训,根据实际情况分为初级、中级和高级职业培训。职业教育与普通教育的主要区别见表3-2。

从2004年至2012年的政府工作报告,无一例外,全部关注到了职业教育问题,"职业教育"作为关键字一共出现了20次。具体内容见表3-3。

---

1 顾明远.教育大辞典[M].上海教育出版社,1997:3.

表 3-2 职业教育与普通教育的主要区别

类别	职业教育	普通教育
目的	取得和维持工作	促进全人的发展
功能	把学习者引向工作体系	把学习者引向知识体系
课程	较个性	较宽广
知识	工作过程系统化的知识	学科系统化的知识
评价标准	成功地在受教领域就业与发展	成功地扮演家庭、社会等成员的角色
学生来源	特定学生	所有学生

（资料来源：根据李隆盛. 技职教育概论[M]. 台北：台湾师大书苑，1996：7. 改编）

表 3-3 近九年政府工作报告中的"职业教育"表述

年度	款	项	内　容
2004 年政府工作报告	二、2004 年主要任务	（四）继续实施科教兴国战略，坚持走可持续发展之路	优化教育结构，积极稳步发展高等教育，大力发展职业教育和继续教育。各级、各类学校都要全面贯彻党的教育方针，加强素质教育，深化教育改革，提高教育质量。规范和发展民办教育。坚决治理教育乱收费，切实减轻学生家庭负担
2005 年政府工作报告	一、过去一年工作回顾	（四）加大政策支持和财政投入，促进各项社会事业发展	新一轮教育振兴行动计划进展顺利。西部地区"两基"攻坚计划开始实施。加大对贫困地区农村义务教育的支持，继续实施农村中小学危房改造。为中西部地区农村义务教育阶段 2 400 多万贫困家庭学生免费提供教科书。职业教育加快发展，高等教育注重提高质量高校贫困家庭学生资助体系进一步完善
	二、2005 年工作总体部署	五、积极发展社会事业和建设和谐社会	大力发展各类职业教育。认真贯彻党的教育方针，加强德育工作，推进素质教育，促进学生全面发展
2006 年国务院政府工作报告	一、去年工作回顾	（四）加快发展各项社会事业	在教育方面，重点加强义务教育特别是农村义务教育。中央和地方财政安排专项资金 70 多亿元，对 592 个重点贫困县 1 700 万名贫困家庭学生免除学杂费、免费提供教科书和补助寄宿生生活费，还为中西部地区 1 700 多万名贫困家庭学生免费提供教科书，许多辍学儿童重新回到学校。继续实施西部地区"两基"攻坚计划。两年来新建、改建、扩建农村寄宿制学校 2 400 多所，为 16 万个农村中小学校和教学点配备了远程教育设施。职业教育得到进一步加强。高等教育持续发展
	二、今年主要任务	（五）实施科教兴国战略和人才强国战略，加强文化建设	发展职业教育是一项重要而紧迫的任务，今后五年中央财政将投入 100 亿元支持职业教育发展。高等教育要创新教育教学模式和方法，着力提高教育质量，推进高水平大学和重点学科建设。各级各类学校都要全面推进素质教育。要培养一支德才兼备的教师队伍，造就一批杰出的教育家

续表 3-3

年度	款	项	内容
2007年国务院政府工作报告	二、2007年工作总体部署	四、推进社会主义和谐社会建设 (一)加快教育、卫生、文化、体育等社会事业发展	教育是国家发展的基石,教育公平是重要的社会公平。要坚持把教育放在优先发展的战略地位,加快各级各类教育发展。总体布局是,普及和巩固义务教育,加快发展职业教育,着力提高高等教育质量 要把发展职业教育放在更加突出的位置,使教育真正成为面向全社会的教育,这是一项重大变革和历史任务。重点发展中等职业教育,健全覆盖城乡的职业教育和培训网络。深化职业教育管理体制改革,建立行业、企业、学校共同参与的机制,推行工学结合、校企合作的办学模式 为了促进教育发展和教育公平,我们将采取两项重大措施:一是从今年新学年开始,在普通本科高校、高等职业学校和中等职业学校建立健全国家奖学金、助学金制度,为此中央财政支出将由上年18亿元增加到95亿元,明年将安排200亿元,地方财政也要相应增加支出;同时,进一步落实国家助学贷款政策,使困难家庭的学生能够上得起大学、接受职业教育。这是继全部免除农村义务教育阶段学杂费之后,促进教育公平的又一件大事。二是在教育部直属师范大学实行师范生免费教育,建立相应的制度。这个具有示范性的举措,就是要进一步形成尊师重教的浓厚氛围,让教育成为全社会最受尊重的事业;就是要培养大批优秀的教师;就是要提倡教育家办学,鼓励更多的优秀青年终身做教育工作者
2008年国务院政府工作报告	一、过去五年工作回顾	(三)全面加强社会建设,切实保障和改善民生	更加重视职业教育发展,2007年中、高等职业教育在校生分别达到2 000万人和861万人。普通高等教育本科生和研究生规模达到1 144万人。高校重点学科建设继续加强。建立健全普通本科高校、高等和中等职业学校国家奖学金助学金制度,中央财政此项支出从2006年20.5亿元增加到去年的98亿元,高校资助面超过20%,中等职业学校资助面超过90%,资助标准大幅度提高。2007年开始在教育部直属师范大学实施师范生免费教育试点。我们在实现教育公平上迈出了重大步伐
	二、2008年主要任务	(二)加强农业基础建设,促进农业发展和农民增收	加强农村职业教育和技能培训,提高农民转移就业能力,发展劳务经济。加大扶贫开发力度,继续减少贫困人口

续表 3-3

年度	款	项	内容
2009年国务院政府工作报告	一、2008年工作回顾	(二)统筹经济社会发展,全面加强以改善民生为重点的社会建设	促进教育公平取得新进展。全面实行城乡免费义务教育,对所有农村义务教育阶段学生免费提供教科书。提高中西部地区校舍维修标准,国家财政安排32.5亿元帮助解决北方农村中小学取暖问题。职业教育加快发展。国家助学制度进一步完善,中央财政投入223亿元,地方财政也加大投入,资助学生超过2 000万人;向中等职业学校中来自城市经济困难家庭和农村的学生提供助学金,每人每年1 500元,惠及90%的在校生
	三、2009年主要任务	(六)大力发展社会事业,着力保障和改善民生	二是优化教育结构。大力发展职业教育,特别要重点支持农村中等职业教育。逐步实行中等职业教育免费,今年先从农村家庭经济困难学生和涉农专业做起。继续提高高等教育质量,推进高水平大学和重点学科建设,引导高等学校调整专业和课程设置,适应市场和经济社会发展需求
2010年国务院政府工作报告	二、2010年主要任务	(四)全面实施科教兴国战略和人才强国战略	三是继续加强职业教育。以就业为目标,整合教育资源,改进教学方式,着力培养学生的就业创业能力
2011年国务院政府工作报告	一、"十一五"时期国民经济和社会发展的回顾	(五)加快发展社会事业,切实保障和改善民生	中等职业教育对农村经济困难家庭、城市低收入家庭和涉农专业的学生实行免费。加快实施国家助学制度,财政投入从2006年的18亿元增加到2010年的306亿元,覆盖面从高等学校扩大到中等职业学校和普通高中,共资助学生2 130万名,还为1 200多万名义务教育寄宿生提供生活补助。加快农村中小学危房改造和职业教育基础设施建设。全面提高高等教育质量和水平,增强高校创新能力。制定并实施国家中长期科学和技术发展规划纲要,中央财政科技投入6 197亿元,年均增长22.7%,取得了一系列重大成果
	三、2011年的工作	(五)大力实施科教兴国战略和人才强国战略	大力发展职业教育。引导高中阶段学校和高等学校办出特色,提高教育质量,增强学生就业创业能力。加强重点学科建设,加快建设一批世界一流大学。支持特殊教育发展。落实和完善国家助学制度,无论哪个教育阶段,都要确保每个孩子不因家庭经济困难而失学
2012年国务院政府工作报告	一、2011年工作回顾	(三)大力发展社会事业,促进经济社会协调发展	推动实施"学前教育三年行动计划",提高幼儿入园率。大力发展职业教育。加强中小学教师培训工作,扩大中小学教师职称制度改革试点,提高中小学教师队伍整体素质。首届免费师范生全部到中小学任教,90%以上在中西部

续表 3-3

年度	款	项	内容
2012年国务院政府工作报告	三、2012年主要任务	(五)深入实施科教兴国战略和人才强国战略	促进义务教育均衡发展,资源配置要向中西部、农村、边远、民族地区和城市薄弱学校倾斜。继续花大气力推动解决择校、入园等人民群众关心的热点难点问题。农村中小学布局要因地制宜,处理好提高教育质量和方便孩子们就近上学的关系。办好农村寄宿学校,实施好农村义务教育学生营养改善计划。加强校车安全管理,确保孩子们的人身安全。加强学前教育、继续教育和特殊教育,建设现代职业教育体系

(2)职业技术教育。联合国教科文组织自20世纪70年代以来一直使用“技术与职业教育”。世界银行和亚洲开发银行自20世纪80年代中期开始使用“技术和职业教育与培训”。国际劳工组织使用“职业教育与培训”。我国台湾地区称“技职教育”。1985年华东师范大学教育科学研究所技术教育研究室出版《技术教育概论》。1996年《中华人民共和国职业教育法》的颁布和实施,在国务院及有关行政部门的正式文件中已用“职业教育”取代了“职业技术教育”,这样,用“高等职业教育”取代“高等职业技术教育”也就顺理成章了。关键在于处理好职业教育、技术教育和职业培训这三者之间的关系。

(3)成人高等教育。成人高等教育是对符合规定入学标准的在业或非在业成年人实施的高等教育,旨在满足成年人提高自身素质或适应职业要求的需要,是培养专门人才的途径之一。其特点是办学和教学的形式多样化,分学历教育和非学历教育两种。

3.1.2 校企合作的概念界定

在一定的语境下,广义的校企合作是一个概念集合,涵盖国外的德国双元制、英国三明治教育、美国的合作教育、日本的官产学合作教育、加拿大带薪实习和国内的产学研合作、产教结合、政行校企合作等一组相关概念。狭义的校企合作是指企业与职业学校的合作。

1. 国外对合作教育的描述

早在20世纪70年代,欧洲“第三级教育多样化专题调查组”的调查报告指出,职业教育必须高度关注劳动力市场发展需求。世界合作教育协会(WACE)的描述是:“合作教育将课堂上的学习与工作中的学习结合起来,学生将理论知识应用于现实的实践中,然后再将在工作中遇到的问题和见解带回学校,从而促进学校的教与学。”[1]校企合作、工学结合教育的产生最早可追溯到1903年英国桑德兰特技术学院(Sundland Technical College)在工程船舶与建筑系中实施的“三明治”教育模式(Sandwich Program)。这种教育模式要求学生在校学习期间,必须有一段时间到校外参加实际工作,然后再回校继续学习。即采用“学习—实践—学习”,工学交替的产教结合的形式,即全日制课程学习与工商业训练相结合。

美国辛辛那提大学(Cincinnati University)工程学院教务长赫尔曼·施奈德于1906年首创合作教育,美国是最早提出合作教育的国家。学校与工商业界合作,共同对27名工程专业的学生进行职业教育,亦称工读课程计划、半工半读模式。其基本内容是把学生分成两组,一

1 Documents of the national conference on cooperative education[C]. Boston: Northeastern University, 2001(4): 16.

组在学校学习，另一组到工厂工作，一周后两组交换。这种模式大大提高了学生的实践动手能力，受到了学生的普遍欢迎。美国国家合作教育委员会的描述是："合作教育是一种独特的教育形式，它是将课堂上的学习与在有关机构中的有计划的、有报酬的和有督导的工作经历（Work Experiences）相结合；它允许学生跨越校园的界限，直接从现实世界获得基本的实践操作技能，从而使学生增强自信并确定职业方向。"[1] 1957 年加拿大滑铁卢大学在加拿大第一个实施合作教育计划，学生的就业率大幅度提高。加拿大合作教育协会（CAFCE）的描述为："合作教育形式上是一种将学生的理论学习与在有合作教育协议的雇主机构中的工作经历有机结合起来的计划。通常要求学生在工业、商业、政府部门和社会服务等领域的工作实践与专业理论学习之间定期轮换。"[2]。

2. 国内对校企合作的表述

校企合作虽然在国外已有近百年的历史，但在我国的发展历史却并不长。1985 年，上海工程技术大学学习加拿大滑铁卢大学的经验，采用"一年三学期，工学交替"的办学模式进行产学合作教育实验，标志着我国校企合作"引入"阶段的开始。其基本原则是产学合作、双向参与、互利互惠；校企合作实施的途径和方法是工学结合、顶岗实践；校企合作的目标是提高全面素质，适应市场经济发展对人才的需求[3]。我国首次派代表参加 1989 年世界合作教育大会，国内的合作教育研究正式拉开帷幕。来自第二汽车制造厂的作者发表在 1989 年《高等教育研究》第 03 期上的"厂校合作是促进企业发展的有效途径"首开"校企合作"研究的先河。

对校企合作概念的理解差别较大，有人把它理解为"办学理念"[4]；有人理解为"人才培养模式"[5]；也有人理解为"实践教育模式"[6]。现在多数人已经根据文件政策将校企合作理解为办学模式。

(1)钱爱萍认为"校企合作是充分利用学校与企业的资源优势，理论与生产相结合，培养适合经济发展需要的人才培养模式。"[7]这是狭义界定的代表。

(2)方向阳认为"校企合作是一种利用学校和企业两种不同的教育环境和资源，采取课堂教学与学生参加实训工作有机结合的方式，培养适合不同用人单位需要的具有职业素质和创新能力人才的教育模式。"[8]校企合作是一种新型办学模式，与传统的单一校园环境办学模式相比，具有四个特点：一是育人主体和育人环境的"双元性"；二是学生实践情景的真实性；三是"双师型"教师队伍培养的有效性；四是人才通道的直接性。校企合作的模式有产学研结合模式、校企联合培养模式、校企股份合作模式。

(3)2005 年 8 月 19 日召开的职业教育工学结合专题会议上，原教育部部长周济提出"这种人才培养模式的转变是以校企合作办学模式为基础和前提的，校企合作办学模式是实行工学结合、半工半读人才培养模式的体制保障"，首次明确了校企合作是办学模式。强调"推进

1 Dale Williams, Learning from Working [M]. San Diego: southwest publishers, 1967: 29-36.

2 Nancy Chiang, A guide to Planning and Implementing Cooperative Education Programs in Post-secondary Institutions [C]. Canadian Association for Cooperative Education, 1988: 12.

3 陈启强. 论我国高等职业教育中的校企合作[D]. 四川师范大学经济与管理学院硕士论文，2008.

4 魏崴. 校企融合创新高职办学理念和管理模式[J]. 中国高等教育，2006(8)：47-49.

5 李忠华，姚和芳. 构建校企合作人才培养模式的实践与探索[J]. 中国职业技术教育，2006(35)：11-12.

6 陈洪浅. 谈高职高专实践教学中校企合作的重要性[J]. 教育与职业，2006(36)：50-51.

7 钱爱萍. "校企合作"模式的研究与实施[J]. 中国科技信息，2006(14)：287-288.

8 方向阳. 校企合作的内涵与模式[J]. 职教论坛，2003(1)：29-30.

‘校企合作’,要找准双方利益共同点,建立企业与学校合作的动力机制,实现互惠互利、合作共赢。职业院校要紧紧依靠行业企业办学,主动寻求行业企业的支持,以服务求支持,以贡献求发展。要注重探索校企合作的持续发展机制,在管理制度和合作机制上下功夫,注重建立学校和企业之间稳定的组织联系制度。鼓励校企合作方式的创新,可以是人力资源培养与使用方面的合作,学校为企业提供实习学生,企业为学生提供教育教学实训环境;可以是学校依托企业培训教师,定期安排教师到企业实践,企业也可以将自己的技师派往学校提供教学服务;鼓励企业在职业院校建立研究开发机构和实验中心,促进学校的专业和课程的建设与改革;中小企业可以依托职业院校和职业培训机构进行职工培训和后备职工培养等。要积极推进‘校企合一’,鼓励‘前厂(店)后校’或‘前校后厂(店)’,形成产教结合、校企共进、互惠双赢的良性循环”,“由传统的以学校和课程为中心向工学结合、半工半读转变。”[1]

(4)耿洁认为“校企合作是在技能型人力资本专用化的过程中,教育部门与产业部门、职业学校与企业以利益为基础,共同举办职业教育的模式;校企双方以技能型人力资本专用化为共同目标,实行责任共商、决策共定、风险共担的运行机制,以实现职业教育的资源互补、互惠互利、合作双赢。”[2]这种表述扩大了校企合作的外延,但人才培养定位在技能型人力资本专用化、合作模式定位在运行机制,有些局限,没有把握住目前校企合作的难点与关键点。

通过以上分析,我们认为校企合作是一种与办学体制相关的办学模式,可以定义为:校企合作是在政府主导、行业指导下,根据法律和行业标准遴选合作办学单位,学校与企业开展多层次、全方位的合作,使学校的专业建设、课程设置、教学内容、培养学生的方向更适合企业的需求,并按照市场交换机制进行资源价格结算的一种办学模式。

3. 与校企合作相关的一些概念

(1)产学研合作、产教结合。这两个概念是指产业与教育的合作或结合,是一种教育思想。产学研合作是指企业、高等学校和科研院所之间的合作,通常指以企业为技术需求方,与以科研院所或高等学校为技术供给方之间的合作,其实质是促进技术创新所需各种生产要素的有效组合。产教结合主要在职业教育中使用。“产”是指产业部门,“教”是指教育机构。产教结合是指产业部门与教育机构的有机结合,其核心是人才培养与生产实践的结合,是在宏观层面上提出的一种人才培养的指导思想。

(2)校企关系。“关系”是指事物之间相互作用、相互影响的状态,或人与人、人与事物之间的某种性质的联系。组织间关系是指出现在两个或多个组织之间相互作用所形成的互动关系。校企关系是一种组织间关系,即高等职业院校与行业、产业、企业之间的关系,是跨越了学校与企业、学习与工作的关系。校企关系是研究高等职业教育校企合作体制机制的基础概念之一,可以界定为:校企关系是指高等职业院校与行业、产业、企业之间为培养技术应用型人才而形成的组织间关系。

校企深度合作,是相对于校企浅层合作而言的,主要是从学校与企业之间不仅是“结果”、更是“过程”合作角度表述校企关系,是校企之间通过合作,形成积极互动、互利共赢的组织间关系。一般指在政府主导下,行业指导企业与学校合作办学,行业、企业参与人才培养的全过

---

1 工学结合 半工半读 实现我国职业教育改革和发展的新突破——周济部长在职业教育工学结合座谈会上的讲话[E]. 教育部通报,2005,(24)[EB/OL]. http://www.jyb.cn/cm/jycm/beijing/jybgb/zh/t20060427_16765.htm

2 耿洁. 职业教育校企合作体制机制研究[D]. 天津大学职业技术教育学院博士论文,2011.

程，包括共用教学资源、制定人才培养方案、开发课程、建设教学设施、改革教学方法、安排学生实习、合作科研项目、招聘学生就业、承担培养责任、享受培养成果与发展合作目标等教育教学的各个环节。校企深度合作一方面将校企合作的链条加长，另一方面将校企合作的面扩大，双方接触点增多，相互依赖性也增强，合作程度自然加深。当然，校企深度合作也是有前提的，即合作模式与行业、企业的实际相适应[1]。

(3)校企合作相关概念的使用变迁。1957—1990 年的政策文件中一直使用“半工半读”，直到 2004 年才在教育政策文件中出现“校企合作”一词。校企合作及相关概念在政策法规中的变化，见表 3-4。

表 3-4　校企合作及相关概念在政策法规中的变化

时间	文件、法规	使用词语	内容	备注
1991 年 10 月	《国务院关于大力发展职业技术教育的决定》	产教结合工学结合	“各类职业技术学校和培训中心，应根据教学需要和所具有的条件，积极发展校办产业，办好生产实习基地，提倡产教结合，工学结合”	改革开放后第一次在文件中出现与“校企合作”相关的表述，这种表述一直持续到 2003 年
1993 年 2 月	《中国教育改革和发展纲要》	产教结合	“走产教结合的路子”，“逐步做到以厂（场）养校”	产教结合多是为了解决办学经费困难
1996 年 9 月	《职业教育法》	产教结合	“职业学校、职业培训机构实施职业教育应当实行产教结合，为本地区经济建设服务，与企业密切联系，培养实用人才和熟练劳动者”	
1999 年 6 月	《关于深化教育改革 全面推进素质教育的决定》	产教结合	“职业教育要实行产教结合，鼓励学生在实践中掌握职业技能”	“产教结合”的内涵发生变化，强调职业学校与企业在教学上的合作。此后，政策文本中越来越多地出现职业教育与行业、企业合作的表述，内涵日渐丰富
2002 年 8 月	《国务院关于大力推进职业教育改革与发展的决定》	订单培养	“企业要和职业学校加强合作，实行多种形式联合办学，开展‘订单’培训”	
2004 年 6 月	陈至立讲话《抓住机遇，积极进取，开创职业教育工作新局面》	产教结合 校企合作 订单培养 产学合作	在办学指导思想上要明确“推动产教结合和校企合作，积极开展‘订单’培养”，办学模式上“实行校企合作和产学合作开放式培养人才的新模式”	首次明确“校企合作办学模式”，标志着“校企合作”在政策中的定位

1 洪贞银. 高等职业教育校企深度合作的若干问题及其思考[J]. 高等教育研究，2010.

续表 3-4

时间	文件、法规	使用词语	内容	备注
2004年9月	《教育部等七部门关于进一步加强职业教育工作的若干意见》	订单式培养	“推动产教结合，加强校企合作，积极开展‘订单式’培养”，“深化办学模式和人才培养模式改革”	
2005年10月	《国务院关于大力发展职业教育的决定》	工学结合 校企合作	“大力推行工学结合、校企合作的培养模式”	确立了“校企合作”一词在政策文本中的基本表述形式
2006年3月	《教育部关于职业院校试行工学结合、半工半读的意见》	工学结合 校企合作	“要进一步推进校企合作，找准企业与学校的利益共同点，注重探索校企合作的持续发展机制，建立学校和企业之间长期稳定的组织联系制度，实现互惠互利、合作共赢。”	提出“探索校企合作的持续发展机制”，并提出“校企合作方式的创新”
2006年12月	教育部《关于全面提高高等职业教育教学质量的若干意见》	校企合作 校内生产性实训 校外顶岗实习	“校企合作，加强实训、实习基地建设”	提出“校企组合新模式”
2007年5月	《国家教育事业发展“十一五”规划纲要》	校企合作 工学结合 半工半读	“大力推进校企合作、工学结合、半工半读的人才培养模式”	
2010年6月	《教育部 财政部关于进一步推进“国家示范性高等职业院校建设计划”实施工作的通知》	合作办学 合作育人 合作就业 合作发展	“推进地方政府完善政策、加大投入，创新办学体制机制，推进合作办学、合作育人、合作就业、合作发展，增强办学活力”	将“校企合作”引向深入
2010年7月	《国家中长期教育改革和发展规划纲要（2010～2020年）》	工学结合 校企合作 顶岗实习	“实行工学结合、校企合作、顶岗实习的人才培养模式”	“校企合作”在今后一段时间内将被延续
2011年6月	教育部《关于充分发挥行业指导作用推进职业教育改革发展的意见》	校企合作 行业指导	“整合行业内职业教育资源，引导和鼓励本行业企业开展校企合作”	提出“依靠行业，充分发挥行业对职业教育的指导作用”，标志着已经找到解决“校企合作”困难的问题所在

续表 3-4

时间	文件、法规	使用词语	内容	备注
2011年8月	教育部《关于推进高等职业教育改革创新引领职业教育科学发展的若干意见》	校企合作 政府主导 行业指导 企业参与	“完善促进校企合作的政策法规，明确政府、行业、企业和学校在校企合作中的职责和权益，通过地方财政支持等政策措施，调动企业参与高等职业教育的积极性，促进高等职业教育校企合作、产学研结合制度化”	明确要从法规、职责、权益、资金等多方面支持校企合作，并使其制度化，通过制度创新，促进校企合作

（资料来源：根据耿洁.职业教育校企合作体制机制研究[D].天津大学职业技术教育学院博士论文，2011:21.改编）

3.1.3 管理体制的概念界定

体制是管理学概念。孙绵涛教授认为体制“包含体系和制度两部分，体系指的是组织机构，制度是保证组织机构正常运转的规范。”[1]狭义的体制是指国家机关、企业、事业单位等机构的组织领导制度，广义的体制泛指各类不同形式的组织管理机构及其运作模式。我国现行的管理体制有“块块管理”、“条条管理”和“条块结合管理”等运作模式。其中管理体制又可分为人事管理体制、资金管理体制、物资管理体制、业务管理体制、后勤管理体制等。这里只讨论高等职业院校的管理体制，不研究国家高等职业教育的管理体制。

1. 高等职业院校管理体制

我国高等职业教育体制机制实行的是中央和省（自治区、直辖市）两级且以省级政府为主的体制，但在实际的运行过程中，地方主办的高等职业院校则直接或间接受制于中央、省、地市三级领导；行业主办的高等职业院校则直接或间接受制于中央、省、行业三级领导；民办高等职业院校则直接或间接受制于中央、省、投资方三级领导。多头领导、多元体制、多层次的运行机制，使得我国高等职业院校内部管理体制及运行机制之间相互交织、错综复杂、矛盾重重[2]。对高等职业教育而言，一所高等职业院校的体制可以指办学体制、领导体制、管理体制、投资体制等，这些体制都具有上下级之间的组织关系和制度[3]。

(1)高等职业院校办学体制。通过探索校企合作办学的多种形式，进一步落实办学自主权，改变国家统包高等职业教育局面，吸引社会力量参与办学，形成办学主体多元化。办学体制的核心问题是谁主办、谁管理。谁主办决定着投资体制采用何种方式，谁管理决定领导体制和管理体制采用何种方式。通过办学体制创新，解决政府职能不合理、学校与市场不接轨、产权制度不明晰、内部治理不明确等问题。

(2)高等职业院校领导体制。其核心问题是探索实行和优化集体领导制度。公办高等职业院校现多实行党委领导下的院长负责制，可以探索试行政府、行业、企业组成的董事会或理事会领导的新举措，通过法律形式明确党委与董事会（或理事会）之间的并行关系。

(3)高等职业院校管理体制。管理体制问题集中在办学自主权，公办学校的办学从专业设

1 孙绵涛.教育行政学概论[M].武汉：华东师范大学出版社，1989:128.

2 叶鉴铭，梁宁森，周小梅.破解高职校企合作“五大瓶颈”的路径与策略[J].中国高教研究，2011(12).

3 王昆欣，王方.高等职业教育办学体制、机制创新研究[J].黑龙江高教研究，2011(10):96-98.

置、招生计划、经费拨款、教师工资与职称、学生就业等无不执行政府的行政命令，缺少面向市场、社会需求的办学自主权。

(4)高等职业院校投资体制。公办学校的经费管理执行的是收支两天线、财政国库集中支付，事权与财权不统一、投资渠道单一、融资方式非常有限、发展资金不足等问题。

从校企合作的语境来看，包括两个方面：一是校企合作的管理体系，主要指机构的设立及其组织结构；二是校企合作的制度建设，主要指机构的运行和各个分支机构之间协调所遵循的规章制度。通过上下联动，推动体制改革，改变校企合作关系松散、组织性不强、靠"感情"维系的被动局面，增强办学活力，全面提高人才培养质量和办学水平。

2. 与高等职业院校管理体制相关的几个概念

(1)高等职业院校。高等职业院校是指实施高等职业教育的机构，包括高等专科学校、高等职业学校、独立设置的成人高等学校。需要说明的是高等专科学校在《普通高等学校设置暂行条例》(1986)中仍然是学科型的，是普通高等教育本科的浓缩，需要进行改造。

(2)校企合作模式。一般来说，模式亦称为范式或标准的样式，是使模式系统中各要素得到最佳配置的一种运作思路。我国学者查有梁定性为："模式是一种重要的科学操作与科学思维方法。它是为解决特定的问题，在一定的抽象、简化、假设条件下，再现原型客体的某种本质特性；它是作为中介，从而更好地认识和改造原型客体、建构新型客体的一种科学方法。从实践出发，经概括、归纳、综合，可以提出各种模式，模式一经被证实，即有可能形成理论；也可以从理论出发，经类比、演绎、分析提出各种模式，从而促进实践发展。模式是客观事物的相似模拟(实物模式)，是真实世界的抽象描写(数学模式)，是思想观念的形象显示(图像模式和语义模式)。"[1]以此推论，校企合作模式是职业院校和企业源于发展需求、基于教育价值认同，充分利用对方的文化与资源优势，共同培养人才的一种方式。校企合作模式按照合作主体划分为学校主体模式(初级模式)、企业主体模式(中级模式)和教学企业实施模式(高级模式)；按照合作程度划分为面向个体企业(浅层合作)、面向企业整体(深层合作)和构成有机整体(全面合作)；按照合作方式分为合作开发、委托开发、技术转让、共建实体、人才联合培养与人才交流模式；姜照华(1996)总结了 10 种模式：一体化模式、高科技园模式、共用模式、中心模式、工程模式、无形学院模式、项目组模式、包揽模式、政府计划模式、战略联盟模式等。

(3)校企合作联盟。目前，国内对校企合作联盟尚无统一、公认的、比较趋向一致的定义。可以描述为：校企合作联盟是在地方政府主导、教育主管部门和行业主管部门指导下，高等职业院校发起，企事业单位、研究机构、行业协会和社会中介、辐射院校和学生及学生家长等参与方基于各自发展的战略目标，整合彼此需要的异质资源，通过承认章程、申请批准、签订契约加入，并实施资源共享、过程共管、人才共育、责任共担、成果共享而形成的一种合作办学的非营利性组织。其特征是在行业指导下，由一所高职学校牵头，根据专业对接产业、企业，学校和企业之间不存在竞争关系，但存在教育资源的互补关系，这种"联盟—企业—学校"三角形的合作关系，便于传递信息、培育文化、建立集体意志、形成声誉机制等，为合作成功提供了基础条件与核心要素[2]。

---

1 查有梁. 教育建模[M]. 南宁：广西教育出版社，2003：4-5.

2 何正东，杭瑞友，葛竹兴. 高职教育校企合作示范区运行机制研究与实践[J]. 淮海工学院学报，2012(11).

3.1.4 工学结合的概念界定

1. 工学结合的表述

关于工学结合的概念,目前并没有一个统一的定义。按照1987年第五次世界合作教育会议精神,工学结合具有如下特征:①培养应用人才;②保持高质量;③高校和用人单位共同参与培养过程,教育计划由高校和用人单位共同商定并实施与管理;④生产工作是教育计划的整体组成部分并占有合理比例,也是成绩考核评定的重要组成部分;⑤有正常的起止时间。[1] 在我国"工学结合"一词最早出现在1991年10月17日国务院发布的《关于大力发展职业技术教育的决定》(国发[1991]55号)中:"提倡产教结合、工学结合"。1993年沈阳市第二服装学校以"大力发展校办产业,走产教结合、工学结合的路子"为题在《中国职业技术教育》上介绍工学结合的经验。2005年11月颁布的《国务院关于大力发展职业教育的决定》再一次明确了"大力推行工学结合、校企合作的培养模式"。在这之前很难找到对"工学结合"的直接定义。嗣后,学者们从不同的视角(培养目标、环境、资源、主体、行为、过程、对象、内容、时间、地点的结合与交叉等)关注工学结合的内涵,尽管表述各异,但其核心内容趋向一致。为此,将工学结合界定为:以培养学生的综合职业能力为目标,利用学校和企业两种紧密联系的教育环境和教育资源,把课堂学习与工作实践紧密结合起来的一种人才培养模式。

工学结合的模式主要有:①从工作和学习的学时分配角度分为:"1+1+1"模式,即第1年在学校学习,第2年核心课程工学交替,第3年到企业顶岗实习;"1+0.5+1+0.5"模式即第1、2学期在学校学习,第3学期核心课程工学交替,第4、5学期在学校学习,第6学期到企业顶岗实习;"2+1"模式即第1、2年在学校学习理论和实训,第3年到企业顶岗实习;"三出三入"模式即三次走出校门,分别介入、进入、融入工作。②从工学结合的内容角度主要是"理论与实践结合,教师传授与师傅指导结合,校园文化与企业文化结合"。③从工学结合的责权利角度看,"学校主要承担招生和对学生进行思想品德、文化知识、专业知识和基本技能教育,帮助和指导学生规划职业生涯、择业创业,企业根据自己的需要与可能提供生产实践培训、企业文化教育、岗位专业技能培训"。④从工学结合的主导权分为"企业主导型和学校主导型"等。

2. 与工学结合相关的概念解析

(1)人才培养模式。1998年教育部《关于深化教学改革,培养适应21世纪需要的高质量人才的意见》中提出:"人才培养模式是学校为学生构建的知识、能力、素质结构,以及实现这种结构的方式,它从根本上规定了人才特征并集中体现了教育思想和教育观念。"目前,学术界关于人才培养模式内涵的理解并不一致。人才培养模式的构成要素和运行机理是指以教育理念为基础,培养目标为导向,教育内容为依托,教育工作者为运行主体,教育方式为具体实现形式。微观上包括专业设置、课程模式、教学设计和教育方法等构成要素;中观上包括培养目标、培养制度、培养过程、培养评价四个方面;宏观上包括规划设计、目标确定、实施计划以及过程管理的整个过程。

(2)订单培养。20世纪90年代初就有学校实践订单培养,如1992年山东沂源县技工学校实行订单教育。订单培养主要强调人才培养规格的个性化和就业去向的特定性,是指学校根据企业提出的人才需求数量、规格和期限,按照协议进行人才培养的一种人才培养模式。订

---

1 张婧.战后美国合作教育[D].石家庄:河北大学教育系,硕士研究论文,2001(12).

单培养的特点在于:企业先下“订单”,学校根据“订单”要求选拔学生,校企合作培养学生,再把培养的人才输送给企业。对学生就业而言,这是最为直接的形式。目前最大的问题主要有:一是学校是否能按照订单要求进行培养,满足企业个性化的需求(人员、数量,知识、技能、职业素养);二是订单不等于合同,即使签订了学校、企业、学生三方协议,学生不去企业就业,企业不聘用学生,法律对协议的约束有瑕疵;三是如果学生没有达到企业的个性化、专业化需求(有些需求是难以考量的),学生转单位或转岗就业受到影响;四是企业如何深度介入人才培养的全过程。

(3)工学交替。“工学交替”是主谓结构,主语中存在并列关系,但这里的“工”和“学”既指向内容与行为,也指向地点。即学生在校学习和到生产岗位工作两个过程交替进行。这种形式是学校根据人才培养方案和企业的具体情况,安排一部分时间在学校进行理论教育学习,一部分时间在企业实习,实现企业生产实践与学校理论学习相互交替,既是学习和劳动两种行为的结合,也是理论与实践紧密结合的一种教学模式。

(4)半工半读。半工半读出现较早,它是从受教育者(主导)的角度定义学习者的学习方式,工学交替则是从教育者(主导)的角度定义教育的组织方式,视角不一样,但外延一致,即都是利用企业与学校的两方面资源的教学模式。在我国,半工半读的概念最早出现于1917年制定的《留美中国学生工读会简章》中的《工读互助团简章》之中。刘少奇于1957年提出了“两种教育制度”的设想,半工半读制度在我国诞生。刘少奇在《办好半工半读学校》一文中这样定义“半工半读”:“一半时间劳动一半时间上学的制度,使工作和教育相互成为休息和鼓励。”《教育大辞典》中定义为:部分时间劳动、部分时间学习的办学形式,也是学生参加一定劳动、挣钱读书的求学方式。2005年3月2日,教育部周济部长在职业与成人教育年度工作会议的讲话中提到“大力提倡‘工学结合’、‘半工半读’”。2006年3月,教育部专门下发《教育部关于职业院校试行工学结合、半工半读的意见》。可以看出,“半工半读”有两个基本的含义:一是边工作边学习,以“工”促“读”;二是为学习而工作,以“工”养“读”。至于“工”和“读”具体以何种比例和形式组合,则视具体的人才培养目标和培养条件而定。半工半读其实就是将课堂上的学习与工作中的学习结合起来,学生将理论知识应用于与之相关的、为真实的雇主效力且通常能获取报酬的实际工作中,然后将工作中遇到的挑战和增长的见识带回课堂,帮助他们在学习中进一步分析与思考。

(5)顶岗实习。2005年颁布的《国务院关于大力发展职业教育的决定》(国发[2005]35号)第十条明确规定:“大力推行工学结合、校企合作的培养模式。与企业紧密联系,加强学生的生产实习和社会实践,改革以学校和课堂为中心的传统人才培养模式。中等职业学校在校学生最后一年要到企业等用人单位顶岗实习,高等职业院校学生实习实训时间不少于半年。建立企业接受职业院校学生实习的制度。”教育部《关于全面提高高等职业教育教学质量的若干意见》(教高[2006]16号)要求“积极推行订单培养,探索工学交替、任务驱动、项目导向、顶岗实习等有利于增强学生能力的教学模式;引导建立企业接受高等职业院校学生实习的制度,加强学生的生产实习和社会实践,高等职业院校要保证在校生至少有半年时间到企业等用人单位顶岗实习”。顶岗实习教学模式的操作性较强,目前还没有统一的定义。可以描述为:顶岗实习是指根据教学计划的安排,在完成文化素质课、理论课、职业技术课、技能训练课后,组织学生在真实的工作环境中,学生以学生和准员工的双重身份一边学习、一边生产,到与专业核心课程相关的具体职业工作岗位上顶替企业职工进行技术工作,获得职业经验与职业能力。

3. 工学结合及相关概念之间的关系

产学研合作、产教结合是校企合作的上位概念，三者都是指向办学模式；工学结合是校企合作的下位概念，指向人才培养模式；半工半读、工学交替是工学结合的下位概念，指向教学模式；顶岗实习是半工半读、工学交替的下位概念，指向课程模式。订单培养强调就业，工学交替强调过程，半工半读强调时间，顶岗实习强调岗位。这些概念之间的关系，见图 3-1。

工学结合及相关概念之间既有联系，也有区别，概念间还存在着一定程度的交叉和重叠。因此，这些概念的顺序排列是相对的、动态的，不是绝对的、静止的。在不同的情况下要依据使用的特殊环境和条件，选择不同的概念，准确把握其内涵和外延，加强概念的规范使用。

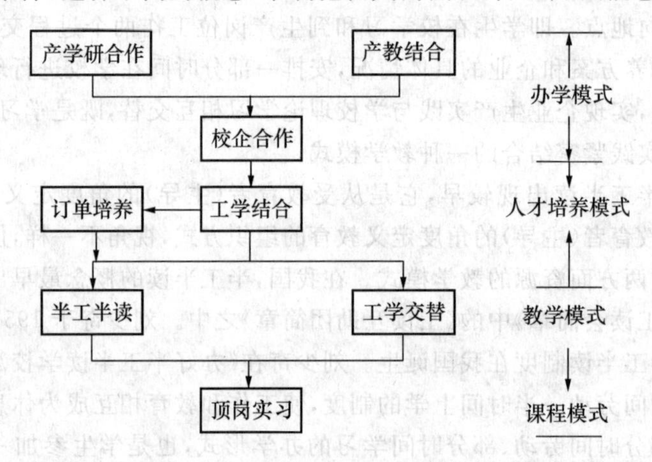

图 3-1 工学结合及相关概念之间的关系

3.1.5 运行机制的概念界定

1. 机制的含义

机制原指机器的构造和运作原理，后借指事物的内在工作方式，包括有关组成部分的相互关系以及各种变化的相互联系。如：市场机制、竞争机制、用人机制等。对于高等职业院校而言，机制可以包括内部机制、外部机制和交叉融合机制。机制具有四个特征：一是经过实践检验证明有效的、较为固定的方法；二是要求所有成员共同遵守的制度；三是在各种有效方式、方法基础上总结、提炼而成，使之理论化、系统化，并能有效指导实践；四是一般要依靠多种方式、方法来起作用。如建立各种工作机制的同时，还应配套建立动力机制、激励机制和监督机制来保证工作的落实、推动、纠正、评价等。

机制有多种多样，在一个组织机构内，通常需要建立决策机制、执行机制、反馈机制、监督机制、激励机制等。在不同的组织机构之间，通常需要建立合作机制、协商机制、沟通机制、联动机制、争端解决机制等。不同的机制有不同的功能和不同的目的并起不同的作用。

2. 体制与机制之间的关系

体制与机制两个词的中心语和使用范围不一样，体制指的是有关组织形式的制度，限于上下之间有层级关系的组织机构。机制指的是事各个部分的存在，强调有机体的构造、功能及其相互关系。广义上的体制和机制都属于制度范畴。体制通常指体制制度，体制是制度外在的具体表现和实施形式，是一个以权力配置为中心，以结构、功能、运行为主体，以及各种实施和相应的规范所构成的体系。机制通常指制度机制，从属于制度，是制度加方法，是通过制度系统内部组成要素之间按照一定方式的相互联系和作用的制约关系及其功能。体制决定机制。具体到高等职业院校来看，其体制与机制的区别主要有两点：一是工作组织方式，体制是高等职业院校争取外在办学力量的表现方式，机制是高等职业院校内部运行的有效方式；二是工作内容和效果，体制创新带给高等职业院校的是政令畅通、融资畅通，机制创新带给高等职业院校的是自我管理畅通有效。总之，体制是表示纵向关系的组织制度，机制是表示横向联系的组织制度。辨清两者关系，是高等职业院校校企合作体制、机制创新的前提。

3. 制度的含义

制度是指一定的体制和组织机构通过法定程序制定并要求一定范围内人们必须遵守的各种规范性文件的统称。简单地说，制度就是人们共同遵守的成文的行为规范。制度的具体形式包括法律法规、政策规定、办法措施等一系列规章制度。从适用范围的大小，可以分为外部制度和内部制度两大类。从制度的性质上可以分为行政制度、预算制度、政府采购制度、财务制度、人事制度、资产管理制度等。

制度则是对体制的职能作用和机制运行规则的条文化，为明确体制、机制的正常运转提供了法定依据和保证。任何一种体制和机制都需要通过一定的制度加以明确和法定化。体制和机制依据明确的制度规定进行构建和运行，体制之间也依据一定的制度规定进行合作、联动。因此，制度建设对体制和机制效能的发挥起着至关重要的作用。

4. 运行机制系统

运行机制是指在人类社会有规律的运动中，影响这种运动的各因素的结构、功能及其相互关系，以及这些因素产生影响、发挥功能的作用过程和作用原理及其运行方式，是引导和制约决策并与人、财、物相关的各项活动的基本准则及相应制度，是决定行为的内外因素及相互关系的总称。各种因素相互联系，相互作用，要保证社会各项工作的目标和任务真正实现，必须建立一套协调、灵活、高效的运行机制。机制有多种多样，在一个组织内通常需要建立决策机制、执行机制、反馈机制、监督机制和激励机制等[1]。

(1)保障机制。保障机制是指为校企合作活动提供物质和精神条件的机制。从系统论角度和资源配置角度研究校企合作保障机制一般需要有协议保障、资金保障、组织保障、人员保障、制度保障、成果保障等。

(2)动力机制。动力机制是指通过激发并满足校企合作参与方的“需要”而形成校企合作良性互动、长效运行所必需的动力。动力机制包括主动力和逆动力两类。

(3)决策机制。决策机制是指校企合作示范区的单位在享有充分而独立的财产权的情况下，对生产经营、教学管理、科研开发等活动作出决策的机制。健全的决策机制包括决策主体的确立、决策权划分、决策组织和决策方式等方面。

(4)学习机制。学习机制是使学习制度能够正常运行并发挥预期功能的配套制度，它不但要有比较规范、稳定、配套的制度体系，而且要有推动学习制度正常运行的“动力源”，即要有出于自身利益而积极推动和监督制度运行的组织和个体。

(5)共赢机制。共赢机制是在市场经济条件下，实施互利共赢的开放办学战略，把既符合学校利、又能促进共同发展，作为处理校企合作关系的基本准则。利益补偿机制、互利共赢机制、成果共享机制是维系校企合作良性互动运行的动力和纽带。

1 杭瑞友，葛竹兴. 高职教育校企合作管理体制研究与实践[J]. 黄冈师范学院学报，2012(11).

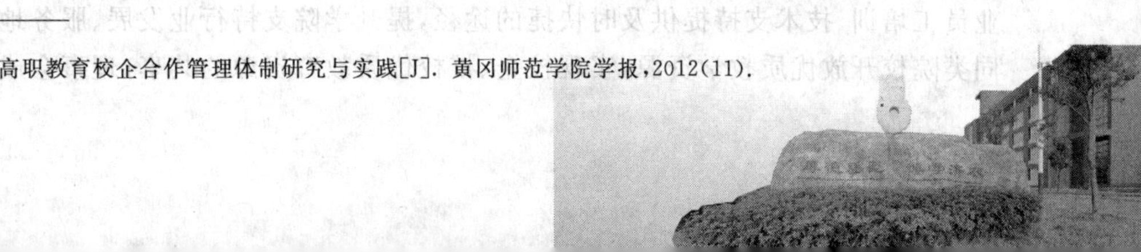

(6)监管机制。校企合作各方对章程、协议等规范文件的执行力决定着合作的时间长短和程度的深浅。就非营利性示范区的治理而言,一般最缺乏的是行业自律和多边信誉约束机制,因而需要建立包括风险管理机制、约束(制约、制衡)机制、考核评价机制等科学完善的规章制度和质量管理体系的监管机制。

(7)互动机制。校企合作示范区是高等职业院校与企业之间的桥梁,一般应建立信息传递机制、供需分配机制、联动培养机制、资源互补机制、市场协同机制、沟通与反馈机制等互动机制。长期稳定的良性互动关系需要满足以下三个条件:一是主体之间需具有共同的或者相类似的价值理念,至少不能是相互对立的价值理念;二是两个主体之间有发生相互依赖性行为的必要性;三是两个主体之间有发生相互依赖性行为的可能性。

5. 与运行机制相关的概念解析

(1)校企合作示范区。校企合作示范区是高等职业院校和企业单位、行业经济开发区等在校企合作联盟理事会的推动下自愿组建的资源共享型合作育人平台体系,包括校中厂、厂中校、教师工作站、企业技师工作站、校企合作管理信息平台、各种校企合作班及其组合。

(2)校中厂。校中厂是一种学院需求主导,校企共建育人载体的校企合作模式。该合作模式是由学校提供场地,与行业企业合作,将企业文化环境、工作环境、生产设备、技术人员等资源引入学院实训基地,与学院设备、师资进行资源整合,按企业化要求组织生产和科研,结合生产按教学计划开展实训,建立集学生进行专业见习、工学交替实训、顶岗实习、培训企业员工、接受教师锻炼、技术开发于一体的以教学为主的生产单位。

(3)厂中校。厂中校是一种企业需求主导,企校共建育人载体的校企合作模式。该合作模式是在企业建设教室和学生宿舍等教学和生活设施,完善教学条件,共享企业工作环境、先进设备等资源,提高校外实训实习基地的教学功能,确保校外生产性实训、顶岗实习的教学需要和教学质量,形成校企双方合作培养、共同考核的以生产为主的教学单位。

(4)教师工作站。教师工作站是一种企业需求主导,企校共建育人平台的校企合作模式。该合作模式是学院选派3~4名教师、企业选派1~2名技师组成核心成员,由专业带头人担任负责人,在企业设立教师工作站。学院教师在企业工作年平均不低于120个工作日,负责管理学生顶岗实习,帮助企业解决生产中存在的实际问题,与企业联合进行科技攻关、促进成果转化,加强企业员工的培训等。

(5)技师工作站。技师工作站是一种学院需求主导,校企共建育人平台的校企合作模式。该合作模式是选择相关企业技师、专家3~4名、学院选派1~2名教师组成核心成员,吸收理事会其他成员单位技术人员加入,由企业专家担任负责人,在学院设立企业技师工作站。企业技师、专家在学院工作年均120个工作日以上、承担不少于160学时的专业课教学任务;共同制订人才培养方案,围绕岗位工作过程、岗位核心能力等开发基于工作过程的核心课程,实施专业教学,提升学生专业技能,培养“双师”素质教师等。校企共同投入企业技师工作站建设与运行经费,与工作站各项目小组签订年度工作任务书,明确其专业教学、课程建设、学生技能培训、师资培养、科技开发等工作任务和相应的报酬。

(6)校企合作管理信息平台。为校企间顺畅合作开展项目建设、专业课程建设、顶岗学生管理提供支持,满足学生边工作边学习、校企共同管理、学业成绩评定的信息化需求;为行业企业员工培训、技术支持提供及时快捷的途径,提升学院支持行业发展、服务地方经济的能力;为同类院校开放优质教学资源,实现校企、校校优质教育资源的共享;理事会成员单位投入资金,合作共建集校企合作门户、专业课程建设支持、远程教学实施、学生顶岗实习管理等功能于一体的示范区管理信息平台。

(7)与运行机制相关的概念之间的关系。校企合作示范区作为一个泛化的异质组织构建的育人平台,通常需要建立合作机制、协商机制、沟通机制、联动机制、争端解决机制等。不同的机制有不同的功能和不同的目的并起着不同的作用,但应形成一个相对独立的运行机制系统。鉴于各个专业的校企合作处于不同层次,校企合作示范区配置了一套以保障机制为基础的运行机制系统。校企合作示范区运行机制之间的关系,见图 3-2。

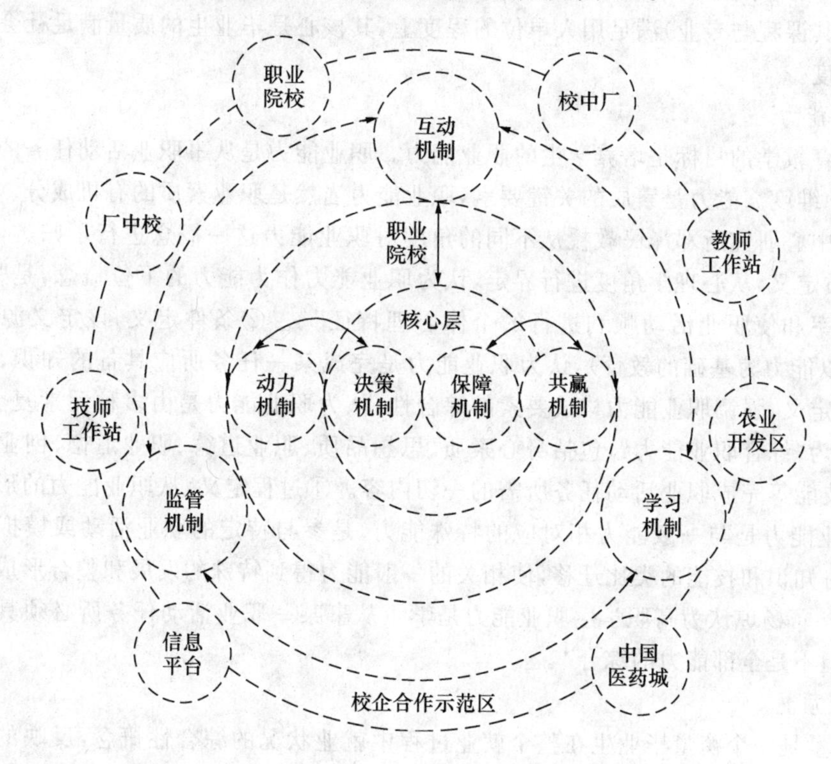

图 3-2 校企合作示范区运行机制之间的关系

3.1.6 高等职业教育质量的概念界定

《辞海》对“质量”释义为“产品或工作的优劣程度”;国际标准化组织所制定的 ISO 8402—1994《质量术语》标准中,对质量作了如下的定义:“质量是反映实体满足明确或隐含需要能力的特征和特征的总和。”前者着重于品质,后者着重于服务和顾客的满意程度。但是,质量都是指向相对某一产品或实体而言。对教育而言“产品或实体”就是“人才”,是通过教育服务而培养出的“人才”。《国家中长期教育改革和发展规划纲要(2010—2020 年)》指出:“树立科学的教育质量观,把促进人的全面发展、适应社会需要作为衡量教育质量的根本标准。”从中不难看出,教育质量最本质的要求就是满足“人的全面发展、适应社会需要”的程度。而质量不是一个固定不变的概念,它是动态的、变化的、发展的;它随着时间、地点、对象的不同而不同,随着社会的发展、技术的进步而不断更新和丰富。我们在新的高等职业教育形势下应该及时更新和丰富教育质量观,从国家、学生和用人单位三个角度研判高等教育教学质量。

1. 高等职业教育质量

我国的《教育大辞典》从一般意义上把教育质量界定为“教育水平高低和效果优劣的程度”,“最终体现在培养对象的质量上”。从产品的角度看,高职学校教育的“最终产品”是学生,检验产品质量的主体是用人单位;从服务的角度看,学校服务的客体主要是政府、用人单位、学生,学生是学校的服务主体,学校的教育教学应该在遵循规律的基础上,最大限度地促进学生素质和能力的提高,满足学生发展的需要。高等职业教育质量是指高等职业教育的固有特性满足其顾客(用人单位)要求的程度。这种要求主要体现在高等职业教育的产品(高等职业学校毕业生及其课程与专业)满足用人单位的程度上,其核心是毕业生的质量满足社会及受教育者需求的程度。[1]

2. 职业能力

职业教育教学的目标是培养学生的职业能力。职业能力是从事职业活动任务的多方面能力,具有多种维度。能力是素质的关键要素,职业能力当然是职业素质的有机成分。教育部职业技术教育中心研究所邓泽民教授从不同的角度对职业能力这一概念进行了归类,主要分为四类:①性质定义,从心理学角度进行界定,认为职业能力作为能力的下位概念,是“直接影响职业活动效率和使职业活动顺利进行的个体心理特征”[2]。②条件定义,该定义源自北美的CBE理论(以能力为基础的教育),认为职业能力是完成某一任务所应具备的知识、技能和态度。③结构定义,强调职业能力构成要素的综合性,认为职业能力是由多种元素复合而成,将职业能力称为“综合职业能力”,包括身心素质、思想品质、职业道德、职业道德、创业精神和知识、经验及技能等完成职业活动任务所需的一切内容。④过程定义,从职业能力的形成过程解释,认为职业能力是与一般能力相对应的特殊能力,是参与特定的职业活动或模拟的职业情境,通过已有知识和技能的类比迁移,使相关的一般能力得到特殊的发展和整合形成较为稳定的综合能力[3]。杨琼认为高职学生职业能力是学生从事某一职业活动任务所必须具备的多种能力单元,但不是全部能力的综合[4]。

3. 就业质量

就业质量是一个衡量毕业生在整个就业过程中就业状况的综合性概念,反映的是社会整体发展状况。从微观角度分析,梅奥(Mayo)认为就业质量的内涵包括良好适宜的工作环境、合理的工作时间、和谐的工作氛围、心理需求的满足以及非正式组织和正式组织的相互依存等。就业质量反映了毕业生的就业率、专业对口率、职业吻合度、职业稳定性、毕业生薪酬水平、毕业生享受福利待遇情况、毕业生满意度、用人单位满意度、工作创新程度、职业发展情况等。从中观角度看,就业质量内涵就是劳动力市场运行状况,其中包括劳动力供求状况、公共就业服务质量[5]。从宏观角度看,就业质量的概念统一到1999年的国际劳工大会上,国际劳工组织首次提出的“体面劳动”的理念,把它定义为“促进男女在自由、公平、安全和尊重人格的条件下获得体面的、生产性的可持续工作机会”,并对涉及到的概念进行了具体解释。对就业

1 肖化移.高等职业教育质量标准研究[D].华东师范大学比较教育学博士论文,2004:22.

2 杨燕逸.职业心理学[M].吉林:延边大学出版社,1990.

3 余祖光.新时期职业教育教学改革的几个问题[J].中国职业技术教育,1998(4).

4 杨琼.高职学生职业能力评价体系研究[D].浙江师范大学职业技术教育学院硕士论文,2010.

5 苏士尚.就业质量问题研究—国内外就业质量研究的理论和政策综述[D].首都经济贸易大学硕士学位论文,2007:4-6.

质量可以进行定性与定量分析，并进行监控与评价。

3.1.7 搭建农业高等职业教育校企合作育人概念框架

高等职业教育的科学发展过程是全面推进高等教育的人才培养、科技创新、社会服务和文化传承四大职能在高等职业教育领域充分个性的展现。我们以满足社会发展、满足人的发展、满足教育自身发展三个需要为经，以逻辑起点、基本理念、制度创新、特定方式、资源配置、特色创新与教育目标为维，搭建农业高等职业教育校企合作育人的概念框架。农业高等职业教育校企合作育人的概念框架，见表 3-5。

表 3-5 农业高等职业教育校企合作育人的概念框架

序号	一级概念	相关二级概念	关系
1	高等职业教育		高等职业教育是研究与实践的本体，科学发展高等职业教育是研究和实践的逻辑起点
1－1		职业教育	
1－2		职业技术教育	
1－3		成人高等教育	
2	校企合作		校企合作是高等职业教育科学发展的基本理念
2－1		产学研合作	
2－2		产教结合	
2－3		校企关系	
2－4		教育共同体	
3	管理体制		管理体制是高等职业教育科学发展的制度创新
3－1		高等职业院校	
3－2		校企合作模式	
3－3		校企合作联盟	
4	工学结合		工学结合是高等职业教育科学发展的特定方式
4－1		人才培养模式	
4－2		订单培养	
4－3		工学交替	
4－4		半工半读	
4－5		顶岗实习	
5	运行机制		运行机制是高等职业教育科学发展的资源配置与特色创新
5－1		校企合作示范区	
5－2		校中厂	
5－3		厂中校	
5－4		教师工作站	
5－5		技师工作站	
5－6		校企合作管理信息平台	

续表 3-5

序号	一级概念	相关二级概念	关系
6	高等职业教育质量		高等职业教育质量是高等职业院校满足国家、学生、用人单位需要的特征总和，是办学水平和特色的综合反映
6－1		职业能力	
6－2		就业质量	

3.2 构建江苏现代畜牧业校企合作联盟管理体制

《国家中长期教育改革和发展规划纲要(2010—2020 年)》(以下简称“教育规划纲要”)中，提出以体制机制改革为重点，加快对制约教育发展的重要领域和关键环节的改革步伐。《教育规划纲要》还明确指出：“建立健全政府主导、行业指导、企业参与的办学机制，制定校企合作办学法规，促进校企合作制度化。”虽然《教育规划纲要》为高等职业院校开展校企合作体制机制建设提供了政策支持，但是，我国高等职业教育体制机制改革是一项艰难、复杂、曲折、庞大的系统工程，《教育规划纲要》并不能完全解决现实中的具体问题。江苏畜牧兽医职业技术学院以建设江苏现代畜牧业校企合作示范区为契机，创新管理体制，构建了结构合理、组织有力、协调有方、管理高效的校企合作联盟，着力破解校企合作中“学校一头热”、“工学两层皮”、“行业学校企业三分离” 等体制机制的瓶颈。

3.2.1 校企合作联盟管理体制的顶层设计策略

1. 校企合作的管理体制

体制是指组织机构设置和管理权限划分的制度。按其范畴，可以分为根本制度、体制制度和具体制度，在本文中取“具体制度”的语意。制度决定体制内容并由体制表现出来，体制的形成和发展要受制度的制约。孙绵涛教授认为体制“包含体系和制度两部分，体系指的是组织机构，制度是保证组织机构正常运转的规范。”[1]从高等职业院校角度分析体制内涵，一是工作组织方式，是指高等职业院校争取外在办学力量的表现方式；二是工作内容和效果，通过体制创新带来政令畅通、融资畅通。总之，体制是表示纵向关系的组织制度。刘洪宇教授通过对前 106 所申报示范院校陈述提纲的梳理分析得出：“我国高等职业院校校企合作已经开始走出松散的、无组织的混沌状态，逐步演变成有内部治理结构的社会组织形式。如董事会、理事会的建立和运作(90.6%)，将使高等职业院校校企合作办学形成长效机制。”[2]据此，校企合作的管理体制可以认为是围绕校企合作章程这一核心制度而建立的组织机构以及为保障其正常运行而形成的一系列具有内在联系的制度体系。

校企合作联盟作为一种以联盟成员之间合作关系连接起来的校企合作组织形式，源于“战略联盟”概念，是校企合作组织形式的创新。我国高等职业教育校企合作联盟发起于 2008 年 4 月，济南工程职业技术学院和山东省 9 家大型纺织企业自愿结成“纺织职业教育校企合作联盟”，探索高等职业院校校企深度合作的模式。之后，2010 年 7 月 3 日，中国高等职业技术研

1 孙绵涛.教育行政学概论[M].武汉：华东师范大学出版社，1989：128.
2 刘洪宇.我国高等职业教育校企合作体制机制建设的新思路[J].教育与职业，2011(5)：10-13.

究会牵头组建"百家校企合作发展联盟";2011 年武汉市政府牵头组建"武汉生物工程学院校企合作发展联盟"。这些联盟的成立,都旨在加强政府、行业、企业与学校的合作,通过资源共享、人才共育、过程共管、责任共担,达到成果共享。教育部、财政部于 2010 年启动了再建 100 所国家骨干高等职业院校的计划,重点建设和完善校企合作体制机制。

2. 顶层设计的内涵

顶层设计是指从最高端向最低端、从一般到特殊展开系统推进的设计方法,它为将复杂程序设计破解为功能描述、反思推进和重新调整提供了一个规范方法。具体地讲,顶层设计是用系统方法,以全局视角,对各要素进行系统配置和组合,制订实施路径和策略[1]。"顶层设计"这一概念在我国目前高等职业教育改革的"现实语境"中,表达了这样几个关键意义:一是要明确高等职业教育改革发展的核心理念,是提高人才培养的质量,培养生产、管理与服务一线需要的高技能应用型人才;二是提高辩证思维水平,从战略高度把握高等职业教育改革的大局和重点,骨干院校建设的重点是破解校企合作的体制机制障碍,推进合作办学、合作育人、合作研发、合作就业和合作发展,增强办学活力;三是要强化制度建设,用制度规范校企合作的良性互动、协同运行。

创新校企合作体制机制"顶层设计"的关键在于核心理念的提炼。核心理念的构建路径大致有:一是问题构建。针对在校企合作中存在的全局性、长远性问题,抓住有典型意义的问题,有针对性地构建核心理念。二是经验构建。根据以往校企合作所取得的成功经验进行提升,并加以全方位运用,从中提炼出核心理念。三是理想构建。根据校企合作各方对教育价值认同的理想追求,既能体现先进的教育思想,又能通过奋斗实现,切忌不切实际的、不可实现的、不具备可操作性的合作理念。四是借鉴构建。从国外成功的合作教育模式、其他院校成功的合作经验中借鉴有价值的因素,结合本校的具体情况予以内化,进而创新自己的理念。五是特色构建。根据本校教育教学特色,提炼出具有"普适性的内核",[2]构建校企合作的核心理念。

3. 校企合作联盟管理体制创新设计的核心理念

根据合作办学、合作育人、合作研发、合作就业和合作发展的要求,凝练出如下设计理念:

第一,围绕教育教学的基础能力建设,系统设计政府主导下的政行校企联动机制。

第二,围绕江苏畜牧产业转型升级,对接畜牧产业链条的人才需求,动态调整专业设置。

第三,围绕企业生态健康养殖与学院教育价值认同的理念,动态选择合作企业,创新校企合作机制。

第四,围绕提高人才培养质量,整合实训资源,行校企共建实训中心、研发中心。

第五,围绕教育质量提升,推动教师到企业实践,企业技师到学校教学,提升教育教学水平。

第六,围绕岗位职业能力认证,对接教学过程与生产过程,将素质教育与技能训练进行综合培养。

4. 校企合作联盟管理体制创新设计的主要内容

作为职业教育的实施者,无法主动从法律、国家政策层面破解体制障碍,但可以从校企合作的角度创新管理体制设计,包括:一是从相对宏观的校企合作联盟理事会层面设计管理体

1 纪大海.顶层设计与教育科学发展[J].中国教育学刊,2009(9):28-30.

2 纪大海.学校发展需要"顶层设计"[J].教育旬刊,2010(4):22-23.

制；二是从相对中观的学院层面设计“院园共建”和“院区共建”管理体制；三是从相对微观的二级院（系）层面设计校企多种合作形式的管理体制。具体设计程序和工作内容见表3-6。

表3-6 校企合作联盟管理体制创新的顶层设计[1]

设计程序	工作内容
组建顶层设计团队	成立院长为组长，由政府官员、行业专家、企业实干家和职能部门负责人为成员的设计团队
充分调查研究	深入政府部门、行业主管部门、产业发展部门、龙头企业、国示范建设院校、科研机构、学生家长以及学生代表调查访问，参照国外成功合作模式，分析需求，找出现状与差距
确立设计依据	确立国家和省对骨干校建设的文件政策、现代农业发展规划、行业产业的发展规划等为设计依据
明确发展目标	创新办学体制，完善校企合作制度，建成江苏现代畜牧业校企合作示范区，有效发挥江苏畜牧产业的技术优势、人才优势，增强畜牧兽医职业教育的吸引力，调动企业参与畜牧产业高等职业人才培养的积极性，使学院与企业互惠互助，与行业、企业间形成产学研紧密合作育人的长效运行机制
提炼核心理念	主动适应江苏现代畜牧产业转型升级的发展要求，基于“生态健康养殖”和“教育价值认同”的合作理念构建校企合作示范区，在校企合作联盟理事会推动下，校企合作共建“校中厂”、“厂中校”、“学院教师工作站”、“企业技师工作站”等育人平台，实施“三业互融、行校联动”的人才培养模式，系统培养高素质高技能人才，并形成示范辐射与带动推广效应
系统设计路径	将校企合作联盟理事会管理体制与5个重点专业及专业群、科技服务“三农”工程的运行机制进行系统设计，整体推进，分项实施
充分论证方案	建设方案经过校内20多次反复讨论修改，又聘请校外专家论证，最终形成建设方案
强化制度建设	制订校企合作示范区联盟理事会章程、议事制度、“校中厂”运行管理办法、“厂中校”运行管理办法、“双师工作站”运行管理办法、建设合作成效评价办法等

5. 校企合作联盟管理体制创新的实现路径

地方政府与行业企业共建高等职业院校，探索建立高等职业院校董事会或理事会，形成人才共育、过程共管、成果共享、责任共担的紧密型合作办学体制机制。

（1）设计开放合作的非营利组织—江苏现代畜牧业校企合作联盟，对接江苏畜牧产业集群，将华东地区的主要畜牧产业龙头企业吸引到示范区，发展为紧密型合作企业，实施合作办学。

（2）设计学院的教育价值与企业的生态健康养殖理念认同机制、高等职业教育的校园文化

1 吉文林，杭瑞友，葛竹兴. 创新校企合作体制机制的顶层设计[J]. 继续教育研究，2012(11).

与企业文化相互融合机制、企业资源与学院资源共同投入与利益共享的协议机制。如校企双方在三个机制的基础上，学院投入150亩土地，拉动常州市康乐农牧有限公司投资3 000多万元，建设畜牧兽医专业群的实训实习基地—江苏泰康农牧科技有限公司。

(3)设计校企之间围绕“生态健康养殖”和“教育价值认同”的多种合作方式。如国家级水禽基因库＋畜牧兽医专业＋高邮鸭集团＝“校中厂”—高邮鸭育种分公司；国家级姜曲海种猪场＋动物防疫与检疫专业＋常州市康乐农牧有限公司＝“校中厂”—江苏泰康农牧有限公司；江苏省级生物技术工程中心＋兽药生产与营销专业＋江苏长青兽药有限公司＝教师工作站等多种合作形式。

(4)设计院园、院区共建共管机制。利用各类研发平台与企业合作共建畜牧科技示范园。根据江苏省泰州市农业经济综合发展需求，学院与省级泰州市农业综合开发区共建共管“江苏现代畜牧科技示范园”，实现区院一体、校企融合，实现“三业互融”、联动发展。

(5)设计职称评聘办法，规定教师职称的晋升必须具备企业工作经历，同时建设设在学院的“企业技师工作站”和设在企业的“学院教师工作站”，为教师下企业锻炼和带领学生工学交替、顶岗实习创造条件，为企业技师提升教学能力和共同研发创造条件。

(6)设计招生制度，探索注册招生、“高中学业水平＋职业能力测试”的自主招生、高考录取、农业系统单独招生等多种形式的招生制度改革，为实现公平教育、贯通中职与高等职业教育、构建中国特色的职业教育体系积累经验。

3.2.2 设计校企合作联盟的组织架构

在国外，注册非营利组织一般都是比较简单的事情。成立非营利组织在西方国家属于公民自由结社的基本权利，在登记注册方面政府一般不会过多阻挠干涉。比如在加拿大，不需要主管单位，无论是本国还是外国人，只要年满18岁，理事会最少5人，理事最少3人，有证明理事精神正常、没有破产的公证书，所用名称与登记团体名称不重复，章程表述的活动宗旨只要不主张暴力，交申请费500元，经承办人审核批准就可成立非营利组织。我国对非营利组织准入实行预防制，注册时要求双重管理。1998年10月25日国务院发布的《社会团体登记管理条例》规定，申请成立社会团体，应当经其业务主管单位审查同意，由发起人向登记管理机关申请筹备。而且还有会员人数和活动资金的限制，如个人会员、单位会员混合组成的，会员总数不得少于50个；地方性的社会团体和跨行政区域的社会团体要有3万元以上活动资金。

校企合作是高等职业教育发展趋势，也是制约高等职业教育发展的瓶颈。从理论角度，同质组织间的竞争会大于合作，资源的使用效益会降低。由一所高等职业院校牵头，组建校企合作联盟，将资源依赖与互补结合起来运用，在合作过程中动态优化选择合作企业和合作项目，会提高资源配置效率。江苏现代畜牧业校企合作联盟是政府主导(包括江苏省人民政府、泰州市人民政府)、行业指导(包括江苏省教育厅、江苏省农业委员会、13个地市级畜牧行业主管部门)、江苏畜牧兽医职业技术学院发起、营利性组织(畜牧产业链企业)和非营利性组织(研究机构，畜牧产业协会、学会，中高职院校等)参与，围绕企业生态健康规模养殖与学院教育价值的双向认同，为了育人这一共同行动，运用市场机制，通过订立盟约而形成的一种风险共担、利益共享、价值认同的公益性、混合型的社会团体，是非营利性的校企合作服务机构，是企业和学校合作服务、合作发展的有效形式，是校企合作示范区运行的推动者。校企合作联盟是以合作研发为动力、合作办学为载体、合作育人为根本组建的非营利性组织，动员校企合作必需的人力资源、资金资源、物质资源、规范资源和信息资源等要素，合理安排教学、生产、科研与管理，实现合作发展目标。江苏现代畜牧业校企合作联盟主要设置联盟理事会、常务理事会、秘书处等机构，其组织结构见图3-3。

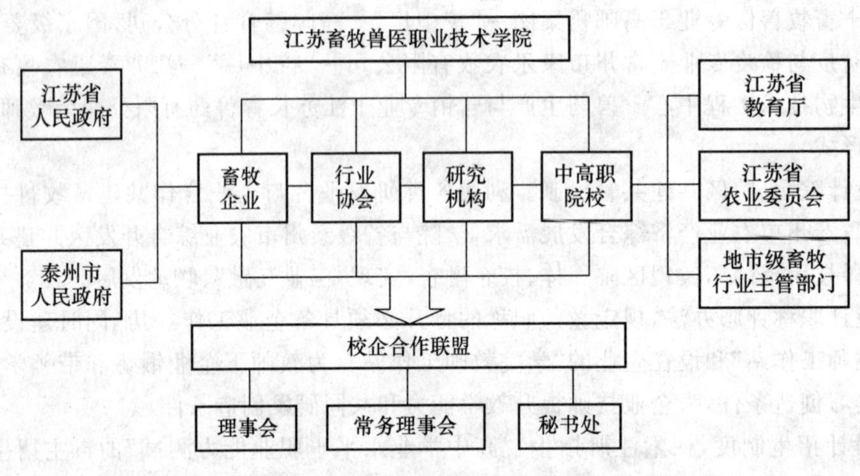

图3-3 校企合作联盟组织结构

1. 校企合作联盟理事会

校企合作联盟理事会是由参与校企合作联盟单位代表和个人代表组成的决策机构。其主要职责主要有：①联络社会各界，指导和支持江苏畜牧兽医职业技术学院的建设与发展，推动校企之间深层次合作；②协调江苏畜牧兽医职业技术学院与行业、企业、学生及学生家长、创业农民之间的联系，开展多层次、多种形式的校企合作，共商江苏畜牧兽医职业技术学院的办学定位、发展规划和工学结合人才培养模式及合作企业的发展规划等；③指导各专业指导委员会开展校企合作、专业建设，提升产学研合作的广度和深度；④促进理事成员之间的联系与合作，并监督理事成员之间依法合作；⑤定期召开会议，研究理事会工作计划及重要事项，听取和审议理事成员承担的相关工作情况报告；⑥通报理事会的工作进展和财务收支情况。

2. 校企合作联盟常务理事会

常务理事会是联盟理事会的执行机构。由理事长（1人）、常务副理事长（1人）、副理事长（若干人）、秘书长（1人）、副秘书长（若干人）组成。受联盟理事会委托，在理事会闭会期间代表理事会行使各项职能。常务理事会会议召开的时间和地点由理事长和常务副理事长协商确定。常务理事会的职责是：①执行理事会决议；②实施理事会年度工作计划；③根据经济社会发展需要，向理事会提交校企合作发展议案；④审议和接受新的成员单位；⑤决定理事会召开的时间、地点和审议的主要内容；⑥讨论和决定理事会的有关重要事项。

3. 校企合作联盟秘书处

联盟秘书处是具体办事机构。其主要职责有：①负责处理理事会的日常事务，筹备理事会会议、常务理事会议，促进学院与理事成员的产学研合作；②制定校企合作联盟的规章制度，规范校企合作行为，保障联盟成员的权利；③组织协调各专业指导委员会开展校企合作，督促指导双方开展人才培养、项目合作、双师互助、顶岗实习、就业推荐、员工培训、技术转让与推广等;④收集各理事单位的意见和建议并向相关方反馈;⑤考核评价校企合作的成效,总结推广校企合作先进经验。

3.2.3 校企合作联盟的管理制度

制度是指一定的体制和组织机构通过法定程序制定并要求一定范围内人们必须遵守的各种规范性文件的统称。简单地说,制度就是人们共同遵守的成文的行为规范。制度的具体形式包括法律法规、政策规定、办法措施等一系列规章制度。从适用范围的大小上,可以分为外部制度和内部制度两大类。从制度的性质上可以分为行政制度、预算制度、政府采购制度、财务制度、人事制度、资产管理制度等。体制是制度建立和实施的主体,任何一种制度的建立,都是体制内的具体机构和人员,根据履行职能的需要而制定的。制度建立后还要体制内的具体机构和人员去实施执行,制度才能有存在的价值。

为增强校企合作联盟的管理能力,提升校企合作的管理水平,根据校企合作联盟理事会章程,需要制订一些制度,规范成员的合作行为。如制订《江苏现代畜牧业校企合作联盟会议制度》,以规范提案管理、理事会议、常务理事会会议、专题会议等;制订《江苏现代畜牧业校企合作联盟发展规划》,以明确发展目标及实现路径;制订《江苏现代畜牧业校企合作联盟财务管理办法》,以规范联盟发展资金的来源、用途、使用报告与监督等;制订《江苏现代畜牧业校企合作联盟合作项目管理办法》,以规范学校与企业之间横向课题、纵向课题、科研成果的管理;制订《江苏现代畜牧业校企合作联盟合作就业与创业管理办法》,规范企业到学院招聘员工、开展订单培养、为学生提供创业条件等;制订《江苏现代畜牧业校企合作联盟合作培训管理办法》,规范学院与企业联合开展培训行为;制订《江苏现代畜牧业校企合作联盟宣传报道管理办法》,规范网站报道、合作办刊、联合参加会展等行为。

3.2.4 校企合作联盟的结构治理

"治理"概念源自于企业问题,可追溯到 1776 年出版的《国富论》,亚当·斯密在书中提出公司治理结构的核心问题。对治理的关注,是随着全球化进程的发展和新公共管理不能有效解释当代公共决策的更加复杂和动态的过程而不断向前的。20 世纪 70 年代末期,威廉姆斯在其文献中率先提出"公司治理结构"概念;20 世纪 80 年代初出现了"地方治理";20 世纪 80 年代后期产生"公司治理"运动。1989 年,世界银行讨论非洲发展的报告首先单独使用"治理危机"(crisis in governance)一词,其大意是政府应只介于负责统治的政治与具体事务的管理之间,不应直接介入公共事务,意味着对公共事务应以多元主体的"治理"替代传统的行政"管理"。把政府、中介组织、学校等非营利性组织纳入治理的范畴,目标是建立政府、市场、公民社会三者相互依赖与多元合作的公共事务治理模式。江苏现代畜牧业校企合作联盟理事会通过制定《江苏现代畜牧业校企合作联盟章程》,明确成员相互之间的关系,规范参与运行各方的权利、义务,实现联盟结构有效治理。

1. 理事长单位承担义务与享受权利

理事长单位承担义务与享受权利主要有:①根据支持校企合作的相关政策,督促政策的执行。②根据国家骨干校建设的承诺,督促经费按照进度下拨。③适时组织召开理事会,研究并协调解决校企合作中存在的问题。④支持江苏省内畜牧企业优先聘用江苏畜牧兽医职业技术学院的毕业生。⑤支持理事会成员之间开展产学研合作,推进江苏畜牧产业持续发展。⑥监督、检查理事会的运行和校企合作的效果。

2. 常务副理事长单位承担义务与享受权利

常务副理事长单位承担义务与享受权利主要有：①采用委托研究、合作开发、组建技术服务联合体等方式进行各类科研合作。积极承担理事单位的科研任务，作为江苏畜牧兽医职业技术学院重点项目进行专项跟踪，保证科研项目的顺利实施，优先将科技成果转让给理事单位。②江苏畜牧兽医职业技术学院的实训室、实训基地全面向理事会成员开放，为理事单位进行中间试验、研制新产品、产品性能测试提供方便，并予以收费优惠。③为理事单位提供兼职技术人员、管理技术人才及员工培训所需的师资、教材、实验实训场所等，亦可在对方开设教学点或共同开办各类人才培训班。④理事向江苏畜牧兽医职业技术学院捐赠、设立奖励基金、修建房屋和建筑物等可以单位或个人的名称冠名。⑤为理事单位组织专场人才招聘会，优先向理事单位推荐优秀毕业生。⑥在不影响教学的情况下，与各理事成员共享图书、文体活动等资源。⑦理事单位职工子女报考江苏畜牧兽医职业技术学院，录取时在同等条件下优先照顾。

3. 理事的权利和义务

理事的权利和义务主要有：①申请加入理事会的成员须向秘书处提出申请，经常务理事会协商讨论，征得半数以上成员同意，方可取得理事会的成员资格。加入理事会的程序：提交加入理事会的申请书；经常务理事会讨论通过；颁发理事会成员证书。②要求退出理事会的成员，应向秘书处提出申请，经常务理事会协商同意，办理有关手续后方可退出。③理事在理事会内具有平等地位，享受理事会成员的投票权、议事权和知情权等权利、承担相应的义务。

4. 理事单位承担义务与享受权利

理事单位承担义务与享受权利主要有：①参与学院办学定位、发展规划等事项的研讨，提供咨询服务。②根据单位的用人需求，参与学院的专业人才培养模式开发和建设、课程标准的制定和教材的编写合作开展订单培养、工学交替等各种形式的教学。③为学院教师锻炼、学生顶岗实习、调查研究、社会实践、科技项目试验、教学科研设备调试提供必要的条件。④利用各种形式（包括捐款、赠物、设立专项基金等）资助学院办学。⑤根据校企合作发展的需求，推荐优秀的兼职教师。⑥参加学院组织的招聘会，优先聘用学院毕业生。⑦优先为学院提供人才培养、科技开发、技术改造等方面的合作项目。⑧积极参加理事会组织的各项活动，向社会各界宣传理事会，发展新的理事成员。

通过权力的制衡，使理事长、常务副理事长与理事及理事单位三大机关各司其职，又相互制约，保证校企合作联盟顺利运行。

5. 校企合作联盟有效治理的实现路径

在这里引入校企合作的一个关键概念—有效治理。治理主要通过合作、协商、伙伴关系，确立认同和共同的目标等方式实施对公共事物的管理。治理的主要内涵有三个要素，一是治理的载体超越了政府机构而将其他社会公共组织或私人机构也囊括其中；二是治理的前提是利益主体的多元化、主体利益的独立化，目标是利益协调的制度化；三是治理所倚重的是各相关组织或机构之间在共同处理特定领域事物时要遵循共同建立的制度。地方政府与行业企业共建高等职业院校，组建江苏现代畜牧业校企合作联盟理事会，形成人才共育、过程共管、成果共享、责任共担的紧密型合作办学体制。其有效治理的实现路径是：

(1)资源共享。运用学院的教育价值与企业的生态健康养殖理念认同机制、高等职业教育的校园文化与企业文化相互融合机制、企业资源与学院资源共同投入与利益共享的协议机制、资源利用的价格结算机制。

(2)形式灵活。江苏畜牧兽医职业技术学院利用各类研发平台与企业合作共建畜牧科技示范园,并根据江苏省泰州市农业经济综合发展需求,学院与江苏省级泰州市农业综合开发区共建共管"江苏现代畜牧科技示范园",实现区院一体、校企融合,实现"三业互融"、联动发展。校企之间围绕"生态健康养殖"和"教育价值认同"的合作价值共识,灵活选择多种合作方式,如国家级水禽基因库+畜牧兽医专业+高邮鸭集团="校中厂"——高邮鸭育种分公司;国家级姜曲海种猪场+动物防疫与检疫专业+常州市康乐农牧有限公司="校中厂"——江苏泰康农牧有限公司;省级生物技术工程中心+兽药生产与营销专业+江苏长青兽药有限公司=教师工作站等多种合作形式。

(3)制度创新。改革职称评聘办法,规定教师职称的晋升必须具备企业工作经历,同时建设设在学院的"企业技师工作站"和设在企业的"学院教师工作站",为教师下企业锻炼和带领学生工学交替、顶岗实习创造条件,为企业技师提升教学能力和共同研发创造条件。改革招生制度,探索注册招生、"高中学业水平+职业能力测试"的自主招生、高考录取、农业系统单独招生等多种形式的招生办法,为实现公平教育、贯通中职与高等职业教育、构建中国特色的职业教育体系积累经验。

高等职业院校通过组建校企合作联盟,创新管理体制,深度融合并有效治理学校与企业之间的合作关系,坚定地走校企合作、工学结合的道路,才能培养出企业需要的高端技能型专门人才。

3.3 遴选江苏现代畜牧业校企合作联盟成员

江苏现代畜牧业校企合作联盟是在政府主导、行业指导下强调校企合作、实践育人而成立的非营利性组织,其参与主体是企业与学校,因此,高等职业院校根据产业发展趋势、技术发展状况、学生职业能力发展需求和企业承受能力等遴选出合适的合作对象,满足合作育人的要求。

3.3.1 校企合作联盟核心成员的价值诉求

从教育价值实现的要素看,校企合作的核心成员是学生、企业和学校,由此看出"校企合作联盟是异质组织的混合体"[1]。在合作办学的过程中,这三方融合的程度、需求的满足程度决定了教育价值的实现程度。只有直面三方的"需求归属"[2],才能从三方需求的博弈中找到解决校企合作困难的钥匙。为此,需要重点分析校企合作核心成员的价值诉求,为遴选联盟成员企业提供价值判断。

1. 学生方的价值诉求

学生是高等职业教育的对象,也是校企合作的直接参与者和承担者。在以就业为导向的高等职业教育目标体系中,学生的综合职业能力培养是永恒的主题。每一位学生都想获得尊重,都想习得知识、掌握技能、形成良好品德,在社会的生产实践中具有适应性和创造性,从而

1 张海峰.高等职业教育校企合作联盟的系统研究[J].教育与职业,2009(20):5-6.

2 陈丽榕.校企合作的各方需求动因分析[J].襄樊职业技术学院学报,2011(5):16-18.

实现人生价值。从教育价值角度看，尽管高等职业院校与企业合作可以实现人才培养、科学研究、社会服务和优秀文化传承等多项目标，但学生的价值诉求应该是遴选合作企业的首要考虑因素。

(1)学生的综合职业能力养成需要依托学校、企业和个人等多方面的努力。综合职业能力包括专业能力、方法能力和社会能力。这些能力的培养都需要在设计人才培养模式时安排专业认知、职场体验、职业生涯规划、生产性实训、工学交替、顶岗实习和职业目标明确等环节，而且必须要有企业的参与实施，才能培养学生对职业的感情，在实际“做”的过程中培养能力。

(2)提升就业竞争力既是职业院校，更是学生的核心任务。就业竞争力是就业率、月收入、毕业时掌握的基本工作能力和就业现状满意度等的综合，是对大学培养的毕业生就业能力的综合评价。在企业学习和工作，有利于大学生树立正确的价值观和就业观，只有服务社会，才能实现人生价值，得到尊重；企业对学生在工作中的服务质量、生产的产品数量和质量、管理能力的客观评价，有利于学生构建评价自己能力的最好参照系；面对实际，能使学生清醒地认识就业形势、理性分析自己的能力、合理定位自己的职业方向、不断校正自己的职业规划。

(3)求学与求职成本的降低。学生在工学交替和顶岗实习期间，能获得企业支付的劳动报酬，部分企业对留用学生还逐年返还学费，降低了求学的成本。企业在对学生进行培训和安排工作期间，学生对企业充分认识，企业对学生动态考评，实行双向选择，签订劳动用工合同，确定未来1～5年的职业工作安排，从而降低了求职成本。

学生是校企合作发挥作用的主要对象，也是最大受益者，可以直接获得岗位工作能力、工资报酬，甚至直通就业。

2. 企业方的价值诉求

企业是校企合作的主要承担者，由于教育功能的发挥具有潜在性、隐形性和长期性等特征，在合作中更多表现为“明亏暗赚”。遴选合作企业，首先要调研行业产业企业，了解行业发展、产业规划、企业需求。企业虽然是以营利为目的的社会经济单元，但其在竞争中生存是第一位的，发展是第二位的，因而“企业价值最大化才是企业的根本目标”[1]。企业追求价值过程中的需求满足是企业愿意与高等职业院校合作的内在动因，需求的满足程度决定了校企合作的程度。综合校企合作的需求动因，企业与高等职业院校合作的需求一般有人才储备、技术开发、技术应用、技术转化、提高质量、职工培训、广告宣传、提升形象、拓展市场、技术交流、政策支持等内在因素，需要从不同角度进行分析。

(1)一般合作层次的企业需求。这类需求一般呈现“点状”特征，基本是高等职业院校围绕企业的需求。如技术开发、职工培训、参与技术交流活动等主动服务，在服务过程中企业满足学生的顶岗实习等部分教学任务，这类需求一般以感情因素、利益交换为代价，有些甚至把学生当做简单劳动力在使用，学生学不到关键技术，合作关系不稳定。

(2)紧密合作层次的企业需求。这类需求一般呈现“线状”特征，企业一般处于快速成长期，不仅需要高等职业院校的技术支持，更需要“用得上、留得住、有发展”的人才。因而往往主动要求合作，在一般合作基础上增加了签订合作协议、设立奖助学金、订单培养(合作制订培养

---

1 杭瑞友. 财务管理[M]. 北京：化学工业出版社，2010.

方案、合作开发课程、工学交替、顶岗实习、为学生购买工伤及意外伤害保险)等。这种合作关系在一定时期内具有稳定的特征。但从人才的学源结构看,单个企业不可能长期需要一个学校培养的毕业生,这既不利于企业人才队伍的稳定,也增加了管理的难度。

(3)深度合作层次的企业需求。这类需求一般呈现"面状"特征,企业的战略发展目标清晰,发展方式紧跟国际国内经济形势的转变,对高等职业教育价值的认同度非常高。在紧密合作的基础上,企业主动挖掘高等职业院校的资源,愿意投入人力、物力和财力,设立"校中厂"、"厂中校"、"企业技师工作站"和"学院教师工作站",实行"捆绑"合作,全面合作育人,着重培养学生的转岗能力和发展职业的能力,能实施合作研发、合作就业,为企业的长远持续发展服务。这种合作能结成稳定、深度、长效的合作关系。"厂"、"校"、"站"这三种合作平台融合了企业和学校两种不同的文化、育人环境和教育资源,根据合作双方需求"交集"[1]最大化灵活选择合作形式,同样能实现育人目标,而且学生能灵活选择就业单位。

在校企合作中,企业可以通过职业院校技能人才培养和技术应用研究人才集聚获得稳定和高质量的技术人才,在技术革新、产品开发、新技术应用、管理咨询等方面获得智力支持和良好的社会声誉、企业文化的提升。

3. 院校方的价值诉求

职业院校作为校企合作的主要发起者,根本的出发点是提高教育质量,实现教育价值。其主要诉求体现在:

(1)利用企业环境和资源培养学生的核心能力。学生的核心能力包括综合职业能力、对未来工作的适应能力和就业竞争能力,这些能力仅有学校的环境和资源是培养不出来的。职业教育的职业性和实践性决定了学生的能力是在实践中"做"出来的。畜牧兽医类职业活动的四大特点决定了生产性实践教学必须在企业进行,一是畜牧业需要消毒的养殖场地和废弃物的排放环境,在校园内难以进行硬件条件建设;二是畜牧业需要以种植业产品为原料,尽管畜产品可以回收,但饲养规模小,抗市场风险能力弱,实训成本高;三是教学用的实验动物都是活体,动物的自身生长特性、生长周期与教学周期不配套,如母牛分娩只发生在秋冬季节,而教学则可能是常年性的;四是动物人畜共患病的潜在安全威胁,使得在校园内进行理论与实践一体化教学难以实现。这四个特点决定了畜牧兽医类专业的教学活动必须实行校企合作、工学结合,让学生在企业"做中学"、"学中做"。

(2)利用企业的资源培养"双师型"教师。现行的职业院校教师大多数是学科制课程体系培养出来的,工作经历是从学校到学校,对企业的职业氛围、市场观念、竞争观念缺少感知。教师进入企业学习锻炼,以带队教师的身份管理学生的工学交替与顶岗实习,可对专业技术的先进性、应用的可行性有深切的了解,可为专业教学积累实践经验,可以跟企业的技师和学生组成技术革新团队,为技术革新、技术创新服务。

(3)利用企业的环境和资源,提升教育质量。通过校企合作,及时了解和把握行业产业企业最新科研动向和新技术的应用需求,从而找到合作研究项目,增强科研的针对性;也可获得行业企业对人才需求及职业岗位能力需求变化的信息,企业可以参与到专业方向调整、人才培养方案优化、课程内容调整等教育教学活动中,提升了教学质量。当然企业参与人才培养过程,会避免学校少走弯路,减少机会成本。

---

1 李秋华,王振洪.构建高等职业教育校企利益共同体育人机制[M].北京:西苑出版社,2011:94-99.

职业院校在校企合作中，不仅仅是学生和教师通过实践学习，锻炼成才，学校还可以从企业获得资源的支持，提升教育价值，形成良性循环。

3.3.2 校企合作联盟成员企业的遴选条件

根据教育部《关于职业院校试行工学结合、半工半读的意见》（教职成〔2006〕4 号）第五条“职业院校要妥善选择实习单位，安排学生到生产技术先进、管理严格、经营规范、遵纪守法和社会声誉好的企事业单位和其他社会组织实习”的要求，江苏畜牧业校企合作联盟理事会常务理事会拟订了联盟成员企业的遴选条件，学院校企合作办公室利用多种机遇，如招生宣传、网络调查、召开会议、举办论坛、学校或企业庆典、基地挂牌、专业论证、实地考察、学生实习检查、专题报告、培训员工等，进行校企合作企业信息调查（校企合作企业信息调查表，见表 3-7），动态跟踪企业的发展变化，根据合作层次进行要素组合，拟订与完善合作协议。

1. 企业经营范围与专业的关联度

企业经营范围与专业的关联度是开展校企合作的首要条件。学院在与企业接触之前，首先要对企业的基本情况做调查，研判企业的原料供应、产品设计、工艺流程、技术方案、生产组织、质量检测、市场营销、仓储物流、售后服务、财务管理等岗位需求与专业、课程、技术的吻合度、合作的内容、合作的程度。如果关联度不大，就不能合作。否则，学生的顶岗实习就有可能成为廉价劳动力。

2. 企业经营状况

企业经营状况包括是否国有企业、企业规模（大型、中型、小型）、企业类型（私营企业、有限责任公司、股份有限公司等）、产品的市场竞争力（产品质量稳定，国家相关检测合格且无质量事故，市场销售量稳定增长，产品有较高的用户满意度和品牌知名度）、技术创新程度、设备的先进程度（与学校配置设备或软件的相近程度）、企业的组织机构（是否单独设立人力资源部门或有专人负责学生实习至关重要）、企业的人才需求状况（这点关系到能否到达合作就业的程度）、在行业产业中的位置、企业的发展前景（因为有部分学生将来可能要留在企业，学校需要为学生的职业发展、工资收入、成家立业等考虑）、企业守法经营状况（企业管理规范，遵纪守法，诚信经营，信誉度高，售后服务完善到位）、主要负责人的管理能力（如家族式企业领导人的脾气、性格、思维方式、行事作风等，这些关系到学生将来在企业中的工作环境）等。学校需要优选企业经营状况良好，在本行业中处于领先地位或强势发展的态势，在行业具有代表性、先进性和创新性，符合国家产业发展方向，具有可持续的发展前景，能主导或引领现代畜牧业的发展，推进畜牧业转型升级，已经验收或通过创建能够成为“江苏省畜牧生态健康养殖示范单位”、“江苏省畜禽良种化示范单位”、“江苏省动物防疫规范化达标单位”、“江苏省新型畜牧合作经营模式示范单位”、“江苏省畜禽粪便综合利用示范单位”、“江苏省畜产品质量安全示范单位”等。

3. 企业的合作理念

学校的校企合作部门工作人员在与企业相关人员洽谈时，应摸清企业的合作动机、对学校的需求（这是关键的问题，有些企业谈到合作就要学校投资，这是目前的法律制度很难突破的障碍）、对学校的态度、对学校培养学生的认可度、对学校教师的认可度、企业的用人标准等方面。最好选择有高度的社会责任感、乐于奉献、乐于回报社会、认同高等职业教育校企合作培养人才的核心价值观的企业。

4. 企业的合作能力

企业与学校合作需要有保障学生工学结合的人力资源、组织资源、文化资源、物资资源和信息资源等。如需要安排专人负责学生的生活、思想工作、安全、文体活动、工作安排、岗位培训、技能考核、实习鉴定，最好能成立“企业教育中心”。从某一方面看，高等职业教育本质上是技术教育。合作企业的技术先进程度直接影响到人才培养的超前与滞后，学校应选择注重科技创新和新技术的推广应用，具有较强的技术转化和产业化推动能力的企业合作，使得学生能够掌握较新的技术设备所需要的技能，有利于学生的持续发展。

表 3-7　校企合作企业信息调查表

时间：　年　月　日

企业名称					
地　址				邮政编码：	
企业经济类型	□1. 国有企业　□2. 集体企业　□3. 私营企业 □4. 股份有限公司　□5. 有限责任公司　□6. 其他企业				
职工人数		技术人员数		近3年销售额（万元）	
主要负责人		学历		电话	
联络员		电话		传真	
网　址			E-mail		
公司简介	（主要产品或服务，研发和管理团队，取得的资质，知识产权状况，岗位职业标准等）				
企业的社会地位、发展前景与招聘人才描述					
企业的产业、岗位与专业群对口程度分析					
企业接受学生实践的资源分析					
企业在发展中存在的需要解决的技术问题及对学校的要求					
企业生产任务转化为学习任务的可行性分析					
开展产学研合作的要求或建议					

续表 3-7

本企业最希望能进行产学研合作的项目(1～3 项,表格可以追加)	
项目名称(一)	
所需技术简述	
合作的目的(可多选)	□ 产品或技术升级 □ 降低生产成本 □ 开发新产品 □ 提高产品质量 □ 节能降耗 □ 其他(请注明)
项目所属技术领域	□ 信息技术 □ 电子电气 □ 仪器仪表 □ 家用电器 □ 机械五金 □ 汽车工业 □ 生物医药 □ 能源技术 □ 环境保护 □安全防护 □ 食品工业 □ 农林牧渔 □ 纺织皮革 □包装印刷 □ 照明行业 □ 新材料 □ 化工 □ 其他(请注明)
引进技术成熟度要求	□ 实验室技术 □ 中试阶段技术 □ 直接产业化技术
期望合作方式	□ 合作开发 □ 委托开发 □ 技术受让 □ 共建研发中心
合作项目拟投入的资金规模	□ 100 万元以下 □ 100 万～500 万元 □ 500 万～1 000 万元 □ 1 000 万～5 000 万元 □ 5 000 万元以上

3.3.3 校企合作联盟成员企业的遴选机制[1]

1. 校企合作联盟成员企业的遴选

校企合作联盟成员企业的遴选一般包括以下三个方面：

第一,遴选联盟成员企业的主体。这是指由谁来推荐潜在成员企业、批准吸收进入联盟。前者是指参与发起成立联盟的常务理事单位,如政府行业如江苏省农业委员会、江苏省畜牧兽医局,行业协会如江苏省畜牧兽医学会,高等职业院校如江苏畜牧兽医职业技术学院,参与发起成立联盟的成员企业如江苏高邮鸭集团;后者是指江苏现代畜牧业校企合作联盟理事会常务理事会。

第二,遴选联盟成员企业的方式。目前世界上最有代表性的入盟成员遴选方式主要有申请并经批准后加入、申请并交费后批准加入、申请并签订协议加入。江苏现代畜牧业校企合作联盟遴选联盟成员企业的方式主要是企业申请并经联盟常务理事会批准后加入。

第三,遴选联盟成员企业的程序。江苏现代畜牧业校企合作联盟遴选联盟成员企业的程序是:①提交加入联盟的申请书;②经常务理事会讨论通过;③颁发理事会成员证书。江苏畜牧兽医职业技术学院的校企合作办公室在收集了有合作意愿的企业信息后,需"对企业进行评价"[2],评估合作的层次。成员企业在取得联盟成员资格后,根据校企双方合作需求,与江苏畜牧兽医职业技术学院签订合作协议。

2. 校企合作联盟成员企业的遴选机制

校企合作联盟成员企业的遴选机制是指校企合作联盟成员企业遴选的过程和方式。一般

1 杭瑞友,葛竹兴,俞彤. 校企合作联盟成员企业的遴选机制[J]. 兰州教育学院学报,2012(10).

2 涂家海. 高等职业院校深度校企合作企业的选择[J]. 襄樊职业技术学院学报,2011(10):17-18.

包括推荐机制、考核机制和退出机制，其原理如图 3-4 所示。

一是联盟成员企业的推荐机制。组建校企合作联盟的发起方包括高等职业院校、政府行业、行业协会、发起企业，根据教育价值认同的策略，推荐潜在成员企业加入联盟。不排斥潜在成员企业主动申请加入。

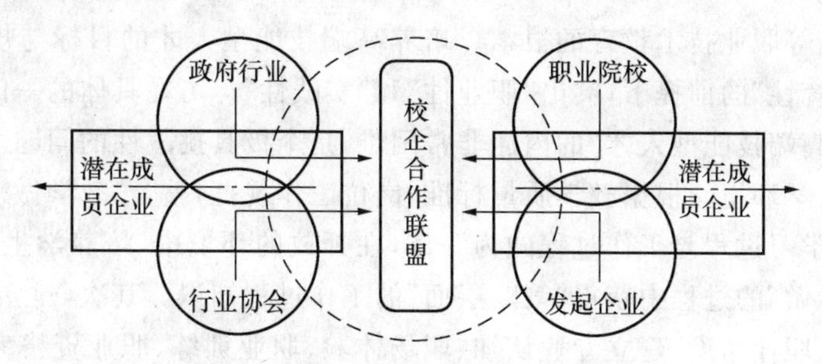

图 3-4 校企合作联盟成员企业遴选机制

二是联盟成员企业的考核机制。有约束才有规范，有规范才能有促进。为保证校企合作联盟的健康发展，江苏现代畜牧业校企合作联盟理事会章程通过明确成员企业的职责、权利和义务，从学院为企业服务、领导作用、工作规划、管理机构、基地建设、运行机制、工学交替规范、顶岗实习管理规范、教师培养、学生就业等方面考核成员企业校企合作的成效。

三是联盟成员企业的退出机制。江苏现代畜牧业校企合作联盟理事会章程规定，成员企业退出联盟，应向联盟理事会秘书处提出申请，经联盟常务理事会协商同意，办理有关手续后退出。联盟成员企业的退出一般有三种情况：一是合作协议到期，双方都没有继续合作的意愿，自动退出；二是学校或企业的合作需求提升，对方无法满足需求，协商退出；三是合作的效果无法达到预期，中断退出。

动态中不断优化的结构才具有平衡性、稳定性和长效性。随着校企合作的深入，只有动态优化校企合作联盟的成员企业，才能不断适应校企合作培养高端技能型专门人才的需求，也才能实现成立校企合作联盟的目标，更好地服务地方经济发展。

3.4 制定校企合作行为规范

所谓规范，是指约定或规定的标准、准则、尺度、模式。没有规矩不成方圆，没有规范就没有秩序。如果规范、标准缺失，不仅会冲击正常的校企合作秩序，使合作参与方无所适从，乱了分寸，还会影响到校企合作的质量与发展。因此，需要将校企合作行为纳入规则、标准。行为规范一般比较具体，具有较强的操作性。它通常为人们的行为设定三种模式：可以行为、应该行为和禁止行为。规范是示范的前提。通过权利义务关系将某项制度固定下来，使其具体化、明确化，便于人们遵守和执行就是规范化。

3.4.1 明确校企合作原则

1. 资源共享原则

职业教育离开企业的参与不能成其为真正意义上的职业教育。资源共享是实现校企深度、密切合作的条件。职业教育的资源从拥有者角度看，一般包括政府资源、行业资源、企业资源、学校资源和社会资源等；从资源内容看，一般有人力资源、物力资源、财力资源、管理资源等。只有校企资源共享，才能从根本上实现实训教学环境、设施和手段的真实性，学生角色（学生—学徒)的双重性，实训实习教师的双师性(教师—技师)，教育经费(企业培训经费—政府投入经费)的互利性，管理制度(教育管理制度—企业管理制度)的保障性，管理信息(学校教学活动信息—企业生产活动信息)的互通性，才能保证校企深度合作的顺利开展。

2. 实践育人原则

实践育人是高等职业技术教育的根本。培养高端技能型人才的目标与规格定位，要求教学活动在具备“教育性”的前提下，突出“职业性”和“实践性”。可在具体的一门课程、一项教学活动中如何把握“高端技能型人才”的内涵非常困难，是个极具挑战性的问题。首先，需要营造一个开放的实践教学环境。根据教学质量标准、岗位工作规范，整合“教学做一体化”的实践教学资源，将学生的学习过程与工作过程融为一体，在开放的环境中，培养学生创造性解决问题的能力，让学生在“做”的过程中获得“策略层面”的工作过程知识。其次，建立一个整体优化的实践教学系统。从职业角度，建立专业认知、职场体验、职业训练、职业资格考试、职业素质养成的职业成长子系统；从岗位角度，建立知岗、随岗、辅岗、跟岗到顶岗的岗位工作发展子系统；从能力角度，建立基本技能、专业技能、职业能力、关键能力的综合职业能力发展子系统；从评价角度，建立校内评价、校外评价和校内外结合评价的教学质量评价子系统。最后，配备德技双馨的“双师素质”教学团队。不仅仅是学校教师，而且企业技师都要具备帮助学生“学会学习”与“学会工作”，帮助学生全面发展，还要求双师“学会教学”，自身获得进一步发展。

3. 互利共赢原则

学校与企业分属两个不同的社会领域，是不同“质”的社会成员，是两个完全不同的任务系统，从近期利益和合作表层看是“从事教学活动”与“从事生产经营活动”、“人才培养”与“实现利润”的不相关的社会成员。但学校培养人才是为企业服务的，企业是学校的“直接用户”，存在着“天然”的内在关联。合作是受利益驱动的。校企合作是职业院校与企业之间的资源交换，从某种意义上说是一种商业行为，要按照市场运作的方式洽谈项目、制定规则、明确双方的责任与权利。互利共赢是校企合作的基本保障。利益相关者理论告诉我们，合作与发展的最好路径是考虑其所有重要的利益相关者的利益并尽可能满足他们的要求。因此，学校欲扩大与企业合作规模，拓展合作深度，延长合作时间，实现学校、企业与学生的共赢，必须找准“利益共同点”，建立“互利共赢”的长效合作机制。

4. 价值认同原则

从根本上来说，校企合作关系是学校与企业之间技术推广与技术应用、人才培养与人才聘用的供需关系，客观上存在“交集”。这一现实需求为校企合作打开了“上帝之门”。但企业处于不同发展阶段，其合作的动机、规模、程度、竞争地位、时效、内容等方面有所区别。校企合作关系从发展程度来说总是由浅入深，由单一走向全面，由短期迈向长期，校企双方在交往中对合作价值的认可、共享、追求，实现新的合作价值的定位与定向，形成共同的价值观，进入“自觉接受、自愿遵循与服膺”的合作境界。因此，校企之间进入深度合作的标志是基于价值认同，共建校企合作示范区内载体式的“教育价值共同体”。

3.4.2 成立校企合作组织

从广义上说，组织是指由诸多要素按照一定方式相互联系起来的系统。从狭义上说，组织就是指人们为实现一定的目标，互相协作结合而成的集体或团体，如党团组织、工会组织、企业、军事组织等。在现代社会生活中，组织是人们按照一定的目的、任务和形式编织起来的社会集团，组织不仅是社会的细胞、社会的基本单元，而且可以说是社会的基础。组织一般由协作的意愿、共同的目标、一定的人群、相应的系统结构、明确的活动规则和信息沟通机制等要素组成。教育价值共同体是具有教育价值认同的校企双方为培养人才、技术进步、文化传承、服务社会等而组建的校企合作组织。建立精简高效的校企合作组织，对提高教育质量，充分发挥教育价值共同体的职能至关重要。

1. 校企合作组织的主要功能

按照中国社会科学院语言研究所词典编辑室编的《现代汉语词典》(2002年整补本)的解释，“功能”是指事物或方法所发挥的有利的作用；“效能”，重在强调对外产生的效用，是一种“实然”的效能。校企合作组织作为非营利性组织，承担着确定成员位置、传输教育价值、组织教学活动、沟通合作信息、评价合作成效等功能。

(1)确定成员位置。组织是一个整体，每个成员都是整体中不可或缺的一部分，但组织不是每个成员的简单集合，它是通过分工、建立职权关系把成员组织在一起的。每个成员只有正确认识自己在组织中的位置、权力、义务和责任，特别是高等职业院校要摆正自己的位置，明确自己应承担和实施的工作，才能协调配合，有效完成各自任务。

(2)沟通合作信息。信息是校企合作运转和维系相互关系的基本条件。在信息社会中，信息传递得正确、沟通得及时是工作成功的基本条件之一。组织有严密的结构、严谨的行为规范和行之有效的沟通手段，在内部及内部与外部之间形成良好的沟通渠道，才能实现校企之间信息畅通。校企合作组织必须了解合作各方的需求与愿望、合作过程中的矛盾与冲突，保持合作信息顺利沟通。

(3)组织教学活动。组织教学活动是校企合作组织的共同的活动规则。校企合作组织应根据教育教学规律、职业成长规律、企业生产规律，合理地安排受教者(学生)、施教者(教师)、教学目的、教学内容、教学方法、教学环境等教学活动要素，才能实现教学目标，培养出企业需要的人。

(4)传输教育价值。校企合作载体本质上是教育价值共同体。教育是一种将理想的社会价值、知识技能、态度与社会价值观传输给他人的机制。在传输教育价值时，民主化的育人环境，才能充分发挥个人的潜能；多元化的育人主体，才能发展办学特色；全面性的参与机制，才能集思广益，发展共同价值。

(5)评价合作成效。校企合作是否成功，需要有评价的标准。绩效评价可以从合作价值导向出发建立指标评价体系，主要内容包括社会服务指标如环境保护、产业升级、新技术推广、公益事业的投入等，人才培养指标如学生成功人数、就业率、就业的专业对口率、就业薪酬、学生持续发展能力等，企业发展指标如企业技术进步、工作环境改善、工作制度优化、接受学生实习数量与质量、校企合作课程、技术创新项目课程等，学校发展指标如人才培养方案的持续改进、教师教学能力提升、合作开发课程的数量与质量、合作申请专利的数量等。

2. 校企合作组织设计的基本步骤

组织设计通常可分为以下几个步骤：

第一，工作划分。根据目标一致和效率优先的原则，把达成组织目标的总任务划分为一系列各不相同又互相联系的具体工作任务。

第二，建立部门。把相近的工作归为一类，在每一类工作之上建立相应部门。这样，在组织内根据工作分工建立了职能各异的组织部门，如在校中厂中设置教学部、生产部、学生管理部、科技开发部等。

第三,决定管理跨度。所谓管理跨度,就是一个上级直接指挥的下级数目。应该根据人员素质和能力,工作的内容、性质与复杂程度,下属人员的空间分布情况,工作条件,授权的程度和性质,工作环境等合理地决定管理跨度,相应地也就决定了管理层次和职权、职责的范围。

第四,确定职权关系。授予各级管理者完成任务所必需的职务、责任和权力。从而确定组织成员间的职权关系:①上下级间的职权关系——纵向职权关系:上下级间权力和责任的分配,关键在于授权程度。②直线部门与参谋部门之间的职权关系——横向职权关系:直线职权是一种等级式的职权,直线管理人员具有决策权与指挥权,可以向下级发布命令,下级必须执行。如企业总经理对分公司经理,学校校长对系主任。而参谋职权是一种顾问性质的职权,其作用主要是协助直线职权去完成组织目标。参谋人员一般具有专业知识,可以就自己职责范围内的事情向直线管理人员提出各种建议,但没有越过直线管理人员去命令下级的权力。

第五,通过组织运行不断修改和完善组织结构。组织设计不是一蹴而就的,是一个动态的不断修改和完善的过程。在组织运行中,必然暴露出许多矛盾和问题,也会获得某些有益的经验,这一切都应作为反馈信息,促使领导者重新审视原有的组织设计,酌情进行相应的修改,使其日臻完善。

3. 校企合作组织的架构

教育价值共同体作为校企合作培养人才为主的载体或平台,需要利益相关方共同制定独立的校企合作章程,并根据章程规定配备组织架构,即决策机构、执行机构和操作机构。

决策机构,主要是在学院层面设置多方参与的校企合作联盟理事会等类似管理决策机构,主要对办学定位、战略规划、人才培养、办学经费、合作成效等重大问题进行审议、决策与指导。一般的决策机构形式主要有:①董事会,下设董事长、副董事长、董事;②校务委员会,下设主席、委员;③理事会,下设理事长、副理事长、理事;④校企合作委员会,下设主任、委员。

执行机构,主要是在学校和企业分别组建行政领导班子,组织、指导、协调二级院系、企业人力资源部、生产部开展校企合作的工学交替、顶岗实习、项目开发等工作。一般的执行机构形式主要有:①校企合作办公室,下设主任、副主任;②校企合作执行委员会,下设主任、副主任;③校企合作服务中心,下设主任、副主任。校企合作执行机构的职责见表3-8。

表3-8 校企合作执行机构的职责

职责	工作内容
调查研究	组织校内相关人员对企业、行业协会等单位进行调研,组织有合作意愿的企业、行业等的有关人士进校参观座谈。对经济技术发展引起的用人需求及标准的变化的信息要及时掌握,并向相关院系通报
协助制订战略	协助学院领导制定校企合作的战略规划
统筹安排	组织统筹全校的校企合作项目,向院长提出全院校企合作战略的草案,策划全院的校企合作活动,制订校企合作管理办法,指导全院校企合作的设计与实施,针对学院的专业与实际情况,起草校企合作协议,引进合作企业

续表 3-8

职责	工作内容
组织活动	组织校企合作项目的签约、挂牌仪式，包括一年一度的产、学、研合作大会与相应的校企合作活动
提供合作模板	提供校企合作的协议模板，撰写、完善校企合作的管理文件，完善各类校企合作制度
联系与维系	主动与政府相关部门联系，与行业协会、商会、企业相关部门联系，向其推介学校，表达合作意愿。对与学校合作的政府与行业协会等相关部门、商会、企业进行平时的关系维护，及时向相关二级院系与专业通报企业行业信息，组织校企合作协议的签署仪式，组织实习基地的挂牌仪式
项目评估	要评估校企合作项目对学校人才培养、科研开发、社会服务等方面的作用、效益、正面与负面的作用、项目的可行性等，也要评估项目对企业的正面与负面作用，组织专家对项目进行评审
谈判与审核	参与校企合作项目的谈判，审核校企合作协议
检查与监督实施过程	检查、监督校企合作项目的实施，制止违规行为。组织校企合作项目的检查与绩效评价，及时提出校企合作项目实施过程中的问题，了解项目进展缓慢的原因，对实施不力的项目提出警告，撤销无实施或绩效评价差的项目以及协议合作到期项目
总结与监控	提供校企合作案例，总结校企合作经验，为兄弟院校作出示范。对实施项目的结果进行奖惩，总结校企合作的经验与教训，推广优秀项目的经验，批评实施不力的项目，监控校企合作中的腐败行为
统计与协调	统计各类校企合作项目，及时填报数据。协调企业与学校各相关部门的关系，落实进驻学校的企业需要的相关场地、水电、网络等资源。负责组织跨专业的无界化校企合作项目的实施，对所有的校企合作项目进行备案并及时填报，反映在信息平台上
绩效评价	对校企合作项目进行绩效评价

操作机构，主要是在各二级院系、分厂、车间分别组建具体的操作机构，按照双岗双职的形式配置管理人员，负责具体运行工学结合的事项。一般的操作机构形式主要有：①专业指导委员会，下设主任、委员；②企业评教评学委员会，下设主任、委员；③专业建设委员会，下设主任、委员；④合作二级学院，设院长、副院长，必要时设名誉院长。企业人员在学校可以担任的角色分析见表 3-9。

表 3-9　合作企业人员在学校担任角色分析

角色	工作内容
系副主任	对某些系，可直接聘请具有资质与经验的企业人员担任系副主任，对系部的建设与管理负有责任
专业指导委员会委员	对专业人才培养方案、教学计划提出修改意见，提出专业人才培养标准，对岗位能力进行分析并与课程关联，为提高就业竞争力提出建议
专业带头人	对专业建设的各项工作提出建设性的意见和建议

续表 3-9

角色	工作内容
教学督导	对教学质量进行督导，对教学管理提出建议
教研室副主任	对某些专业教研室，可直接聘请具有资质与经验的企业人员担任教研室副主任，对专业教研室建设负有责任
兼职教师	承担理论课程、实践课程及教学做一体化课程的教学任务
课程设计参与者	结合企业实际设计专业课程，包括普通专业课程、实验实训课程、网络课程、精品课程等
教材编写参与者	结合企业实际编写专业教材，包括普通专业教材、音像教材、多媒体教材等
课件制作者	制作多媒体课件、教学软件等
教具设计者	对学校现有的教具进行改造，结合企业实际设计制造符合生产实际要求并满足教学要求的教具
实验实训环境设计者	对目前学校现有的实验实训仪器、设备、环境提出意见，结合企业要求设计符合生产实际并能满足教学实验与实训要求的实验实训场所
学生职业道德导师	按对大学生思想品德的要求，结合企业价值观对学生进行思想品德教育、职业操守教育
职业资格考评员	担任对学生与教师进行职业资格培训与考评的任务
科研项目参与者	校企一道申报科研项目，发挥企业的优势，共同参与科技研发，共同申报专利
职业生涯规划导师	与校方一道辅导学生进行职业生涯设计，使之更符合实际
制度设计者	结合企业文化的需求，设计出与企业（或仿真企业）文化相关，同时融入学校文化的制度

3.4.3 创新校企合作制度设计

制度是指规约个人行为或政府机构、社会组织运行的正式的成文的规则体系。制度化应是一个不断把对个人行为和对政府机构、社会组织运行的要求纳入正式的成文的规则体系的系统工程和动态过程。校企合作制度是职业教育的本质要求，是职业教育成功的根本所在。情境主义教学观认为，真正的学习发生于参与实践的过程，获得知识是为增强参与实践的能力，经过实践学习，学生逐渐增强了参与和归属多个实践团体的“合法性”，由边缘深入内核，最终成为一个能独立工作的实践者。因此，一方面，为了保证企业获得所需要的人，企业需要参与到职业教育活动中；另一方面，为了培养企业需要的人，职业学校必然要求企业参与到职业教育活动中。这样，职业教育就具备了在职业院校和企业两个场所实施的“需求前提”[1]。而职业教育活动是个复杂的系统，需要遵循校企合作原则的基础上，主动适应企业人才实际需求，创新三个方面的制度设计，建立符合实际的人才培养标准，交替运行教育教学活动与生产经营活动，才能保证实践育人活动的有序运行。

1 张健. 校企合作制度建设若干问题的探讨[J]. 职教通讯，2011(7)：11-14.

1. 校企合作决策机构的管理制度设计

校企合作决策机构是对校企合作项目的发展定位、专业设置、资金的投入和使用、合作项目运行等重大问题进行决策、咨询、引导、协调、规范、监督的跨越组织边界的中介组织。成立校企合作中介机构或组织进行管理和协调，是职业教育发达国家的宝贵经验。其决策理念、制度制订与运行、行为监督等关系着社会责任、教育质量，代表着政府、行业、企业、学校、学生及学生家长的意志和利益。因此，校企合作决策机构的管理制度设计应该是一个动态的相互调适的过程，是相关利益方面力量相互讨价还价的结果。根据校企合作决策机构的职能，建议修订与完善《校企合作联盟章程》等制度。校企合作决策机构的管理制度名称及主要内容，见表3-10。

表 3-10 校企合作决策机构的制度

序号	校企合作管理制度名称	校企合作管理制度主要内容
1	校企合作联盟章程	规范校企合作参与方的责权利
2	校企合作联盟会议制度	规范校企合作联盟理事会、常务理事会、专题会议的召开、决议、落实，研究校企合作的发展规和存在问题，搭建合作平台，组织校企合作论等事项
3	校企合作联盟财务管理办法	规范联盟资金的来源、运用、报告、审查等事项
4	校企合作项目管理办法	规范校企合作项目的遴选、推荐、组织实施、监督检查、效果评价与激励等事项
5	校企合作信息平台运行管理办法	规范校企合作网站建设、信息发布、响应机制等事项

2. 校企合作执行机构的管理制度设计

这里的校企合作执行机构仅讨论企业与学校两个合作主体的校企合作管理制度改革。由于学校和企业的任务目标不同，靠他们自身来协调双方的利益和合作过程中出现的问题是难以实现的。校企合作在具体实施过程中的问题需由规范化的制度来约束，需校企双方合作建立一套有效的校企合作管理制度。

(1)学校内部的校企合作管理制度设计。校企合作的院校制度是以组织系统为基础，能够整体运作校企合作宏观管理的一系列制度安排，包括在学校章程、发展规划、办学条例等制度文件中确定校企合作在学校办学中的地位，规定校企合作在学校决策系统、管理系统中的组织形式、功能与运行机制。职业院校必须充分认识校企合作在院校发展中的战略地位和作用，从院校制度的高度对校企合作组织设计作出制度安排，完善法人治理结构，制定校企合作的院校章程、发展规划、组织建设，通过制度设计使校企合作成为院校发展战略，保障企业的合理价值诉求与有效资源顺畅进入院校，并得到最大限度的实现和利用，形成校企合作的“关键动力”[1]。根据校企合作办学的职能，建议修订与完善《学校章程》等制度。制度名称及主要内容见表3-11。

1 张鸿雁. 将校企合作写入院校制度[N]. 中国教育报(职教周刊)，2012-06-13：05.

表 3-11 学校内部的校企合作管理制度

序号	校企合作管理制度名称	校企合作管理制度主要内容
1	学校章程	规范校企合作的办学地位、决策系统、运行机制等事项
2	学校“十二五”发展规划	规范校企合作的任务、措施与保障
3	校企合作办公室设置方案	规范校企合作的具体协调部门设置与职责
4	校企合作人事分配制度	规范校企合作教师引进与培养、课时与津贴、职称与职务等激励措施
5	校企合作教学管理办法	规范校企合作培养人才的教学活动全过程
6	校企合作学生管理办法	规范校企合作运行中学生思想、活动、心理、组织、招生与就业等方面事项
7	校企合作后勤管理办法	规范校企合作运行中学生的安全、生活、交通等事项

(2)企业内部的校企合作管理制度设计。在科学技术飞速发展的信息化时代,前沿科技应用于生产过程时直接跨越了劳动力这个环节,也就是说,需要绝大多数劳动者了解和掌握的先进科学技术,直接进入生产过程,结果是在企业设备和技术都有了,但与之相适应的劳动者却严重不足,凸现出了劳动者在知识和技能方面的欠缺。如果企业并不关心职业技术教育的走向、不参与职业技术教育,那么,职业技术教育脱离社会生产力的状况就得不到改善,仍然会被先进的科学技术拖着走,而不是职业技术教育推动社会生产力的发展。学校教育如果始终落后于科学技术的应用,那其功能就会大打折扣。企业与学校合作不只是降低企业对员工再教育的成本,更主要的是能选到合适的员工。而制度建设是校企合作成功的关键,根据校企合作办学的职能,建议修订与完善《公司章程》等制度。企业内部的校企合作管理制度名称及主要内容见表 3-12。

表 3-12 企业内部的校企合作管理制度

序号	校企合作管理制度名称	校企合作管理制度主要内容
1	公司章程	规范校企合作参与方的责权利、实习管理、学生选用
2	校企合作订单班组建管理办法	规范校企合作订单班招生、组建、公司派专人与学校联系、定期会议、参与管理、奖助学金的设立、工学交替课程管理、顶岗实习管理、后勤生活管理、企业培训、岗位技能考核、转岗管理、招聘等事项
3	校企合作的企业导师管理办法	规范校企合作的企业导师的遴选、培训、考核等事项
4	校企合作工学交替课程管理办法	规范体验性、工学交替性及顶岗实习课程的安排、实施及考核等事项
5	校企合作项目管理办法	规范校企合作项目的遴选、推荐、组织实施、监督检查与效果评价等事项
6	校企合作信息平台运行管理办法	规范校企合作网站建设、信息发布、响应机制等事项
7	校企合作专项经费管理办法	规范学校、企业投入的校企合作专项资金管理办法

(3)校企合作操作机构的运行制度设计。校企合作的操作机构是指学校的二级院系与企业的人力资源部合作,组建的校中厂、厂中校、企业技师工作站、教师工作站等。由于校企双方在组织文化氛围、价值观、管理体制、工作方式等方面存在着较大差异,学校和企业之间"天然地存在着组织边界"[1]。所以,跨越组织边界,制订校企合作操作机构的有效运行制度,才能实现双方组织边界的有效融通。根据校企合作操作机构的职能,建议制订与完善《校中厂运行管理办法》等制度。校企合作操作机构的运行制度名称及主要内容见表 3-13。

表 3-13 校企合作操作机构的运行制度

序号	校企合作运行制度名称	校企合作运行制度主要内容
1	校企合作订单班运行管理办法	规范校企合作订单班招生、组建、公司派专人与学校联系、定期会议、参与管理、奖助学金的设立、工学交替课程管理、顶岗实习管理、后勤生活管理、企业培训、岗位技能考核、转岗管理、招聘等事项
2	校企合作"校中厂"运行管理办法	规范校中厂的生产、教学、科研、营销、财务、人事、生活、绩效评价等事项的管理
3	校企合作"厂中校"运行管理办法	规范厂中校的学生教学、科研、岗位工作、生活、绩效评价等事项的运行管理
4	校企合作"教师工作站"运行管理办法	规范教师工作站的组建、教学项目、科研项目、绩效评价等事项的管理
5	校企合作"技师工作站"运行管理办法	规范技师工作站的组建、教学项目、科研项目、绩效评价等事项的管理

3.4.4 校企合作运行程序

学校的校企合作办公室工作人员在获得企业的合作意向后,多种途径收集合作企业的信息,充分了解、分析双方的合作资源差异、合作过程中可能出现的障碍,如上市公司的资金投入校企合作困难问题,学生到企业实习是否有专门机构管理、专业师傅传授问题,通过相对规范化运行,就能取得多方比较满意的结果。

1. 双方洽谈的主要内容

主要包括校企合作的模式或形式;合作办学目的与动机;企业愿意并能够投入的合作资源,包括技师、场地、房产、资金、设备、仪器、软件、耗材等;合作办学层次;合作办学机构组成,如成立校中厂的理事会、教师工作站的站长和副站长、人力资源部中专职管理顶岗实习的人员;企业人才培养标准与学校人才培养标准的协调,学校教学计划与企业生产计划的衔接问题;合作订单班的专业与招生,合作的学生年级与数量,参与班级过程管理;学生体验性课程、工学交替课程、顶岗实习与就业的落实问题;双方联络人员、学校教师与企业技师的安排;学校可提供的场地与教学行政用房,可建校中厂的场地与用房,包括面积、位置、交通、办公与设备安排、功能、具体人员安排等;企业可提供的教学与实训场地与用房,可建厂中校的场地及具体的安排。学生在企业食宿安排;联合科研团队组成、技术服务项目选择、创新型项目课程的开

[1] 王振洪,王亚南.高等职业教育校企合作双方冲突的有效管理[J].高等教育研究,2011(7).

设;校企合作对学生的岗位工作能力、专业技能的考核与评价;校企双方能从合作中获得的收益分析;明确双方的权利与义务、合作过程中发生的费用承担问题、合作时间;合作过程产生分歧的沟通与解决办法,出现重大问题时的法律救助措施。

2. 达成与签订协议

主要包括:由具体承办部门与企业合作起草协议;协议经校企合作办公室审查;涉及财务方面的条款包括投资、收益等内容,要经财务处、审计处审查;涉及招生计划的条款,如现代学徒制班,要经过招生办公室审查;视合作的具体情况,企业准捐赠的设备、仪器或软件要请评估公司评价其价值;根据具体合作形式,明确提供的基本合作条件,如引进企业进驻后,合作组建"校中厂",学校所提供的水、电、网络、电话等资源的容量配置能否满足企业要求。如果不能,要考虑增容,增容的资金可由双方商定;由校企合作办公室主持协议签定仪式,双方签订协议。校企合作协议样本,见附录1-10。

3. 履行协议

主要包括:做好充分的沟通,协议要交由相关部门备案,取得相关部门的支持;成立工作机构;制订运行管理制度;双向聘请企业技师、学校教师;安排具体教学活动、培训活动、技术服务活动;定期召开会议,研讨并解决合作过程中出现的问题,特别是资金与费用问题。

4. 校企合作绩效评价与总结

在校企合作实施之后,提交校企合作总结报告,进行绩效评价。学校根据不同的合作层次评选出"××年度校企合作优秀企业"、"××年度校企合作优秀人员"。当然,企业也可设计评价标准,"××年度校企合作优秀学校"、"××年度校企合作优秀人员"。以学生的综合职业能力培养和就业质量为导向,设计校企合作绩效评价标准见表3-14。

表3-14 校企合作绩效评价标准

企业名称________________ ________年度

<table>
<tr><th>一级指标</th><th>二级指标</th><th>三级指标</th><th>计算过程</th></tr>
<tr><td rowspan="6">合作办学
($U_1=15\%$)</td><td rowspan="2">师资队伍
($V_1=35\%$)</td><td>企业安排的指导教师占实习学生比例(%)($W_1=70$)</td><td></td></tr>
<tr><td>企业安排的技师人数占技师工作站总人数比例(%)($W_2=30$)</td><td></td></tr>
<tr><td rowspan="2">经费投入
($V_2=25\%$)</td><td>企业提供的建设资金、科研资金、奖教金、奖学金、助学金占所有企业提供资金总额的比例(%)($W_3=60$)</td><td></td></tr>
<tr><td>企业捐赠的设备与软件占学校接受捐赠总额的比例(%)($W_4=40$)</td><td></td></tr>
<tr><td rowspan="2">平台运行
($V_3=40\%$)</td><td>企业实际使用的实训基地个数占学校实训基地总数的比例(%)($W_5=60$)</td><td></td></tr>
<tr><td>企业进入教师工作站人数占教师工作站总人数的比例(%)($W_6=40$)</td><td></td></tr>
</table>

续表 3-14

一级指标	二级指标	三级指标	计算过程
合作育人（$U_2=40\%$）	专业建设（$V_4=30\%$）	企业吸纳校企合作的专业数占学院专业总数的比例(%)($W_7=20$)	
		企业接受生产性实训学生人时数占专业生产性实训总数的比例(%)($W_8=30$)	
		企业接受顶岗实习学生人时数占专业顶岗实习人时总数的比例(%)($W_9=30$)	
		企业当年保有的订单班人数占专业订单班人数的比例(%)($W_{10}=20$)	
	课程改革（$V_5=20\%$）	企业参与开发课程门数占全院校企合作开发课程总数比例(%)($W_{11}=40$)	
		企业参与评价课程质量门数占全院校企合作评价课程质量总数比例(%)($W_{12}=60$)	
	教材建设（$V_6=20\%$）	企业参与开发教材数占全院校企合作开发教材总数的比例(%)($W_{13}=40$)	
		企业吸收学校开发顶岗实习指导书门数占全院顶岗实习指导书总数的比例(%)($W_{14}=60$)	
	技能培养（$V_7=30\%$）	企业参与职业技能培训、鉴定的人时数占全院总人时数的比例(%)($W_{15}=100$)	
合作就业（$U_3=30\%$）	就业人数（$V_8=30\%$）	企业接受学生就业人数占接受顶岗实习人数比例(%)($W_{16}=100$)	
	就业质量（$V_9=40\%$）	企业发放给学生的前6个月工资平均数(含五金)与学院总平均数的比例(%)($W_{17}=40$)	
		企业接受学生就业岗位与专业培养的就业岗位相近度(%)($W_{18}=60$)	
	职业稳定（$V_{10}=30\%$）	学生就业半年内的在职人数占接受就业人数的比例(%)($W_{19}=100$)	
合作发展（$U_4=15\%$）	合作研发（$V_{11}=40\%$）	企业当年投入横向科研课题经费占全院横向科研课题经费总数的比例(%)($W_{20}=60$)	
		校企合作获奖数量与质量(省级系数为1,国家级为3)占全院获奖总数的比例(%)($W_{21}=40$)	

续表 3-14

一级指标	二级指标	三级指标	计算过程
合作发展（U_4＝15％）	合作培训（V_{12}＝30％）	企业员工接受培训的人时数占全院培训人时总数的比例（％）（W_{22}＝35）	
		学校教师参与企业员工技能培训取证人数占全院该类活动总数比例（％）（W_{23}＝30）	
		企业当年接受青年教师锻炼人时数占全院派出青年教师锻炼人时总数比例（％）（W_{24}＝35）	
	校企互动（V_{13}＝30％）	企业正式参与与学生对话的次数占全院举办对话总次数的比例（％）（W_{25}＝15）	
		企业开设讲座、参与论坛（学术会议）、毕业教育的次数占全院举办该类活动总次数的比例（％）（W_{26}＝15）	
		企业接受学校到举办联谊活动、文体活动、专场报告会的次数占全院该类活动总次数的比例（％）（W_{27}＝10）	
		企业参与学校庆典、校园招聘会的次数占全院该类活动总次数的比例（％）（W_{28}＝30）	
		企业文化在学校宣传、参与建设的次数占全院该类活动总次数的比例（％）（W_{29}＝10）	
		企业邀请学校并实际参与商会活动的次数占全院该类活动次数的比例（％）（W_{30}＝10）	
		校企联合展示合作成果、媒体报道的次数占学院该类活动总次数的比例（％）（W_{31}＝10）	
合计＝100％			

“校企合作绩效评价标准”使用方法：①根据院校的不同专业之间、校企合作处于不同阶段对“合作办学、合作育人、合作就业、合作发展”四个维度的取值应该有所区分，如处于深度合作阶段，则合作就业与合作发展的取值应较高。②在运用二级指标、三级指标时，各学校根据自己的特色可以增加或减少项目，并且取值也可相应变化。

5. 结束合作

按协议规定，合作期限到，终止合作。若还有继续合作的意向，可继续签订合作协议。

3.4.5 建立校企合作教学质量保障体系

“以质量求生存”是每一所高等职业院校的必然选择。实施校企合作教学质量监控和评价的根本目的是实现高等职业教育办学水平与特色形成的有机统一。《国家中长期教育改革和发展规划纲要（2010—2020 年）》中指出，提高质量是高等教育发展的核心任务，是建设高等教育强国的基本要求。政府要切实履行发展职业教育的职责，建立健全职业教育质量保障体系，着力培养学生的职业道德、职业技能和就业创业能力。

高等职业教育教学质量保障体系是负责实施高等职业教学质量保障的一个有机系统，根据既定的质量标准,对高等职业教学活动及其教学效果进行价值判断,实施高等职业教学质量监控,在高等职业教学质量评价的基础上采取一定的校正措施,防止不合格"产品"进入人才市场。它通过一定的组织结构,按照各自承担的责任,将相关的人员组织在一起,共同履行高等职业教学质量的任务,可以分为外部质量保障系统和内部质量保障系统。对内形成一个有布置、有执行、有检查、有反馈、有总结的相对封闭、循环往复的回路;对外是一个开发系统,将输入该系统的信息流和资源流进行系统地转化,使之变成有效的保障措施,最大限度地发挥投入该系统的人力、物力、财力的作用。

江苏畜牧兽医职业技术学院按照"三业互融、行校联动"工学结合人才培养模式改革的要求,借鉴 ISO 9000 质量管理的理念,在原有组织与研究系统、资源系统、教学运行与管理系统、监控系统、评价系统、反馈与修正系统组成的教学质量保障体系基础上,设计校企合作、工学结合背景下的"双线管理、多元评价"教学质量保障体系,见图 3-5。

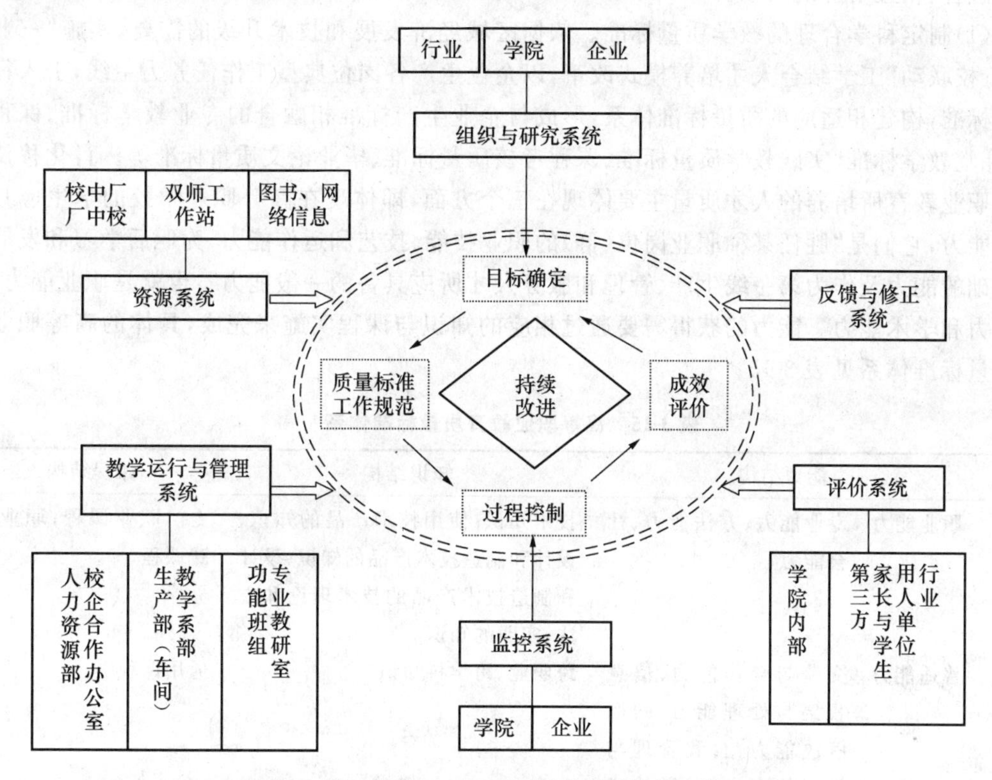

图 3-5 "双线管理、多元评价"教学质量保障体系

1. 组建"双主体"的组织与研究系统

在新的办学理念指导下,重新组建企业和学院共同参与的"双主体"组织与研究系统,成立教学质量保障组织机构和研究机构。组织机构是指挥和维护教学质量保障体系运行的核心;研究机构则通过高等职业教育动态研究、企业调研、人力资源市场调研等,完成办学定位、专业定位、人才培养目标定位等,为校企合作示范区人才培养指明方向、确定目标。

2. 校企共建,为合作办学提供良好的教学资源保障

(1)共建"校中厂"、"厂中校",为教学提供物质保障。工学结合模式下的教学资源从产权上可分为校内资源和校外资源;从用途上可分为教学资源和生产资源。因此,教学资源建设要

同时满足人才培养和企业生产两方面的需要，明确实训实习资源、图书资源、网络信息化教育资源等资源标准，科学配置、加强管理，制定资源配置标准及办法，严格落实。

(2)共建“教师工作站”和“技师工作站”，为实践教学提供人力保障。组建企业技师为主体的“技师工作站”和学院教师为主体的“教师工作站”，培养教师的实践能力和企业人员的教学能力，打造一支高双师素质的师资队伍。

3. 实施“双线管理、层层对应”的实践教学运行与管理系统

校企合作示范区内的学生具有“学生”和“企业员工”的双重身份，给实践教学提出了学校和企业的“双线管理”要求。实践教学的运行要求各类教学标准与生产标准相融合、学院各类岗位工作规范与企业岗位工作规范相融合、静态教学管理制度与企业管理制度相融合，校企合作办公室与企业人力资源部、教学系部与生产部(车间)、专业教研室与功能班组相对应，形成相互融合、相互对应的关系。

(1)制定科学合理的教学质量标准。依据区域经济发展和技术升级的需要，实施“三业互融、行校联动”工学结合人才培养模式改革，以企业生产各岗位典型工作任务为主线，引入行业技术标准，构建相适应的质量标准体系，形成与企业生产标准相融合的专业教学标准、课程标准、课堂教学标准、实践教学质量标准、课程考核质量标准、毕业论文质量标准等。肖化移认为高等职业教育所培养的人才质量主要体现在三个方面，即体现在高等职业学校的学生应具备三种能力，它们是“胜任某种职业岗位(群)的职业技能、技艺和运作能力，为职后学习和发展打好基础的能力及作为第一线生产、管理和服务人才所应具备的一般能力”，也就是职业能力、普适能力和学术能力。能力的获得需要通过相应的知识与课程实施来完成，具体的高等职业教育质量标准体系见表 3-15。

表 3-15 高等职业教育质量标准体系 [1]

能力结构			知识结构	课程结构
核心标准	职业能力	专业能力、方法能力、社会能力	技术知识；使用技术产品的知识、设计和制造技术产品的知识、设计和制造技术产品的技术理论和方法；实践的知识	专门职业课程；职业实践课程
一般标准	普适能力	交流与合作能力、信息收集与处理能力、问题解决能力、自我管理与学习能力、应用科技成果能力	跨职业、跨学科知识	通用课程
	学术能力	语言表达能力、数学与逻辑能力、欣赏能力和创造能力	科学知识；基础科学知识；应用科学知识	基础学科课程；应用学科课程

能力不能凭空产生，需要学生通过课程学习来获得。不同的能力获得需要不同的课程载体，不同的能力组合要求不同的课程组合，不同的课程组合会产生不同的能力课程体系。

学术能力主要由基础学科课程和应用学科课程提供。基础学科课程主要进行基础科学知

1 肖化移. 高等职业教育质量标准研究[D]. 华东师范大学博士论文，2004：110.

识的教学，包括自然科学、人文科学和社会科学，如哲学、文学、物理、化学、数学等，是认识事物的科学知识；应用学科课程主要进行科学（技术科学）的教学，如动物解剖生理、动物病理学、动物药理学、动物微生物学、动物免疫学、工程科学、建筑科学、机械原理、会计学原理。

普适能力主要指从事各类职业所必备的通用的知识与技能，尤其是工具类的知识与技能，如英语、计算机、法律、职业道德、体育、管理学基础、公共关系学等。

职业能力主要由专门职业能力课程、职业实践课程提供。专门职业课程主要进行技术本身的知识的教学，包括设计、制造、使用技术产品（工具、机器、设备等）的理论、知识、方法，如发酵床养殖技术、动物防疫技术、食品加工技术、机械加工技术、宠物训导技术、动物药品生产技术等；职业实践课程主要通过模拟现场或工作现场的实训、实验、试验、实习、设计、调查等实践形式进行，以获得工作过程性的经验和策略。

（2）制定并完善岗位工作规范。以校企合作办公室与企业人力资源部、教学系部与生产部（车间）、专业教研室与功能班组层层对应的关系为基础，以深化内部管理体制改革为动力，在明确部门职责、各类岗位任职要求的基础上，形成完善的教师、职工、教辅人员、后勤服务保障等岗位工作规范。

（3）建立和完善静态教学管理制度体系。以深化内部管理体制改革为契机，在教学质量标准和岗位工作规范的基础上，不断完善静态管理制度。完善教学检查、听课、教学督导、学生评教、教师同行评学、企业技师评价、教学信息员等各项管理制度，增强教学质量的可控性；完善人、财、物及后勤保障等各项管理制度，提高生产效率、维持教学稳定；完善学生管理制度，坚持育人为本、以德为先。

4. 加强生产与教学并行的教学过程监控

工学结合模式下生产和教学并行，需要学校与企业共同分析并重新确定课堂实训、专项实训、顶岗实习等实践教学监控关键点，实现生产过程与教学过程监控的有效衔接。建立贯穿人才培养全过程的、动态的教学质量监控体系，确定人才培养质量的监控点，明确各监控点的信息采集范围与内容，确定各监控点的责任部门、责任人和相关职责，形成制度和文件。

（1）教学资源配置与利用监控，含师生比、“双师型”教师占专任教师的比例、兼职教师承担的专业学时比例、教学仪器设备生均值、图书馆藏数量生均册数、生均教学用房、生均实训场所面积等。

（2）教学基本建设质量监控，含专业建设质量、课程建设质量、学风建设质量等。

（3）人才培养过程的主要环节监控，含课堂教学、实验实训及校内外顶岗实习、社会实践、学生学习过程等。

（4）学生就业质量监控，含毕业生就业率、用人单位满意度、起薪水平、岗位与专业吻合度、学生后续发展等。

5. 重构“多元化、多视角”的人才培养质量评价系统

依据工学结合思想，校企合作共同修订教学质量内部评价标准，引入社会评价机构开展第三方评价，形成内部评价与外部评价相结合的多元化人才培养质量评价机制。

（1）内部评价。以高等职业院校人才培养工作评估的指标为依据，通过领导查教、学生评教、教师评学、教师同行与企业技师评教等活动，结合人才培养工作状态数据平台的分析，对各专业师资队伍、教学设施、专业建设、课程建设、课堂教学质量、实践教学质量、毕业生就业质量进行内部评价。

(2)外部评价。通过多种途径广泛收集来自行业、用人单位、家长、毕业生等对人才培养质量的评价意见,委托麦可思数据有限公司开展第三方评价,对专业的就业率、月薪、失业率、失业量、离职率、工作与专业对口率、求职成本、求职强度等各项指标进行评价。

6. 构建"及时反馈、持续改进"的教学质量反馈与修正系统

建立良好的信息反馈和修正机制。以提高学生职业能力和职业素质为目标,形成多渠道反馈并存的机制。建立以工作简报反馈、网络实时反馈为主,会议、电子邮箱、电话等形式为辅的质量信息双向反馈机制,一方面对教学管理部门工作动态、教学工作开展情况进行及时发布;另一方面对教学评价、调查、座谈、问卷、检查、听课、网络等渠道获得的教学信息进行及时反馈,快速反应,实行自我调控的质量诊断与修正机制,对教师的教、学生的学及时给出诊断,提出建议,并实行激励制度,促进人才培养质量稳步提高。

建立人才培养目标修正和保障体系的自我完善机制。以持续改进为目标,以成果评价为依据,对组织与研究系统所确定的目标、运行与管理系统所制定的标准和规范进行持续改进。以内部评价与外部评价结果的吻合度为依据,不断修正过程监控的关键点,完善反馈与修正机制,形成开放灵活、动态发展的人才培养质量保障有机系统,确保教学质量保障体系适应不同发展时期的需要。

参考文献

[1] 孙绵涛.教育行政学概论[M].武汉:华东师范大学出版社,1989:128.

[2] 刘洪宇.我国高等职业教育校企合作体制机制建设的新思路[J].教育与职业,2011(5):10-13.

[3] 莱斯特・M.萨拉蒙.全球公民社会-非营利部门视界[M].北京:社会科学文献出版社,2002.

[4] 张海峰.治理视域中的高等职业教育校企合作机制研究[J].教育与职业,2008(33):11-13.

[5] 江苏畜牧兽医职业技术学院.国家骨干高等职业院校建设方案.2010.

[6] 纪大海.顶层设计与教育科学发展[J].中国教育学刊,2009(09):28-30.

[7] 纪大海.学校发展需要"顶层设计"[J].教育旬刊,2010(4):22-23.

[8] 孙绵涛.教育行政学概论[M].武汉:华东师范大学出版社,1989.128.

[9] 江苏畜牧兽医职业技术学院.国家骨干高等职业院校建设方案[B].2010.

[10] 刘健.谈国家骨干高等职业院校建设中的顶层设计——以滨州职业学院为例[J].滨州职业学院学报,2011(5):16-19.

[11] 教育部 财政部.关于进一步推进"国家示范性高等职业院校建设计划"实施工作的通知(教高[2010]8号)[Z].

[12] 张俊英.学校与企业校企互动双向介入的理论与实践[M].北京:中国人民大学出版社,2010:26.

[13] 教育部.关于充分发挥行业指导作用推进职业教育改革发展的意见(教职成[2011]6号).

[14] 黄莉新在全省推进畜牧业转型升级工作会议上的讲话,2011-9-22.

[15] 杭瑞友,葛竹兴,朱其志.高等职业教育校企合作价值认同的思考[J].教育与职业,2012(6):18-20.

[16] 张海峰.高等职业教育校企合作联盟的系统研究[J].教育与职业,2009(20):5-6

[17] 陈丽榕.校企合作的各方需求动因分析[J].襄樊职业技术学院学报,2011(5):16-18

[18] 杭瑞友.财务管理[M].北京:化学工业出版社,2010.

[19] 李秋华,王振洪.构建高等职业教育校企利益共同体育人机制[M].北京:西苑出版社,2011:94-99.

[20] 涂家海.高等职业院校深度校企合作企业的选择[J].襄樊职业技术学院学报,2011(10):17-18.

[21] 杨天平,沈培健.学校质量管理新概念[M].重庆:重庆大学出版社,2008:152-153.

[22] 万成海.管理学基础与应用[M].北京:中国农业出版社,2009:113.

[23] 康晓光.非营利组织管理[M].北京:中国人民大学出版社,2011:8-17.

[24] 林泉.组织结构、角色外行为与绩效间的关系研究[M].北京:经济管理出版社,2012:11.

[25] 陈孝彬.教育管理学[M].北京:北京师范大学出版社,2002:396-398.

[26] 陈旭平,熊德敏,应佐萍.基于企业利益探析校企合作成效评价指标[J].教育与职业,2012,(15):32-33.

[27] 林润惠.高等职业院校校企合作——方法、策略与实践[M].北京:清华人民大学出版社,2012:44-51.

[28] 胡伟卿.高等职业院校校企合作绩效评价研究[J].高等理科教育,2009(6):154-158.

[29] 肖化移.高等职业教育质量标准研究[D].华东师范大学博士论文,2004:110.

对话 江苏畜牧兽医职业技术学院骨干院校建设办公室教师H与江苏现代畜牧业校企合作联盟理事会常务副理事长、江苏省高邮鸭集团W董事长对话：

H：W董事长，您好！农业高等职业院校以培养学生为主，怎样与农业企业合作共建资源共享的培养平台，并把服务农业企业、服务农民、服务新农村建设与培养学生结合起来？

W：这个问题提得很有针对性。校企合作是培养农业科技人才的一条好的途径。畜牧企业要转变发展方式，调整产业结构，搞生态健康养殖、搞规模化养殖、搞产业化经营模式等等，都离不开跟高等院校的合作。我们集团公司跟学校合作建了育种分公司，还建了教师工作站，成功申报了江苏省农业自主创新项目、江苏省三新工程"应用基因聚合技术辅助选育苏邮2号肉用麻鸭新品系(母系)"项目，合作研究了"稻鸭共育生态种养模式示范与推广"、"不同牧草对高邮鸭产蛋性能、孵化率及生殖激素的影响"、"不同品种蛋鸭旱养与水养比较研究"等课题，学校的教师、学生和我们公司的技术人员一起搞研究，学生的能力也就上去了。我们在高邮市郭集镇征、租地10 000多亩，采用"基地＋农户"养殖经营模式，降低农户养殖风险，保障养殖户收益。对养殖户集中的村设立"养鸭一条龙工作站"，基地和育种分公司派出的技术人员、学生负责现场养殖技术指导、饲料和药品销售、饲养员培训，将稻鸭共作、鱼鸭混养、湖荡养鸭、种草养鸭等生态健康养殖技术手把手地教给农民。这些都是好的合作培养学生的形式。我们还欢迎学校的学生到郭集基地去跟农民一起创业。

4 建 设

建设就是创建新事业。骨干校建设是示范校建设的延续，但两者建设的背景不同、主要建设内容不同(表4-1)，因而建设的思路、方法也不应相同，需要紧紧围绕"全面提高人才培养质量和办学水平"，学生到学校来学的是课程，要以课程为着力点，校企合作的体制机制建设、政策支持与投入环境建设都是为改善课程实施条件服务的，专业建设和人才培养模式改革的内

表4-1 示范校与骨干校建设主要内容对照表

示范校建设主要内容	骨干校建设主要内容
提高示范院校整体水平	校企合作体制机制建设
推进教学建设和教学改革	政策支持与投入环境建设
加强重点专业领域建设	专业建设与人才培养模式改革
增强社会服务能力	师资队伍与领导能力建设
创建共享型专业教学资源库	社会服务能力建设

核是课程,师资队伍是直接为课程服务的,领导能力建设是间接为课程服务的,社会服务能力建设也是要把学生、教师、服务项目结合在一起的,实施全面的建设。因此,围绕课程,把各项建设内容串联起来,是骨干校建设的逻辑思路。

高等职业教育跨越教育与职业、学校与企业、学习与工作的界域,通过体制机制创新,实行校企深度融合,"政行校企"多方共建校企合作平台,推进产教结合与校企一体办学,专业与产业对接,构建专业课程新体系,课程内容与职业标准对接,完善人才培养模式,教学过程与生产过程对接,建立"双证书"制度,学历证书与职业资格证书对接,整合教育资源,职业教育与终身学习对接,共同监控合作育人与就业质量,健全合作发展的运行机制,实现"合作办学、合作育人、合作就业、合作发展",全面提高人才培养质量,达到多方"共赢"。

4.1 建设资源共享型的校企合作管理体制

高等职业院校与企业是两个不同质的经济组织,虽然组织间关系不同,运行的体制与机制各不相同,但两类组织之间存在着资源依赖关系,是合作的基础。合作不是资源的无代价共享,而是运用市场机制,按照价格信号进行资源配置,资源才能被投入最有价值的使用,是合作的关键。法律不是简单的维护产权的工具,更应引导高等职业院校与企业之间可以共享的资源被有效利用,是合作的保障。政府是校企合作的主导者,通过财政资源的引导与激励,补偿校企合作中的交易费用和信息费用,化解企业的合作风险,破解体制机制不同的障碍,是合作的措施。这样才能建立资源共享型的校企合作有效管理体制和良性运行机制。

4.1.1 组建江苏现代畜牧业校企合作联盟理事会

校企合作、工学结合是高等职业教育教学改革的突破口。江苏畜牧兽医职业技术学院在分析、比较校企合作办学管理体制和运行机制的基础上,考虑到目前的法律环境、高等职业院校之间的竞争关系、内部治理结构等影响因素,根据江苏现代畜牧业发展战略的要求,结合学院、地区、行业、企业发展情况,创新校企合作办学模式,改组原产学研教育指导委员会,围绕畜牧产业链,率先在江苏省内外遴选有合作意向的知名企业,在江苏省农业委员会的推动下,适时牵头组建"政校行企"多方参与的江苏现代畜牧业校企合作联盟,成立江苏现代畜牧业校企合作联盟理事会,通过资源共享、人才共育、过程共管、成果共享、责任共担的合作办学,建立起多方参与的运行机制,提高学院人才培养质量和办学水平,为地方和区域畜牧业经济发展服务,实现合作发展、价值共认。

实例 4-1 创新管理体制,组建校企合作联盟理事会

管理体制创新,除了学校内部的管理体制与校企合作、工学结合、顶岗实习相配套外,更困难、更需要的是与政府、行业、企业之间的管理体制的创新。2011 年 6 月 19 日,江苏畜牧兽医职业技术学院国家示范性(骨干)高等职业院建设暨江苏现代畜牧业校企合作联盟推进大会在体育馆隆重召开,大会通过了《江苏现代畜牧业校企合作联盟理事会章程》,选举产生了理事长、常务副理事长、副理事长、秘书长(图 4-1)。江苏省委常委黄莉新副省长、江苏省人民代表

图 4-1 召开校企合作联盟成立大会

大会原副主任俞敬忠、江苏省政协副主席张九汉等领导同志出席了大会。江苏省政府办公厅、江苏省教育厅、江苏省科技厅、江苏省财政厅、江苏省农委领导及有关处室的负责同志、泰州市领导及有关部门负责同志、全省十三个地级市农业委员会主管畜牧兽医工作的负责同志、100多家校企合作联盟单位代表、江苏省部分市县教育委员会招生办公室的负责同志、学院六一届、六二届和八一届校友代表、学院领导及教职工和学生代表等共3 600多人参加会议。大会由江苏省农业委员会副主任、江苏现代畜牧业校企合作联盟理事会理事长张坚勇主持。中国畜牧业协会秘书长沈广和原教育部教育管理信息中心副主任于广明共同为“农业部现代农业技术培训基地”揭牌，江苏省农委副主任王春喜和江苏省教育厅副厅长殷翔文共同为“江苏畜牧兽医技术人员培训中心”揭牌。

江苏省委常委、副省长黄莉新希望，江苏现代畜牧业校企合作联盟理事会在江苏省率先实现农业现代化的进程中要勇挑重担，有所作为。一要坚持科学发展，提升综合办学能力。要将学院发展置于全省农业发展的大背景下谋划，加强专业建设，提升师资力量。二要坚持率先发展，创新人才培养模式。要加强与企业合作，推进联合培养人才。三要坚持创新发展，增强服务“三农”能力。将学院建成畜牧业科技推广和服务的辐射源和集散地，着力培养新型职业农民。

现代畜牧业校企合作联盟理事会常务理事长单位—江苏高邮鸭集团红太阳食品有限公司董事长吴桂余表示，加入校企合作联盟后，在科技创新、技术服务、人才培养与聘用、生产营销等方面将进一步加深与江苏畜牧兽医职业技术学院的合作。

江苏畜牧兽医职业技术学院党委书记吉文林表示，组建“现代畜牧业校企合作联盟”后，将紧扣江苏生态健康养殖发展要求，再政府推动下，与行业、企业共同建设合作平台、共同开展合作项目、共同分享合作成果，形成利益共享、责任共担的合作发展机制。

本次校企合作联盟大会的召开标志着江苏畜牧兽医职业技术学院的校企合作展开了新的篇章，由单打独斗、靠感情维系向有组织、靠机制运作迈进，由简单合作、协议合作向全面合作、深度合作、工学紧密结合迈进。

实例 4-2 解决实际问题，不定期召开校企合作联盟常务理事会

江苏现代畜牧业校企合作联盟一届一次常务理事会议会议纪要

时间：2011年6月19日下午3:00～6:00

地点：江苏现代畜牧科技园会议室

主持人：理事长张坚勇

参加人员：常务副理事长吉文林，副理事长黄淼 、马德云 、毛正裘、张元飞、王建志、顾云飞、乔龙山、姜学林，秘书长臧大存，副秘书长李胜强、葛竹兴、黄小国、李国定、赖

晓云。

列席人员：陈桂银、张力、刘俊栋、张龙、刘靖、贺生中、校企合作办全体成员。

会议内容：

一、会议听取了联盟秘书长臧大存关于江苏现代畜牧业校企合作联盟筹备情况的报告。会议认为，筹备工作积极主动，抓住了机遇，工作做得扎实、仔细，有实效。

二、确定了理事会的办公地点。会议决定，江苏现代畜牧业校企合作联盟理事会秘书处的办公地点设在江苏畜牧兽医职业技术学院校企合作办公室，挂牌办公。通信地址：江苏省泰州市海陵区凤凰东路8号，邮政编码：225300。联系电话：0523-86158822。

三、会议研讨了江苏现代畜牧业校企合作示范区建设方案。会议认为建设方案符合2010年9月全国高等职业教育改革与发展杭州工作会议以提高质量为核心，以“合作办学、合作育人、合作就业、合作发展”为主线，不断深化高等职业教育教学改革，进一步推进体制机制创新，建设具有江苏特色的现代畜牧业高等职业教育的精神。会议就建设方案提出了如下意见，供探索与实践：

1. 根据学院人才高地的优势，在“四合作”的基础上，围绕畜牧业转型升级，与企业深度合作，积极探索“合作研发”的路径，为发掘企业的动力、发挥教师的用武之地创造条件。

2. 对“示范区”的建设方案要进一步明晰、细化，研讨“校企合作示范区”的内涵、管理体制、运行机制、具体合作模式(特别要鼓励多种不同的合作模式)，从招生、就业到终身学习的整个人才培养过程(特别要持续关注毕业生在合作企业的立业、成长与成才情况)，从项目申报到成果转化应用，到底如何实施校企合作等等，需要花功夫深入研讨、摸索，在实践中创新。

3. 尽快成立二级专业理事会，校企双方明确具体的办事机构、人员，便于工作的开展。

四、会议讨论了“校中厂”、“厂中校”、“教师工作站”、“技师工作站”运行管理办法，提出了修改建议。

记录整理人：杭瑞友

实例4-3 互动发展，适时召开校企合作专题会议

高邮鸭育种分公司与技师工作站实施教学、生产与科研三结合对接会

时间：2011年9月6日上午10:00

地点：校企合作办公室会议室(江苏现代畜牧科技示范园内)

参加人员：高邮鸭集团(张胜富、周玉军)

校企合作办公室(黄秀明、戴建华、杭瑞友、袁华根)

动物科技学院(张力、李小芬、张玲、陶勇、袁旭红、杨晓志)

为进一步推进江苏现代畜牧业校企合作示范区建设，总结高邮鸭育种分公司(“校中厂”)和技师工作站成立以来的工作，研究解决校企双方在运行过程中遇到的矛盾及问题，落实高邮鸭集团技师工作站、教师工作站成立等事宜。高邮鸭集团、校企合作办、动物科技学院三方于2011年9月6日召开了高邮鸭育种分公司教学、生产、科研对接会。”

对接会主要围绕四个方面进行了讨论，并初步提出解决问题的思路，供校企双方领导研究时参考。

第一，项目运行资金及人员补贴。高邮鸭集团张胜富所长提出“校中厂”的运行、人员补贴等需要一定的费用，而项目资金只能应用于基础设施及设备购置，如何解决运行费用，是“校中厂”下半年正常运行并满足学生实习、教学、科研的重要保障。经三方研讨，提出如下解决问题的思路。①项目运行资金来源问题可通过将“校中厂”、“教师工作站”、“技师工作站”三者经费合并考虑来解决。②400万“校中厂”经费只能用于基础设施及设备购置。③方案中明确“由高邮鸭集团负责基地的生产运行管理”，建议实行独立核算，其运行经费、生产经费、人员工资补贴可纳入其中核算。其亏损补贴的问题可否通过实习生补贴的方法解决，需要做进一步的研究。④建设项目中50万的“教师工作站”和近45万“技师工作站”经费，建议在考虑育种分公司经费统筹规划，可部分作为“校中厂”、“教师工作站”人员出差、教学、生活等补助，但“校中厂”、“技师工作站”人员相关费用在“技师工作站”经费中报支，“教师工作站”人员相关费用在“教师工作站”经费中报支。

第二，独立核算与非独立核算。高邮鸭集团张胜富所长提出了“校中厂”在运行过程中产生的费用如何报支的问题。杭瑞友老师认为，这个问题涉及到“校中厂”是采用独立核算还是非独立核算。

校企合作办杭瑞友老师详细解释了独立核算和非独立核算的概念，并建议“校中厂”的财务会计核算最好为独立经营、自负盈亏，独立核算模式更适合项目的实际，也便于项目的考核与验收，可以请示范园的会计代理记账、报税。动物科技学院张力院长也认为非独立核算不能体现国家示范院校建设的高标准和高质量，校企合作办公室黄主任认为，“校中厂”项目采用独立核算将有利于公司的运行和管理，经过研讨，得出了如下的思路。解决思路：“校中厂”采用独立核算。校企双方按照《江苏畜牧兽医职业技术学院国家示范性（骨干）高等职业院建设方案》该项目经费来源和数目，将经费共同汇至高邮鸭育种分公司账户，有江苏现代科技示范园财务处进行代账。“校中厂”运行中所产生的费用全部在高邮鸭育种分公司报支。

第三，教学与生产冲突。动物科技学院张力院长提出该学院本学期从第二周（9月）开始安排了部分班级到“校中厂”高邮鸭育种分公司进行养禽及禽病防治相关岗位顶岗实习，但高邮鸭育种分公司未安排9月生产计划（按照高邮鸭这一鸭种的生产周期及销售周期，上半年是养殖旺季，下半年是淡季，如果这时候为了满足教学的需要可以进行小批量的孵化和养殖，但亏损的量较大），计划在11月份安排生产，因而，存在生产与教学时间相冲突的矛盾。经过研讨，得出了如下解决思路。解决思路：与水禽基因库联系，安排9月份在“校中厂”实习的学生安排至水禽基因库实习，10月之后的实习安排在“校中厂”高邮鸭育种分公司。

讨论时，黄秀明副主任和杭瑞友老师提出：人才培养方案是否可以有一定的灵活性、弹性，进一步讲就是柔性问题，能否根据养殖业生产的季节性特征灵活安排教学进程，这是农业院校与工商类院校关于工学结合的显著区别。

第四，科研项目实施。按照动科院的工作安排，陶勇老师要到设在高邮鸭集团的教师工作站去工作，会上，高邮鸭集团张胜富所长提出陶勇老师主持的科研课题“苏邮2号肉鸭配套系的选育”能不能在高邮鸭育种分公司进行。解决思路：可以。将科研项目与“校中厂”项目结合进行，可以在完成科研任务的同时，使得“校中厂”运行得更好。

记录整理人：袁华根

4.1.2 提升校企合作联盟理事会管理能力

1. 高等职业教育发展培训

江苏现代畜牧业校企合作联盟理事会积极组织理事会领导班子、相关部门负责人参加国内外高等职业教育培训。如先后组织常务理事长、学院党委书记吉文林研究员，副理事长、学院原院长徐向明教授，副秘书长葛竹兴教授，副理事长、泰州市产品质量监督检验所所长等66人次赴加拿大、德国、新加坡等地培训考察，并选择了相关理事赴国内发达地区或职业教育先进的基地，进行培训，学习国内外先进职业院校的战略规划、人才培养模式改革、教学管理经验，了解当前国内外职业教育的现状与发展趋势，增强了理事会成员对发达国家和地区职业教育和产业融合的理念、政策、组织架构、实施形式等的认识。

实例4-4 转变合作理念，提升校企合作办学层次

江苏现代畜牧业校企合作联盟理事会为提升江苏畜牧兽医职业技术学院全体教职工和合作政府部门、行业、企业人员的高等职业教育教学理念，推动校企合作体制机制创新，2012年2月21日，特邀著名高等职业教育专家、上海第二工业大学高教研究所所长陈解放教授在图文信息中心报告厅作了“校企合作与专业内涵建设”专题报告（图4-2）。陈解放教授认为，目前高等职业教育面临着三大挑战：一是转型。学历主体转为学历、培训双重主体，直接指向终身教育；职业教育与职业资格接轨；职业教育与普通教育接轨。二是跨界。高等职业教育是学校、企业、教育行政、行业行政、劳动与人力资源行政的联合行动工程；职业资格标准体系与就业准入制度的完善。陈教授强调，校企合作中，我们应“站得高一点，想得深一点，干得实一点”，给行业、企业充分的话语权，在制定制度的基础上完善运作流程与操作规范，拓展服务能力，将情感机制、行政机制转化为利益机制、价值机制，努力赢得地方政府与行业政府、企业的支持。

图4-2 “校企合作与专业内涵建设”专题报告

2. 团队管理能力培训

江苏现代畜牧业校企合作联盟理事会积极组织理事会成员单位相关部门负责人、管理人员参加教育教学管理、企业管理等培训项目。如江苏现代畜牧业校企合作联盟理事会先后组团开展了108人次境内外培训。贺生中、张玲、张胜富等校内教师、企业技师赴台湾、西安、烟台等地参加教育教学管理、企业管理培训项目，提高了教育教学管理水平和企业管理水平。参加团队拓展训练，增强团队合作意识，提高团队合作效率和凝聚力。

报道 4-1 行业出台政策，奖励校企合作优秀兼职教师

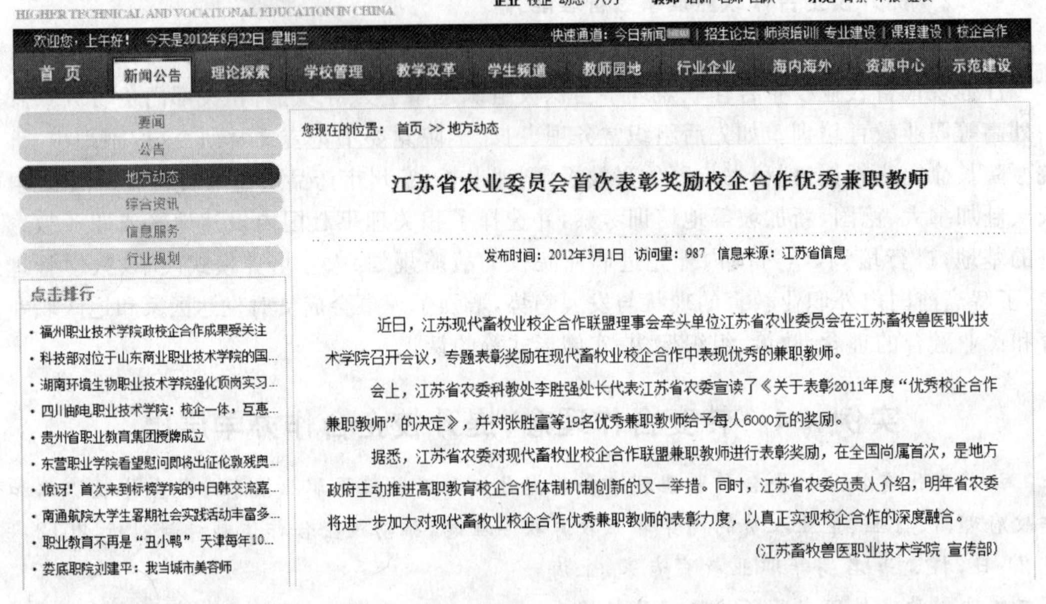
中国高职高专教育网
HIGHER TECHNICAL AND VOCATIONAL EDUCATION IN CHINA

管理 视点 风采 评估 探索 理论 院校 论道 海外 职教 两岸 留学
学生 校园 流行 就业 教学 专业 课程 实训 资源 下载 书刊 政策
企业 校企 动态 八方 教师 培训 名师 团队 示范 背景 申报 验收

欢迎您，上午好！ 今天是2012年8月22日 星期三 快速通道：今日新闻 | 招生论坛 | 师资培训 | 专业建设 | 课程建设 | 校企合作

首页 新闻公告 理论探索 学校管理 教学改革 学生频道 教师园地 行业企业 海内海外 资源中心 示范建设

要闻
公告
地方动态
综合资讯
信息服务
行业规划

点击排行
· 福州职业技术学院政校企合作成果受关注
· 科技部对位于山东商业职业技术学院的国...
· 湖南环境生物职业技术学院强化顶岗实习...
· 四川邮电职业技术学院：校企一体，互惠...
· 贵州省职业教育集团授牌成立
· 东营职业学院看望慰问即将出征伦敦残奥...
· 惊讶！首次来到标榜学院的中日韩交流嘉...
· 南通航院大学生暑期社会实践活动丰富多...
· 职业教育不再是"丑小鸭" 天津每年10...
· 娄底职院刘建平：我当城市美容师

您现在的位置：首页 >> 地方动态

江苏省农业委员会首次表彰奖励校企合作优秀兼职教师

发布时间：2012年3月1日 访问量：987 信息来源：江苏省信息

近日，江苏现代畜牧业校企合作联盟理事会牵头单位江苏省农业委员会在江苏畜牧兽医职业技术学院召开会议，专题表彰奖励在现代畜牧业校企合作中表现优秀的兼职教师。

会上，江苏省农委科教处李胜强处长代表江苏省农委宣读了《关于表彰2011年度"优秀校企合作兼职教师"的决定》，并对张胜富等19名优秀兼职教师给予每人6000元的奖励。

据悉，江苏省农委对现代畜牧业校企合作联盟兼职教师进行表彰奖励，在全国尚属首次，是地方政府主动推进高职教育校企合作体制机制创新的又一举措。同时，江苏省农委负责人介绍，明年省农委将进一步加大对现代畜牧业校企合作优秀兼职教师的表彰力度，以真正实现校企合作的深度融合。

（江苏畜牧兽医职业技术学院 宣传部）

实例 4-5 赴台湾交流访问，提升团队管理能力

为加强和拓展交流与合作领域，进一步提升职业教育团队管理能力、落实学生研修、加强与台湾高校和企业的合作交流事宜，江苏现代畜牧业校企合作联盟理事会的部分理事应台湾明新科技大学校长冯丹白邀请，根据江苏省人民政府台湾事务办公室苏政台交赴[2011]478号的批复，于2011年12月20日至12月27日，赴台湾大学、台湾屏东科技大学等六所大学和大统生技药业集团进行了为期1周的参观、访问与交流，取得了丰硕的成果。一是聘请了2名客座教授；二是签订了多份校校合作、校企合作协议（图4-3）；三是提升了团队合作能力；四是学习了台湾"全人"教育理念；五是吸取了"教学卓越，特色领航"的办学理念；六是提升了教育教学管理能力；七是学到了教学与科研为产业服务、学校与企业合作的具体做法；八是明确了生物科技领域的先进技术研究方向。

图 4-3 校企合作联盟理事会管理团队与台湾企业签署合作协议

实例 4-6 共建校企合作管理信息系统，提升合作管理水平

针对校企合作、顶岗实习等过程管理中信息不对称、运行成本高、沟通不及时、监控不得力等实际问题，江苏畜牧兽医职业技术学院与企业共建"校企合作管理信息系统"，该校企合作管

理平台包括顶岗实习管理平台、科研项目合作平台(图4-4)。通过该平台学院能随时了解合作用户的需求,掌握学生顶岗实习的情况;学生通过该平台可以了解企业对岗位人才的需求和要求;企业通过该平台可以发布企业需求,加强校企合作联盟成员之间的沟通与交流。通过平台运行,提高了校企合作的管理效率。

图4-4　校企合作管理信息系统

4.2　建设过程共管型的校企合作运行机制

教育部、财政部《关于进一步推进"国家示范性高等职业院校建设计划"实施工作的通知》(教高[2010]8号)明确提出"探索建立'校中厂'、'厂中校'实习实训基地",江苏畜牧兽医职业技术学院在江苏现代畜牧业校企合作联盟理事会的指导和推动下,经行业主管部门的推荐,以畜牧生产加工企业“十二五”发展规划的核心技术升级和高素质技能型人才的需求为出发点，遴选持续发展能力强、技术应用基础好、支持教育力度大的现代化畜牧龙头企业，联合政府、行业，“政校行企”共同建设教育价值共同体的合作平台，合作建成了2个“校中厂”，完善了江苏畜牧兽医职业技术学院原有“教学工厂”，3个“厂中校”，共建了4个“技师工作站”和4个“教师工作站”，建成了“校企合作管理信息平台”，共建了28个“订单班”。形成了五位一体的校企合作示范区良性运行机制。以此为载体，真正实现了学校与企业、课程标准与工作标准、教学过程与生产过程、课程考核与生产任务的对接，达到了合作办学、合作育人、合作就业、合作研发、合作发展的目的。

4.2.1 校企合作招生

招生与就业是高等职业院校的生存线，教育教学质量是高等职业院校的生命线，校企合作是高等职业院校教育教学改革的切入点。江苏畜牧兽医职业技术学院通过建立百所生源友好学校和百家友好合作企业，以出口带动进口，以就业促进招生，形成了良性循环的运行机制。

实例 4-7 校企合作招生，提高培养人才的定向性

2012年3月20日，江苏畜牧兽医职业技术学院举行2012年自主招收高考学生单独考试。学院招生办公室负责人在接受媒体采访时说，学院2012年计划通过单独考试招收560人，报名的高中毕业生却有1 128人，比高考竞争还要激烈。其中有省三好学生，还有获得全国奥数竞赛二等奖、全国创模大赛银奖、全省化学物理竞赛一等奖等响当当奖项的优秀高中生，获得县级以上表彰的考生占考生总人数的15%。这是江苏畜牧兽医职业技术学院深化招生制度改革，打破以往单一的高考招生录取模式和人才选拔途径，全面实施以高考招生为主，自主单独招生、注册入学、对口单招、中职注册、初中起点五年制高等职业单独招生为辅的等多渠道招生模式，呈现出的空前活力和勃勃生机。

自主单独招生改革。2011年江苏畜牧兽医职业技术学院依据教育部、江苏省教育厅相关文件精神，本着优先录取热爱畜牧业、愿意从事畜牧行业、学业成绩优异的考生的原则，积极组织制定招生计划，出台招生办法，组织招生宣传，组织考试。学院邀请了江苏高邮鸭集团、南京雨润集团、上海农场等与学院长期进行合作办学的20多名企业专家与学院教师共同面试考生，除考查学生基础知识外，对学生的专业爱好和就业倾向进行深入了解。两年来学院通过自主单独招生共择优录取了820名对畜牧兽医行业兴趣浓厚且基础较扎实的考生，其中部分考生因成绩优异，被直接录取进企业订单班，当场与学院、合作企业签订合同，这些学生在上学期间将享受其他同学同等权利的同时，还将获得相关企业的学费赞助及假期到企业顶岗实习等优惠待遇。上海农场为了能够将最优秀的学员招进“上海农场现代学徒制班”，在与学院签订的校企合作协议中如下写道：“国家规定交纳的学费：一年级由学生自理；二、三年级由农场为学生缴纳。”在合同中明确工资和奖金水平：工作的第一年，纯收入不低于4万元；此后每年递增15%左右。农场为就业毕业生交纳“五险一金”(图4-5)。

图 4-5 企业专家参与面试学生职业倾向

注册招生制度改革。2011年起，江苏省实行注册招生，允许未被高校录取的考生在专科录取结束后根据院校提出的报考条件和录取要求，结合自身条件，向一到两所试点院校提交注册申请；院校根据考生高考成绩、学业水平测试等级、综合素质评价结果（职业中学对口单招成绩、专业技能要求），以及中等教育阶段的学习成绩等方面的情况，在一定计划范围内，择优确定拟录考生；考生在拟录院校中，最终选择确定1所就读学校。江苏畜牧兽医职业技术学院成为全省获得可以进行注册招生的三所公办高等职业（专业）院校之一，开辟了一条新的招生途径。2011年学院通过注册招生途径共录取480名学生。

新生报到率明显提高。2011年学院新生报到率较往年有了显著提高。特别是自主单独招生的新生报到率达97.4%（见表4-2）。为热爱农业的优秀考生提供了入校的便捷渠道。学院将进一步加快改革的步伐，为农业高等职业院校招生改革贡献了经验。

表4-2 新生报到率比较表

招生类别	2011年报到率/%	2010年报到率/%
自主单独招生	97.4	—
省内统一招生	89.4	81.2
省外统一招生	80.2	79.9
注册招生	87.6	—
对口单招	83.3	82.7

4.2.2 校企合作共建"订单班"

实例4-8 校企合作共建"订单班"

江苏畜牧兽医职业技术学院在江苏现代畜牧业校企合作联盟理事会的推动下，主动深入联盟内的相关企业调研，探索不同合作方式，签订不同特色的联合培养人才协议，开展了形式多样的"正大班"、"康乐班"等28个"订单班"，丰富了多样化的人才培养特色。

（1）形成了与企业需求相适应的四段技能提升型的人才培养模式。开办"订单班"，明晰了学业与就业融通、专业与产业贴合、教研与科研共促、育人与用人双赢的人才培养指导思想，大部分"订单班"形成了四段式的人才培养模式，即第一段，以通识教育为主，兼顾基本理论（1年）；第二段，以技术基础为主，兼顾企业导向（半年）；第三段，以技术基本技能为主，兼顾企业文化（半年）；第四段，以专业理论与技能为主，采用工学结合，学校与企业交替（1年）。

（2）对接企业需求，加快了课程体系和教学内容改革。通过与合作企业联合开办"订单班"，逐渐加强了对企业高素质技能型专门人才要求的理解。了解到合作企业需要的相关技术理论知识和具备的实践动手能力。通过对人才观的重新认识，我们可以对课程设置进行修改，增加或减少相关课程，加强课程相关内容和实训等有针对性的实践环节课程，推动了课程设置改革和课程内容调整，加快了专业建设步伐。

（3）推进了企业技术人员参与专业建设和实践教学。在举办"订单班"的过程中，我们邀请企业负责人或一线的企业技术人员参加了各专业理事会，听取了他们对相应专业的理解和人才培养的建议，修改了专业教学计划，使之更加贴近生产实践，专业的工程师或生产线上的技术能手参与了"订单班"的教学活动，这些企业技术人员给学生讲解了很多实践事例，有力地激发了学生的学习兴趣。

(4)有效组织工学结合的实现形式 。通过举办“订单班”,有效地促进了工学结合教学有效实现形式。①制定教学计划时,根据企业的生产实践需要。可以设置一些双选课,即在同一个时段设置两门课程,其中一门比较适合在学校完成教学,而另外一门课程可以在企业完成,二者均能达到提高学生素质的要求。②结合实践教学环节,推动校企联合职业技能鉴定,确保每位学生至少拿到职业技能中级工证。③加强了与校外实训基地的深度合作。企业人员对学院的发展进行了指导并提供技术支持,学院与企业一起对相关技术进行研究并承担相应任务,学生在校外实训基地进行实践训练。④学生质量是保证校企合作的前提和基础,学生质量是合作的基石,对学生能力素质的培养是开办“订单班”的目的。

(5)加强了“双师”结构教师队伍建设。①专业教师通过与合作企业技术专家一起制定相关专业教学计划,深入了解了本专业具体课程对相关理论的要求和本专业实践操作过程必须具备的基本实践素质,学到了很多只有在实践生产过程中才能掌握的实践要领。②聘请合作企业技术专家进行技术讲座,其中有对相关专业发展前景和新技术新工艺的讲座,还有各生产环节的讲座,从而使专业教师对专业技术的发展脉络和内涵理解逐步清晰,专业素质得以加强。③专业教师为了“订单班”的教学,利用课余时间到企业去实践,从而得到了理论与实践的全面提高。④聘请企业技术人员参与教学,培养兼职“双师型”教师。这样既可以让学生学到有益于将来从事相关工作的实践知识,又可以对企业兼职教师加强教师基本素质的培训,为相关技术专业的教学储备大量的企业兼职“双师型”教师。⑤与企业合作,逐步实现实训中心的企业化运作模式;同时开展科学研究,让专业教师参与到企业科研中去。让专业教师与企业工程技术人员一起对相关技术进行应用层面上的科学研究,培养一批精通技术并能从事科学研究的“双师型”师资队伍。

28个“订单班”的成功举办,为校企合作办学提供了有益的经验,只要紧密结合地方经济的发展,结合地区产业的特点,摸清人才市场的需要,校企共同努力,一定可以深入进行产学研结合教育,探索出一条有特色的高等职业教育发展路径。

4.2.3 校企合作共建“校中厂”

紧抓江苏省畜牧产业结构调整的机遇,根据现代畜牧企业发展生态健康养殖的要求,充分利用江苏畜牧兽医职业技术学院培养人才优势和企业技术培训资源,在联盟理事会的推动下,联盟内合作共建了2个优势互补、资源共享的“校中厂”标准化养殖基地,并完善了江苏畜牧兽医职业技术学院原有“教学工厂”。

实例4-9 校企共建“校中厂”标准化养鸭基地

江苏高邮鸭集团是农业产业化国家重点龙头企业,集团集良种繁育、蛋肉加工、商贸物流、蛋品加工、技术研发于一体。江苏高邮鸭集团在“十二五”期间,提出了“种鸭存栏百万只、年产蛋亿枚”的发展目标,迫切需求种鸭新品种(系)培育与开发。本集团积极主动要求与江苏现代畜牧业校企合作联盟理事会相对接,联合江苏畜牧兽医职业技术学院,依托江苏畜牧兽医职业技术学院国家水禽基因库,在江苏现代畜牧科技园内,校企双方合作共建了“校中厂”标准化养鸭基地——江苏高邮鸭集团泰州育种分公司(图4-6),于2011年6月正式注册成立并运行,并建成集繁育技术、养殖技术、性能测定等领域的标准化示范推广体系。养鸭基地建成后,成为联盟集教学、科研和社会服务于一体的标准化的“教学工厂”。现一次可容纳50名学生实训、年接收学生实训20 000人时,年接收10位教师2个月以上锻炼。

根据合作协议,学院提供养殖场、国家水禽种质资源,集团提供养殖、孵化、诊疗设备等资源,双方再共同投资400万元,用于仪器设备和基础设施改善。江苏高邮鸭育种分公司作为“校中厂”,是双方的教学科研示范基地,不具有独立的法人主体资格。人、财、物的归属各自所有,不转移所有权;双方各自委派、任命进入江苏高邮鸭育种分公司工作的员工,员工的人事及劳动隶属关系责任由各自承担。泰州高邮鸭育种分公司实行由校企双方共同组成的专业理事会领导下的总经理负责制。由江苏高邮鸭集团红太阳食品有限公司总经理出任分公司任总经理,集团研究所副所长和学院水禽养殖专业带头人担任分公司副经理。

公司内部设有生产部、教学部、研发部和后勤保障部,四部门合署办公。高邮鸭集团主要负责基地的生产运行管理,包括校企合作专项资金的使用、参与校企合作的人员安排、学习校企合作的相关政策等工作;学院主要负责对象教学与学生管理等工作。校企双方共同参与人才培养方案制订和课程开发,共同参与教学、生产、科研、培训工作,要求教学内容、时间(或时限)具体,分工明确,强化合作,确保教学科研的实效(图4-7)。

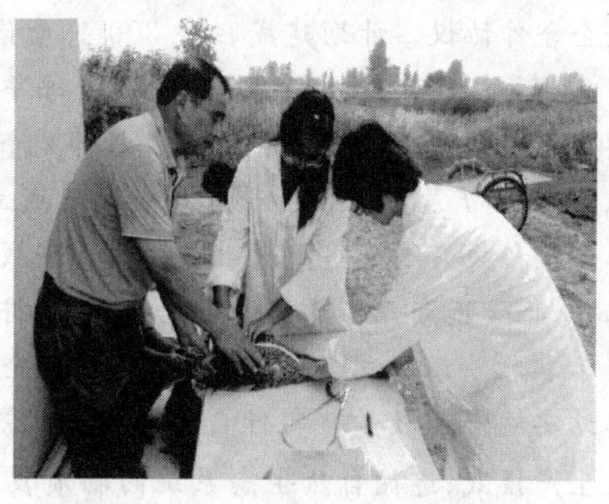

图4-6 行业、学院领导为育种分公司揭牌　　图4-7 企业专家指导学生专业技术操作

学生在高邮鸭育种分公司全程学习以下基本内容:①职业道德规范和公司规章制度;②种蛋的孵化和苗鸭饲养管理;③不同饲养模式下饲养效果的对比;④种鸭新品种选育;⑤各种蛋品的深加工;⑥成本核算与效益分析。

校中厂运行的第一年,在生产和科技开发上,高邮鸭集团已投入10余万元完成原6台孵化机的拆除工作,并重新购置7台新的孵化机,确保了炕孵生产的顺利进行,种蛋的孵化率达到94%左右,比总公司的孵化率有了明显提高,完成了年40万只苗鸭的销售目标,实现净利润10万元。同时,公司与学院联合申报了江苏省自主创新项目“应用基因聚合技术辅助选育苏邮2号肉用麻鸭新品系(母系)”、江苏省三新工程项目“稻鸭共育生态种养模式示范与推广”和院级课题“不同牧草对高邮鸭产蛋性能、孵化率及生殖激素的影响”等,获得项目经费110余万元,这些项目的实施将进一步打破企业技术发展瓶颈,为在同行业中取得相对竞争优势奠定基础;在人才培养上,加强了工作和学习的有机结合,培养了学生吃苦耐劳和爱岗敬业的品质,特别是强化了学生基础知识学习和学生基本技能的训练,达到上岗就能顶岗的要求。一年来共接纳了16个班次286名学生完成种蛋孵化、咸蛋加工、青年鸭饲养管理等的教学授课内容和操作要点,使学生掌握操作技术和动手能力极大提高。同时,接收张玲、袁旭红等8名教师

2个月以上锻炼；在社会服务上，开展职业农民培训，示范推广标准化养殖技术，有效提升了服务水平；在合作示范上，高邮鸭乔龙山总经理在一次校企合作总结会中说道："公司与学校合作办'校中厂'，规模虽然不大，利润不高，但我们的'校中厂'很适合科学试验、适合学生培养，解决企业科研和学生上岗不能顶岗的状况，可以说锻炼教师和研发人员，培养了学生和员工。即使亏损，企业可能也是明亏暗赚。"

实例4-10 校企合作共建养猪业转型升级示范基地

常州市康乐农牧有限公司是一家专业现代化种猪育种企业，是国家生猪核心育种场，国家农业产业化重点龙头企业。为了公司商品猪品种改良、生态健康养殖及高技能人才的需求积极与江苏现代畜牧业校企合作联盟理事会相对接，联合江苏畜牧兽医职业技术学院，依托国家姜曲海猪保种场的发酵床养猪关键技术的示范与推广，在江苏畜牧兽医职业技术学院医药产业科教园内，共同投入345万元，共建种养结合的养猪业转型升级标准化养猪基地。2012年2月9日，江苏畜牧兽医职业技术学院与常泰农牧有限公司签署校企合作协议。计划建成栏存300头母猪，5 000头商品猪，一次可容纳50名学生实训，每年接收学生实训20 000人时，每年接受10位教师2个月以上锻炼的"校中厂"。2012年6月正式注册成立"江苏常泰农牧科技有限公司"（图4-8）。现已完成土地征用工作，将于近期开工建设。基地建成后，将由常州市康乐农牧有限公司负责生产运行管理，企业技师工作站实施专业教学。实行自繁自养、单栋全进全出的生产模式；遵循自然生态系统的物质良性循环规律，实现废弃物资源化，形成"资源—产品—再生资源"的闭环反馈式循环过程，学生学习先进设备使用技术、生态养殖模式，实现以人才培养为载体，以产业发展为目标，以效益提升为目的的校企合作共赢机制。

图4-8 学院与常泰农牧有限公司签署校企长效合作协议

4.2.4 校企合作共建"厂中校"

"厂中校"就是在企业建立教室、实训室以及生活和运动等休闲设施，改善教学科研条件，共享企业先进设备资源，提升校外实训基地的实训教学功能，强化校园文化和企业文化的有效对接，确保工学结合、顶岗实习质量，形成合作育人互利共赢的管理机制。江苏畜牧兽医职业技术学院始终坚持服务区域经济发展的指导方针，努力同地方经济社会发展、产业结构调整、技术结构升级相适应。在联盟理事会的推动下，学院在专业设置、课程设置及人才培养等方面，积极寻求与企业合作，校企合作共建了2个典型的"厂中校"工学结合校外教学基地，进一步促进了校企合作的深度融合。

实例4-11 实施"双岗双职"管理体制

为了适应经济发展和满足人的全面发展是提高教学质量的核心指标，2001年江苏畜牧兽医职业技术学院投资5 000万元与香港钟山集团共建"教学工厂"——江苏倍康药业有限公司，占地 58 000 m^2。有粉剂、注射剂、口服液、中药制剂等 8 条生产流水线，能同时满足 200 名兽药生产与营销类学生生产顶岗实训。在联盟理事会的推动下，公司进一步实行了改革与完善。公司采用股份制运作模式，在市场经营管理功能和教学管理方面进行卓有成效的研究和探索。

一是建立了“双岗双职、校企合一”互聘管理制度。即施行“负责生产的副总—教学副主任、教研室主任—车间主任、骨干教师—技术员”岗位互聘制度。公司所有负责人既负责经营管理又承担学院的相关专业的教学工作(图 4-9)。

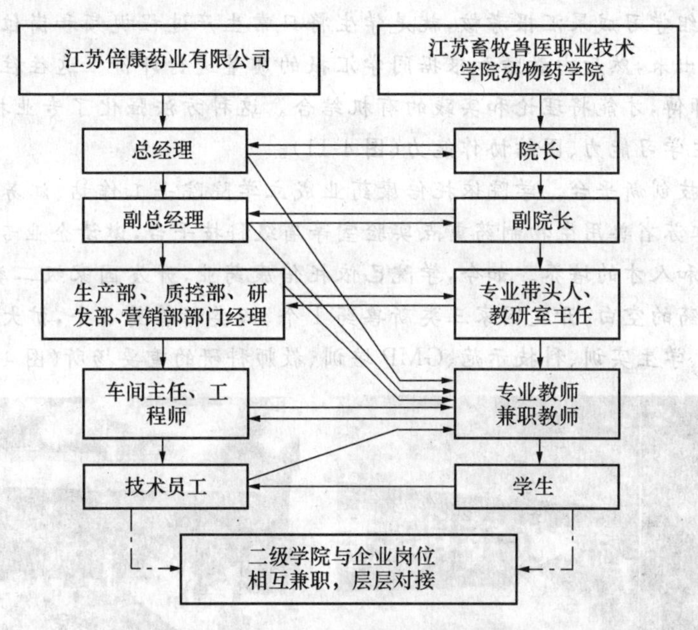

图 4-9 “双岗双职”校企合作管理体制

二是构建了基于兽药生产管理标准的 GMP 质量管理人才培养模式。根据 GMP 规范对人才、机器、法规、物料、环境等生产关键要素的要求，制定了生产教学、技术研发、课程开发和技能考核等环节的详细计划、执行标准以及应对市场变化的生产和教学方案。同时，制定了学生学习的各项管理制度，规范其实训行为，培养其职业习惯，提高其实训教学效果，促进了人才培养质量和经济效益的提升(图 4-10)。

图 4-10 国家 GMP 验收总结会

三是建设小型自主粉散剂生产线。小型自主粉散剂生产线是我院培养兽药生产与营销类学生创新创业的重要途径之一，小型自主粉散剂生产线是学生经过跟岗实习、顶岗实习后达到要求后，学生自主组成团队，编制生产计划任务书，包括原辅料、生产、销售成本的和利润的核算，经教师审核后自行生产和销售。

四是建立双导师三证制。“双导师”是指教师传授和师傅指导相结合开展实践教学；“三证”是指岗位工作合格证、职业资格证和毕业证。在双导师指导下，通过工学结合，取得三证。

五是完善教学工厂的自主学习功能。整个教学工厂教室无线网络全覆盖，学生可以随时上网查阅资料；教室的课桌可以任意组合，按生产班组组成圆桌，讨论自主学习。作为教学工厂指导老师每周必须至少组织一次讨论学习，重点解决生产学习、生活中遇到的各类困难问题，每月至少组织两次人文素质专题讲座和两次文体活动，确保知识与技能、职业与文化的有机融合。

六是建立岗位考核与小组学习汇报相结合考核评价方式。岗位考核由指导老师和工人师傅依据学生平时遵规守纪、团队协作精神、质量安全意识、完成产品数量、知识技能掌握情况进行现场考核。小组学习成果汇报考核，就是学生将日常生产过程视频和岗位关键知识技能以课件的形式呈现出来，然后由教师和根据同学汇报的质量进行评价。这往往要求学生要查阅书籍、请教工人师傅，才能将理论和实践的有机结合。这种方法强化了专业技能，促进学生语言表达能力、自主学习能力、团结协作能力(图 4-11)。

七是建立科技创新平台。学院依托倍康药业成立学院院士工作站、江苏省动物药品制剂工程研发中心、江苏省兽用生物制药重点实验室等省级科技平台，邀请企业专家(导师)共同参与新兽药的开发和人才的培养。如今，学院已依托倍康药业，开发国家级二类新兽药 2 个，填补江苏省二类兽药的空白；开发国家三类新兽药 1 个、四类新兽药 8 个，扩大了市场份额。现已成为兽药生产、学生实训、科技示范、GMP 培训、教师科研的重要场所(图 4-12)。

图 4-11 学生岗位技能考核

图 4-12 教师工作站成立会

八是形成“双岗双职”的管理体制。在联盟理事会的推动下，“校中厂”江苏倍康药业有限公司得以进一步完善。打破制约校企“人才共育”的瓶颈，创新形成“双岗双职”的管理体制，强化了“校中厂”的教育教学功能；提高了专业师资队伍建设成效；促进了专业建设与课程教学改革促进了校企资源的有效利用；有利于高素质技能型专门人才的培养，推动了科技平台的构建，有利于“校中厂”的可持续发展。校厂共建江苏省动物药品工程技术研究中心和江苏省兽用生物制药高技术研究重点实验室两大研发平台，承担各级课题 20 多项，获市级以上科技奖励 8 项，开发国家二类新兽药 2 个、三类新兽药 2 个，蜘蛛香胶囊、吡喹酮注射剂、抗菌肽等新产品已进入临床研究。校厂共建江苏省兽药代谢动力学研究服务中心和江苏省泰州兽药临床试验研究公共技术服务中心两大服务平台，为江苏南农高科动物药业有限公司、江苏威泰龙生物科技有限公司、上海诺华动物保健品有限公司等企业实施兽药研发服务项目 12 项，承担上海兽医研究所横向合作课题“吡喹酮注射剂的研制与药证申报”(50 万元)，承担军事兽医研究所横向合作课题“犬病毒性胃肠炎中兽药马蹄香胶囊研制”(30 万元)。

实例 4-12 共建生态健康养殖的养鸡教学基地

为了适应种鸡生产和高技能人才的需求，正大集团南通正大有限公司主动与江苏现代畜牧业校企合作联盟理事会合作，而江苏畜牧兽医职业技术学院为了整合正大集团南通正大有限公司员工培训资源，依托江苏现代畜牧科技园的种鸡生产性能测定技术，学院投入 50 万元积极与正大集团南通正大有限公司于 2011 年 9 月共同建设了种鸡标准化生产性能测定室，提高种鸡养殖工作的标准化水平和科技水平，建成了一个资源共享、教学设施完善的养鸡教学基地。

“厂中校”养鸡教学基地建设在正大集团南通正大有限公司动物保健中心内，现在基地的生产管理由正大集团南通正大有限公司运作，江苏畜牧兽医职业技术学院动物科技学院教师封琦博士等团队参与管理与科技研发。同时，在基地上安排学生在基地进行专业课程学习，一次可安排学生 50 名，每年接受学生 10 000 人时学习，每年可接受 5 位教师 2 个月以上的锻炼。学生的教学与实训由企业技师和学院教师共同负责实施，教学课程与企业的生产过程紧密结合，实现企业技术人员与学院教师共同实施人才培养和技术开发(图 4-13)。

图 4-13 养鸡教学基地成立仪式

“厂中校”养鸡教学基地成立以来，与企业相关人员一起安排江苏畜牧兽医职业技术学院动物科技学院相关专业学生开展了专业课程的学习，并成立“正大班”，为优秀学员资助学费，接收 11 520 学时学生顶岗实习，配置了实习导师，接受教师培训，共开展 3 批次员工培训，共计培训员工 2 000 多人时。

实例 4-13 共建肉品质量安全检测中心

根据南京雨润集团的动物食品质量安全检验技术、可追溯技术和高技能人才的需求，南京雨润集团主动与江苏现代畜牧业校企合作联盟理事会合作，而江苏畜牧兽医职业技术依托江苏省农畜产品加工与检测中心，学院投入 50 万元，与南京雨润集团于 2011 年 10 月共建了“肉品质量安全检测中心”。

南京雨润集团“肉品质量安全检测中心”现可接纳学院学生的专业教学，一次满足 50 名学生肉制品检验的专业教学需要，每年接收学生 10 000 人时学习，每年接受 3～5 位教师 2 个月以上的锻炼。中心由学院与企业共同组成教师工作站，从肉制品加工、肉制品质量安全检测、肉品质量安全管理、企业文化等方面进行现场授课与实地操作，共同开展科技开发。

中心成立以来，与企业相关人员一起安排江苏畜牧兽医职业技术学院食品科技学院相关专业学生开展了专业课程的学习，接收学生实习，并配置了实习导师，接受教师培训。2011 年 10 月，学院选派食品科技学院蒲丽丽老师等老师，深入生产一线，参与生产与研发。2012 年 3 月，食品科技学院将派出 40 名左右的学生到“厂中校”参与顶岗实习。

4.2.5 校企合作共建教师工作站

为促进学院教师与企业技师的双方互动与交流，促进校企深度融合，在江苏现代畜牧业校企合作联盟理事会的推动下，在企业组建了正大集团南通正大有限公司、南京雨润食品产业集团、江苏长青兽药有限公司和江苏高邮鸭集团等4个以学院教师为主体、企业技师参与的教师工作站，由学院选派3～4人、企业选派1～2人组成核心成员，吸收理事会其他成员单位技术人员参与，学院教师在企业工作年平均不低于120个工作日，共同负责实施学生顶岗实习管理工作，并帮助企业解决生产中存在的实际问题，与企业联合进行科技攻关、承担科技攻关、促进成果转化，加强企业员工的培训、培养“双师素质”教师等任务。

实例4-14 帮助企业解决实际问题

江苏畜牧兽医职业技术学院动物科技学院与江苏高邮鸭集团合作，于2010年10月份组建设在企业的“江苏高邮鸭集团教师工作站”，学院选派了陶勇博士等6人进站，已在站工作240天，负责学生的教学与实习，参与培训企业员工，与高邮鸭集团一起申报了江苏省自主创新项目“应用基因聚合技术辅助选育苏邮2号肉用麻鸭新品系(母系)”等多项课题(图4-14)。学校和企业共同协商出台相关政策，调动教师工作站工作人员的积极性，帮助高邮鸭集团解决实际问题，自成立以来成功帮助企业解决生产难题29项，如：解决了由于肉鸭的生长速度过快引起的啄羽现象；通过调整了饲料中胆碱的含量解决了蛋鸭夏季多发的湿羽和溺水现象；通过临床调查和实验室检查，对鸭浆膜炎的预防效果显著；通过笼养的方式解决了散养鸭的环境问题；通过鱼鸭混养、种植果园的方式帮助解决了粪便污染的问题；通过血清学试验和临床调查帮助制定了合理化的免疫程序等老大难问题；在工作过程中他们还积极向公司提出许多合理化建议，共计合理化建议65条，其中被公司采用43条，有效地提高了生产效率、降低了生产成本，创造了可观的经济效益。教师工作站的成立，彻底改变了长期以来，我国高等职业院校与企业的合作，往往是组织形式上结合的多，实质结合的少；意向的多，实施的少，不能从根本上帮助企业解决问题的局面。

实例4-15 青年教师成长的摇篮

2011年9月16日至2012年3月22日，在南京雨润食品有限公司教师工作站于2012年1月9日成立之前，江苏畜牧兽医职业技术学院已先后选派蒲丽丽博士等4名青年教师入驻，在企业工作了180多个工作日，负责管理110名学生的顶岗实习管理工作，把教师工作站建成了青年教师成长的摇篮(图4-15)。

图4-14 江苏高邮鸭集团教师工作站

图4-15 青年教师在企业培训

感受企业文化,学习先进管理理念。2011年10月24日至11月26日,江苏畜牧兽医职业技术学院的4名青年教师参加了南京雨润学院第五期干部培训班的部分培训课程。通过雨润集团精英们的精彩授课,深刻的感受了雨润的精神和文化,如“食品工业是道德工业”的价值观,“真诚如雨,滋润万家”的核心理念,“成为最受信任的食品企业”的目标追求,“诚信、勤敏、谦学、坚毅”的企业精神等。其实,企业文化不仅仅是一种宣传,更是一个企业的主流意识(理念或价值观)和行为方式,是企业的品牌和软实力。在短短20多年里,雨润生猪屠宰产能跃居全球第一,低温肉制品市场占有率连续13年排名全国第一,这样辉煌的成绩有目共睹。雨润何以在短时间内能够不断发展和壮大?其实都可以在雨润文化里找到答案。这样的培训不仅仅使教师们感受到雨润企业文化的熏陶,还加深了对中国肉品加工行业真实现状的了解,也拓展了自身的知识结构,如冷鲜肉加工等相关专业知识的学习。在雨润集团教师工作站感同身受雨润文化的同时,青年教师们也在反思教学与人生,重新调整自己的职业生涯规划,最大化实现自己的人生价值,铸就辉煌人生。教师们纷纷表示要在今后的教学工作中,把这次培训中所学到的企业文化和肉品加工知识传授给学生,让学生对雨润企业有一定了解,并提高就业能力。

深入生产一线,掌握主要岗位技能。教师工作站最重要的一项职能就是让青年专业教师学习到本行业最前沿的理论知识和实践技能,拓展教师的专业视野,全面提升教师专业技能水平等各方面的工作能力。春节前,正是南京雨润食品有限公司轰轰烈烈大生产的时期,青年教师们深入企业生产一线,参加生产活动,开拓眼界,掌握目前我国典型低温肉制品的生产技术。青年教师先后在小肠线、火腿线、腌制组、生产组和备货组生产车间进行了轮岗、顶岗锻炼,积极主动向有经验的工人师傅学习、虚心求教,学习并掌握了盐水注射机、滚揉机、乳化机、斩拌机、真空灌肠机等重要的肉品加工设备的使用方法和主要的技术参数。在工作之余,还利用空闲时间学习了品质管理科质量控制员一级、二级培训教材,掌握了目前企业最先进的生产技术和质控方法,学到了大量书本上学不到的实践经验和一些典型肉制品的关键生产技术,进一步提升了自身的专业技能水平(图4-16)。

参与技术攻关,提高科技研究能力。在教师工作站工作期间,我院青年教师积极参与企业的技术研究,主要参与了不同种类卡拉胶使用稳定性的小试研究、某些产品工艺改良的研究、玉米热狗肠不同肠衣使用效果的研究、部分速冻产品微生物超标原因分析等项目的技术研究工作,并为企业提出了一些合理化意见或建议。通过参与这些技术研究工作,教师们自身的专业知识与技能水平也得到了拓展和提升。

参与竞聘活动,领悟人才成长机制。2011年10月27日晚7时,在南京雨润食品有限公司生产一部二楼大会议室举行了新进大学生竞聘活动。生产一部总经理黄勤钊担任此次竞聘评委组长,生产一部各部门负责人担任评委。在雨润挂职锻炼的我院教师应邀也出席了此次竞聘活动。已经从生产一部各车间不同岗位锻炼了三个月的大学生们分别做了精彩的竞聘演讲,最后黄总经理总结发言,对参与竞聘的学生们表达了良好的祝愿(图4-17)。

通过此次竞聘活动,我院教师对用人企业的人才选拔机制有了切身体会,企业永远钟情于对企业有价值的人。作为一名实习生,不仅要具备吃苦耐劳的精神,还应该用心去工作、用脑去思考,在提高自身能力的同时,为企业创造价值。食品科技学院2012届部分毕业实习生即将到雨润实习,期望我院实习学生早日成为雨润优秀的员工。

图 4-16 青年教师在企业顶岗锻炼

图 4-17 青年教师参与企业竞聘活动，领悟人才成长机制

4.2.6 校企合作共建技师工作站

为促进学院教师与企业技师的双方互动与交流，促进校企深度融合，在联盟理事会的推动下，在江苏畜牧兽医职业技术学院组建了畜牧兽医、动物防疫与检疫、兽药生产与营销和食品营养与检测等 4 个以企业技师为主体、学院教师参与的企业技师工作站，承担专业建设与教学管理、培养锻炼教师等任务，工作站运行良好。企业技师工作站建设内容见表 4-3。

表 4-3 企业技师工作站建设内容

企业技师工作站名称	工作地点	负责人	人员组成	建设内容
畜牧兽医企业技师工作站	江苏现代畜牧科技园	企业技师	选择相关企业技师 3～4 人、学院选派 1～2 人组成核心成员，吸收理事会其他成员单位技术人员参与	企业技师在学院工作年均 120 个工作日以上、承担不少于 160 学时的专业课教学任务；校企共同制订人才培养方案，围绕岗位工作过程分析、岗位核心能力确定等开发基于工作过程的核心课程，实施专业教学，提升学生专业技能，培养双师素质教师等。校企共同投入企业技师工作站建设与运行经费，与工作站各项目小组签订年度工作任务书，明确其专业教学、课程建设、学生技能培训、师资培养、科技开发等工作任务和相应的报酬
动物防疫与检疫企业技师工作站	江苏现代畜牧科技园			
兽药生产与营销企业技师工作站	江苏倍康药业有限公司			
食品营养与检测企业技师工作站	校内			

实例 4-16 双师切磋，练就培养人才技能

为贯彻实施高职院校教师专业素质提升计划，促进教师专业发展和实践教学能力提升，2012 年 8 月 20 日，动物药学院在兽药生产实训中心开展兽药生产线操作技术培训，兽药生产与营销专业教研室全体专兼职教师参加了企业技师工作站组织的兽药生产线操作技术培训（图 4-18）。

培训内容分为片剂生产线操作技术与注射剂生产线操作技术两大部分，在培训中兽药生

产实训中心范斌老师向大家详细介绍了两条生产线的区域划分、功能布局和各种设备型号、性能、操作要领与注意事项，随后各位教师按照标准操作规程实际操作了生产线的主要设备，相互研讨，并就在实际理实一体教学中如何让学生主动地参与到教学环境中，合理安排工作任务与小组人员分配使学习效果最大化等问题提出了很多合理的建议。

通过此次培训，专业教师们很快熟悉了生产线的各种设备操作规范和维护方法，进一步规范了技能操作，加强了教师的实践技能素养，为下学期理实一体项目化教学与生产性实训的开展奠定了基础。

图 4-18 强化专业教师实践技能培训

4.2.7 校企合作共建管理信息平台

为加强联盟理事会成员单位的信息交流与资源共享，构筑校企合作育人的信息化桥梁，项目投入 430 万元，理事会成员单位于 2011 年 10 月合作共建了集校企合作门户网站、合作项目管理、学生顶岗实习管理、教学资源库建设、网络教学实施等功能于一体的校企合作联盟管理信息平台，完善合作企业的教学场所信息化建设。信息平台尤其教学资源库建设平台、顶岗实习管理平台等方面加大了投入，建立了优质的课程资源库，加强了学生顶岗实习的管理。在为校企合作开展项目建设、顶岗学生管理、专业课程建设与教学实施提供网络支持，满足学生边工作边学习、校企共同管理、学业成绩评定的信息化需求，为行业企业员工培训、企业技术支持提供及时快捷的途经，实现校企、校校优质教育资源的共享，提升学院支持行业发展、服务地方经济的能力。

校企合作管理信息平台，主要包括网络硬件系统、校企合作门户网站、共享型教学资源库管理系统、顶岗实习管理系统、合作项目管理系统。其中，网络硬件系统包括服务器、大容量存储设备、负载均衡设备、流控设备、核心交换机、录播教室等；校企合作门户网站包括企业介绍与企业宣传、合作动态、合作事项、人才信息和招聘信息的发布等，与学院数字化平台门户及招生就业系统无缝对接；共享型教学资源建设系统包括以专业资源为核心的教学资源建设、管理、应用模块，远程教学中心模块，教学效果评价模块，教学成果展示模块等。通过该系统的建设，能满足开放式、协助式教学、学习、交流需要，创建终身学习体系，能面向社会行业企业开展技术服务、高技能和新技术培训，为企业职工和社会成员提供多样化继续教育，增强学院服务社会的能力；顶岗实习管理系统包括顶岗实习计划、顶岗实习课务的落实、顶岗过程管理、成绩考核评定等；合作项目系统包括合作项目的网上申报、审批、建设过程监控、项目验收等。项目类型包括教学项目、科研项目、服务项目、其他项目等。

实例 4-17 建设远程学习系统，共享前沿技术

为了方便联盟师生员工在线学习，学院联合联盟企业，开发了畜牧产业链所有专业课程和部分公共课程的网络课程资源库。所有联盟师生员工只要凭自己的账号和密码登录后，即可获取学院推荐的学习任务或工作指令，进行在线学习。教师可以进行远程授课、发布作业、更

新各种教学资源;学生可以熟悉各门课程学习内容、项目任务、实训条件,也可以进行虚拟实验、在线考试,也可创建自己工作学习日记,也可以在交流论坛发表自己工作学习生活中遇到的困难,寻求帮助,同样,企业员工也随时获取学院的各种优质学习资源。另外,学院在养殖、兽药、食品加工等实训基地增设移动录播设备,这些地方的教学生产场景可以现场直播到多媒体教室,使生产和教学有机结合。课后学生随时温习,大大提高教学实效性。这在达到在同类院校中起到了示范带动作用。此系统极大地方便了为合作企业工作人员接受继续教育的机会,有效解决生产中碰到的难题。

4.3 建设人才共育型的工学结合培养模式

"教书育人"包括两个不可分割的部分,即"教书"和"育人"。"教书"是手段,而"育人"才是目的。教师不应仅仅为了"教书"而教书,教师应为求达到"育人"的效果而教书。专业建设、课程开发、工学结合、公共课、专业课、项目驱动实践课等等都是手段,所有一切都是为了达到"育人"这最终目的。所谓"育人"就是协助学生装备人生[1]。江苏畜牧兽医职业技术学院是长三角地区乃至东南沿海地区唯一独立设置的、培养畜牧兽医类高素质技能型专门人才的高等职业院校。学院领导深入研究长三角经济形态、经济发展模式,始终把握长三角经济发展方向,在专业设置方面,修订了《专业建设管理办法》,定期开展多途径、广幅面、深层次的走访调查,主动对接对接产业需求,与高附加值的特色农业、设施农业、生态农业、观光农业、都市农业和现代养殖业相适应,分析在种质资源保护、生态养殖、生物技术、疫病防控、畜产品加工质量与安全、药物残留控制等领域的生产、经营、管理一线技术工作岗位高素质技能型专门人的需要,建立了适应畜牧产业发展与需求的专业结构动态调整机制。

围绕江苏省畜牧业转型升级示范区建设,及时调整优化专业结构,对接江苏经济社会发展需求。根据江苏规模生态健康养殖标准要求,调整优化传统的畜牧兽医类专业,发展高效生态健康养殖类专业群;根据重大疫病防控要求,调整优化传统的动物防疫与检疫专业,发展官方兽医、执业兽医和乡村兽医三结合的重大疫病防控体系专业群;根据泰州高新区医药城建设的需求,调整优化动物医药类专业,发展动物药品安全与检测类专业群;根据畜禽产品质量建设的需求,调整优化食品营养与检测专业,发展畜禽产品质量全程管理类专业群;根据宠物饲养的公共卫生要求,调整优化宠物养护与疫病防治专业,发展宠物饲养安全与卫生类专业群;根据畜牧产业化经营的要求,调整优化市场营销、物流、会计专业,发展畜牧产业化经营管理类专业群;根据畜牧产业信息建设要求,调整优化计算机、网络信息、物联网专业,发展农牧业电子商务、畜产品质量安全追溯、动物及动物产品信息化管理类专业群;根据现代农业发展要求,调整优化园林、园艺专业,发展畜牧文化、旅游景观设计类专业群;根据畜牧机械化、自动化发展需求,调整优化机械、电子专业,发展畜牧机械、畜牧设备自动化专业群。

---

1 黄德辉.教书育人与高分低能

[EB/OL]. http://61.164.87.131/web/articleview.aspx? id=20110921163440671&cata_id=jsj,2012-8-21.

4.3.1 完善“三业互融，行校联动”工学结合人才培养模式的有效实现形式

结合学院“三业互融、行校联动”工学结合人才培养模式的要求，各个专业根据行业职业标准、合作企业生产规律、生产过程特点、对实训实习学生的时间要求、岗位工作内容的变化等具体情况，在本专业原有人才培养模式的基础上，探索畜牧兽医专业“课堂-养殖场”工学交替、动物防疫与检疫专业“防检结合，德技并进”、兽药生产与营销专业“GMP质量管理”、食品营养与检测专业“3133”工学交替、宠物养护与疫病防治专业“四阶能力递进，产学深度融合”、会计专业“课证岗融通”等培养人才的有效实现形式。

实例 4-18 完善“课堂-养殖场”工学交替培养人才的实现形式

人才培养模式是教学质量的原则性保证。农业高等职业院校畜牧兽医专业根据社会需求、学生需求，结合自身特点，科学定位人才培养目标，通过建设工作过程系统化的课程体系、校企合作的教育管理制度、工学结合的教学方法、理论与实践一体化的实践基地、“双师”结构教学团队、多元主体教学评价等，不断完善“课堂-养殖场”工学交替培养人才的实现形式。

1. 调查畜牧兽医专业人才需求

随着我国经济发展进入全面建设小康社会阶段，我国畜牧业已成为农村经济中产业化程度最高、市场化特征最明显和最具活力的支柱产业，其生产方式不断向集约化、专门化、标准化、无污染、无公害的现代畜牧业生产方式发展。现代畜牧业是一个知识密集型产业，又是一个集群化的产业。现代畜牧业的发展需要大量的有文化、懂科技、善管理的高素质技能型专门人才做技术支撑。

江苏畜牧兽医职业技术学院畜牧兽医专业组建了由行业企业专家、专业带头人、骨干教师组成的专业建设指导委员会，根据江苏省畜牧产业转型升级、畜牧生态健康养殖示范、畜禽良种化示范、动物防疫规范达标示范、畜牧新型合作经营模式示范和畜禽粪便综合利用示范的要求，深入行业、产业、用人单位调查，了解现代畜牧业生产中职业、岗位、生产任务对人才的要求及能力的变化，利用招生宣传的机会发放问卷对报考学生的个人爱好、兴趣及家长对学生的职业愿望进行调查：①课程内容调查：了解经济发展的趋势和规划，把握产业结构调整后所出现的新职业及新的就业机会；了解劳动生产结构的变化调整对原有职业岗位提出的需要改进的职业能力；了解新科技、新设备、新工艺和新材料的采用对劳动者提出的新要求。②课程现状分析：了解企业，分析学生的能力水平，所学内容在工作中的实用性，对课程的意见；了解课程的编制者和实施者，该课程理论发展及教学、管理中存在的问题；了解学生，愿意接受的学习方式、就业机会。③课程数据的处理：人口统计数据信息，劳动市场信息，原有课程的反馈信息；分析麦可思数据有限公司提供的2011年度、2012年度《江苏畜牧兽医职业技术学院社会需求与培养质量年度报告》对畜牧兽医专业教育教学改革的建议，结合教学条件的变化，进行综合性的教学改革。

畜牧兽医专业组织人员调查了12个左右典型单位，每个单位调查2～3个工作岗位(20～30岗位)，每个岗位归纳成10～15岗位职责，每个职责分解成6～30个任务。专业调研报告中的岗位定位是关键环节，是工学结合课程开发工作的起点，也是确定人才培养目标的基本方法。只有准确地进行了岗位定位，才能有效地进行工作任务分析。因此，工学结合课程开发是

个立体体系，岗位、任务和能力三个层面构成了严密的逻辑关系，岗位定位便是这个逻辑的起点。典型工作任务分析记录表样式，见表4-4。

表4-4 工作分析的引导问题记录表[1]

分析要点	引导问题	专业技术人员回答
工作岗位	1. 被分析的工作岗位在哪里？ 2. 照明条件如何？ 3. 环境条件对员工有何影响？（如冷暖、辐射、通风、气、雾、烟、尘等） 4. 员工完成工作任务时采取怎样的姿势？	
工作过程	1. 在哪些工作过程中涉及该工作任务？ 2. 生产哪些产品？ 3. 提供哪些服务？ 4. 前期产品（原辅材料）来自哪里？ 5. 如何接受任务？ 6. 完成的产品在哪里被继续加工？ 7. 如何交付完成的任务？ 8. 客户/顾客是谁？	
工作对象	1. 工作任务中的操作对象是什么？（如技术产品和技术过程，服务，文献，控制程序等） 2. 该对象在工作过程中的作用是什么？（如是操作设备还是维修设备）	
工具/器材	1. 完成该工作任务要用到哪些工具和器材？（如万用电表、计算机、应用程序等） 2. 如何使用工具/器材？	
工作方法	1. 在完成任务时有哪些做法？（如故障查找策略，质量保证方法）	
劳动组织	1. 如何组织安排生产？（如单独工作还是团组工作，工作分工） 2. 哪些级别对工作产生影响？ 3. 与其他职业和部门之间有哪些合作及如何分界？ 4. 员工的哪些能力共同发挥作用？	
对工作及工作对象的要求	1. 完成任务时必须满足哪些企业提出的要求？ 2. 顾客提出哪些要求？ 3. 社会提出哪些要求？ 4. 必须注意哪些标准、法规和质量规格？ 5. 同行业界默认哪些潜规则和“标准”？ 6. 工人自己对工作提出什么要求？	

1 欧盟Asia-Link项目“关于课程开发的课程设计”课题组.学习领域开发手册[M].北京：高等教育出版社，2007：25.

续表 4-4

分析要点	引导问题	专业技术人员回答
职业资格标准	与本专业相关的国家(或行业和企业)职业资格标准要求有哪些?要注意引进的国际职业资格标准?行业认可度较高的著名企业标准有哪些?	
区分点	1. 与其他典型工作任务有什么关系? 2. 与其他已完成的典型工作任务的分析有何可比之处? 3. 与企业中其他承担相同任务的工作岗位有何共同或不同之处? 4. 在被分析的岗位或部门是否可能进行职业培训?	

专业调研属于职业资格研究,是专业建设和课程开发的基础。专业调研人员通过搜集行业企业发展的经济技术数据,宏观把握行业企业的人才需求和职业教育现状。然后重点选择区域内相关企业进行深入走访调研,汇总各企业的岗位与部门组织结构图,初步了解企业的分工和劳动组织方式,确定毕业生可能从事的主要岗位和以后发展岗位。通过现场观察和调研企业骨干技术人员,详细记录各岗位的工艺流程,实际工作任务和工作过程,以及完成这些任务的职业能力要求。通过对以上资料的汇总和数据分析,初步确定该专业的发展方向和目标以及人才培养规格。专业调研至少需要一年的时间。学校对专业调研报告的监控点和评价指标,见表 4-5。

表 4-5　专业调研报告主要质量监控点与评价指标 [1]

监控点	评价指标
调研人员	专业负责人、专业带头人、骨干教师
调研企业	不低于 8 家,大中型企业至少 5 家
岗位和工作任务	企业的主要工作岗位和实际工作任务具体详细
工作过程	包含工作的要素、步骤和工作要求,企业工作日写实
职业能力	与任务相对应,知识点和技能点描述符合企业用人要求

2. 调整畜牧兽医专业人才培养规格

江苏畜牧兽医职业技术学院畜牧兽医专业是面向江苏乃至长三角地区现代畜牧业生产的岗位需求,旨在培养具有良好思想品质、职业道德、爱岗敬业、责任意识和开拓进取的职业综合素质;培养掌握畜禽繁育改良、饲料配方、畜禽饲养、疾病防治、养殖场环境控制、养殖设备操作维护、产品销售与技术服务、养殖场经营管理等岗位专业技能;培养具备较强的生产经营和管理能力、创新能力、社会适应能力、社会交往能力、创业能力和可持续发展能力的中高级畜禽饲养员、技术服务营销员、畜禽繁殖员和动物疫病防治员;学生通过课程考核和国家职业技能认证考试,获得大专毕业证书和相关职业资格技能证书,具备职业生涯发展基础,能在生产一线持续发展,成为现代畜牧企业的技术骨干、生产区区长、分场场长、经理等高端技能型专门人才。

3. 完善畜牧兽医专业工作系统化课程体系

现代课程理论是关于课程目标的确立、课程内容的选择和序化、课程质量评价的学问。工

1 王峰祥. 工学结合课程开发模式与质量监控与评价研究.
[J]. [EB/OL]. http://lwwfx.blog.163.com/blog/static/91996433201110189372121 2/,2012-09-02.

作过程系统化课程设计，是通过召开实践专家研讨会，确定典型工作任务（指在一个复杂的职业活动中具有结构完整的工作过程），从整体上概括一个职业（专业）的内涵，按照教育规律进行教学设计，以工作过程知识组织教学即形成学习领域课程。一般地说，每一个典型工作任务描述了职业教育课程中的一个学习领域课程[1]。学习领域是指一个由学习目标描述的主题学习单元，由职业能力描述的学习目标、任务陈述的学习内容和总量给定的学习时间 3 部分构成[2]。工作过程系统化的课程内涵是“学习的内容是工作，通过工作实现学习”[3]，这种课程模式因克服了项目课程无法解决“如何促进人的可持续发展”问题，实现从经验层面向策略层面的能力的发展，从根本上解决教育的本质属性问题。

在畜牧兽医专业课程体系改革过程中，召开江苏高邮鸭集团、正大集团、江苏京海禽业集团、南京卫岗奶业集团、大北农集团等大中型畜牧企业的实践专家、本专业实践经历的教师、专业群全体教师的研讨会，以服务江苏省畜牧产业转型升级为宗旨，根据生态健康畜禽养殖、规模化标准畜禽养殖、畜禽良种繁育、动物疫病防治四大领域的人才需求，从工作岗位、工作过程、工作对象、工具与器材、工作方法、劳动组织、工作要求等方面对畜禽养殖示范场、种畜禽繁育企业、动物医院、动物疫病预防控制中心等不同企业间，以及同一企业内部不同的饲养、繁殖、疫病防治、技术服务、生产区管理等进行岗位工作分析，得出职业成长规律和职业能力的层次要求，对典型工作任务进行排序，具体化为学习情境，将就业岗位（或岗位群）所需的职业资格、岗位工作标准、技能要求以及需要提升的新知识、新技术、新工艺、新设备融入教学内容，实施课堂与养殖场之间的工学交替、生产性实训、顶岗实习和职业技能鉴定，实现职业证书与学历证书的融通，达到“毕业就能上岗、上岗就能顺手，顺手就能安心”的培养目标（图 4-19）。

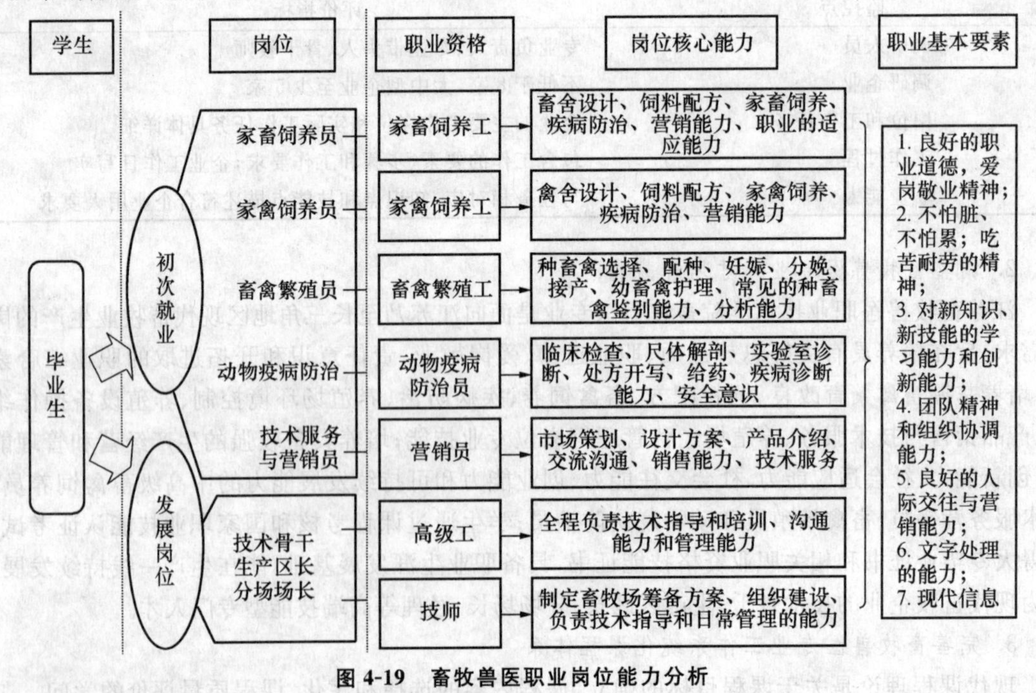

图 4-19 畜牧兽医职业岗位能力分析

1 欧盟 Asia-Link 项目“关于课程开发的课程设计”课题组. 学习领域课程开发手册[M]. 北京：高等教育出版社，2007：20.
2 严中华. 职业教育课程开发与实践[M]. 北京：清华大学出版社，2009：18.
3 欧盟 Asia-Link 项目“关于课程开发的课程设计”课题组. 学习领域课程开发手册[M]. 北京：高等教育出版社，2007：9.

按照"职业岗位能力→工作岗位→典型工作任务→学习领域→学习情境→发展性学习任务"的思路，提炼、优化、归纳形成36个职业工作任务，见表4-6。

表4-6 畜牧兽医专业岗位职业工作任务

工作任务	工作任务	工作任务
1. 雏禽培育	13. 种猪生产	25. 牛的人工授精
2. 育成禽饲养管理	14. 肉猪生产	26. 奶牛胚胎移植
3. 产蛋禽饲养管理	15. 猪常见病防治	27. 牛场污物处理
4. 肉禽生产	16. 猪的人工授精	28. 牛场规划与设计
5. 家禽常见病防治	17. 猪污物处理	29. 羔羊培育
6. 家禽的人工授精	18. 猪场规划与设计	30. 毛用羊饲养管理
7. 家禽孵化	19. 猪场生产经营管理	31. 肉用羊饲养管理
8. 家禽污物处理	20. 畜禽日粮配合	32. 乳用羊饲养管理
9. 禽舍规划与设计	21. 犊牛培育	33. 羊常见病防治
10. 家禽生产经营管理	22. 肉牛饲养管理	34. 羊的繁殖技术
11. 饲料分析与检测	23. 奶牛饲养管理	35. 羊场污物处理
12. 仔猪培育	24. 牛常见病防治	36. 羊场规划设计

将36个职业工作任务按照工作性质相同、行动范围一致性原则进行分类，对载体相同、具有相对完整工作过程的岗位工作任务进行归纳、整合，形成具备综合职业能力的行动领域的典型工作任务，见表4-7。

表4-7 职业行动领域分析表

职业岗位	行动领域的典型工作任务
1. 饲料检验化验员	1-1 饲料样本的采集与制备；1-2 饲料营养成分的测定 1-3 饲料有毒有害成分的测定
2. 畜禽饲养员	2-1 畜禽场规划与设计；2-2 畜禽日粮配制；2-3 肉猪生产；2-4 仔猪培育 2-5 雏禽培育；2-6 育成禽培育；2-7 产蛋禽的饲养管理；2-8 犊牛饲养管理 2-9 奶牛饲养管理；2-10 肉牛饲养管理；2-11 毛用羊饲养管理 2-12 肉用羊饲养管理；2-13 乳用羊饲养管理；2-14 畜禽舍的环境控制 2-15 畜禽污物处理；2-16 畜禽场的经营管理；2-17 农畜产品质量安全追溯
3. 畜禽繁殖员	3-1 种猪生产；3-2 种禽饲养管理；3-3 种公牛饲养管理 3-4 畜禽繁殖与改良；3-5 畜禽人工授精
4. 动物疫病防治员	4-1 猪病防治；4-2 禽病防治；4-3 牛病防治；4-4 羊病防治

根据畜牧兽医专业岗位及其岗位群的任职要求，以培养职业素质能力、岗位适应能力、岗位竞争能力和可持续发展能力为要求，体现职业素质课程贯穿于人才培养全过程。将行动领域的典型工作任务和职业基本素质能力按照学生知识、技能、认知规律的形成过程，以及学习领域和工作过程之间的内在联系，进行课程的解构与重构。以素质为基础，以能力为核心，与行业企业共同构建以"职业岗位基础学习领域课程"、"职业岗位专业核心领域课程"、"职业岗位专业方向领域课程"、"职业发展领域课程"为核心的全面素质目标培养的课程体系，一般一

个专业学习领域方案可以由10～18个课程学习领域组成(图4-20)。

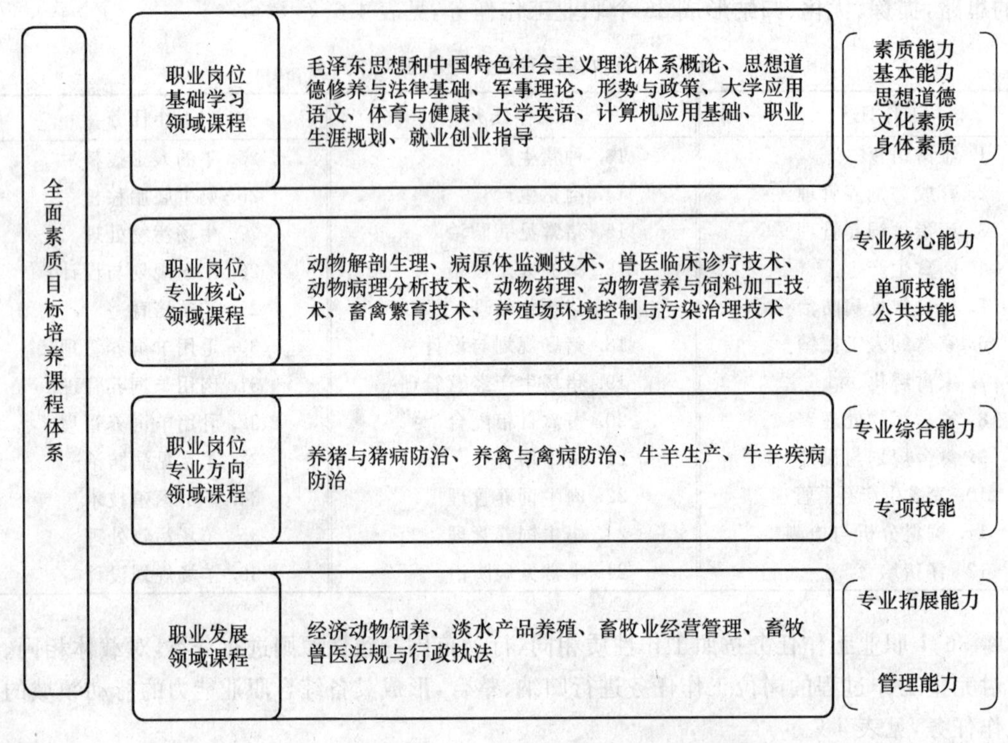

图4-20 畜牧兽医专业全面素质目标培养课程体系

专业调研和定位后,下一步的工作就是课程开发与建设。课程建设是专业建设的核心和灵魂,是人才培养的关键。课程建设的关键就是解构原学科课程体系,建立工学一体的课程结构和体系。建设的内容主要是召开实践专家研讨会。在课程开发专家的指导下,企业实践专家确定典型工作任务,形成工作任务与职业能力分析表,确定课程结构和课程体系,最后形成专业教学标准。专业教学标准是对人才培养各方面要求的整体性规定,是学院全面展开人才培养工作的基本依据。内容通常包括:专业名称、入学要求、学习年限、培养目标、职业范围、岗位职业能力、人才规格、工作任务与职业能力分析表、课程结构图、学年教学方案、主要实训课程及要求、实训室建设及配备标准、补充说明等。专业教学标准的质量监控点与评价指标,见表4-8。

表4-8 专业教学标准的质量监控点与评价指标[1]

监控点	评价指标
课程开发专家	具备课程开发经验,熟悉研讨会的基本操作规范,理解工作任务分析的质量要求
企业实践专家	企业专家数量11～12位,具有丰富实际工作经验,为一线技术骨干;覆盖本专业面向的主要工作岗位;具有一定的表达能力和思考能力
工作任务	工作任务的内容要真实、全面和具体、前后具有逻辑性

1 王峰祥. 工学结合课程开发模式与质量监控与评价研究.
[J].[EB/OL]. http://lwwfx.blog.163.com/blog/static/919964332011101893721212/,2012-09-02.

续表 4-8

监控点	评价指标
职业能力	根据具体职业内容表达能力；涵盖工作任务对能力的所有要求，描述具体，能力点之间逻辑关系清楚
课程设置	体现工学结合的设置要求和培养要求，具有可操作性
实验实训装备	具备建设的现实性，满足专业的培养要求，符合工学一体化理念

专业标准中的工作任务与职业能力分析是专业建设最关键的控制点，具有承上启下的作用，是制定课程设置、课程标准中的工作任务以及项目教学方案与教材的依据。

4. 丰富“课堂—养殖场”人才培养途径

充分发挥龙头企业对现代畜牧兽医产业发展的引领作用，畜牧兽医专业理事会与江苏现代畜牧业校企合作联盟理事会成员单位的龙头企业合作，完善“课堂-养殖场”工学交替的人才培养模式，将三学年六学期划分为 4 个阶段，让学生从课堂到养殖场“工学交替”，把四大养殖任务课程搬到养殖场，彻底改变“黑板上养猪、禽、牛、羊，教室里治病”的现状。围绕职业岗位，进行职业基本素养、岗位基本能力、岗位核心能力、预就业顶岗综合能力的训练，使学生具备“养、繁、防、销、管”岗位能力，提升学生的就业竞争力和可持续发展能力（图 4-21）。

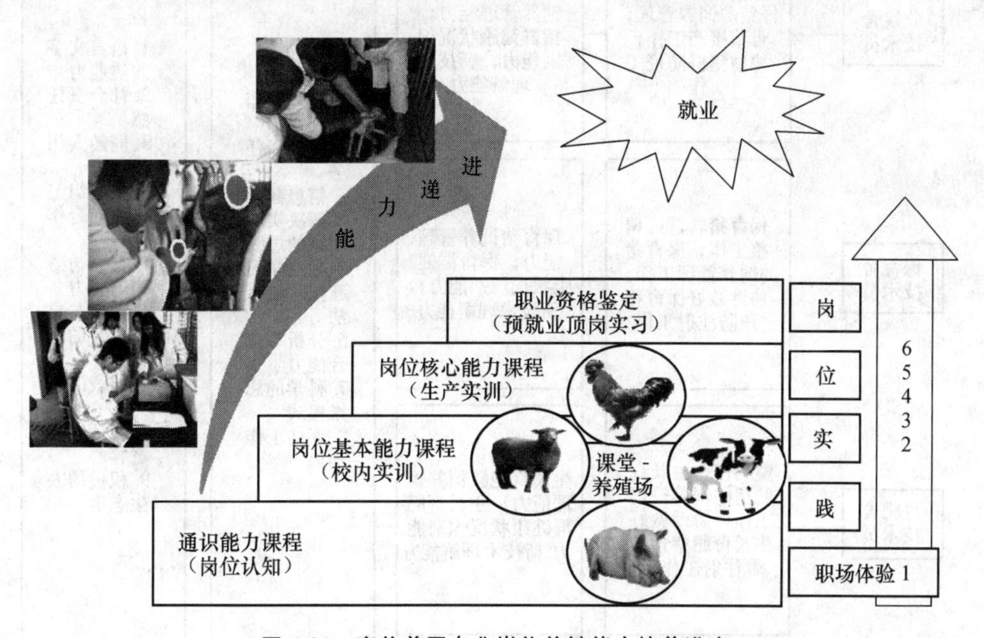

图 4-21 畜牧兽医专业岗位关键能力培养进度

第Ⅰ阶段（第一、二学期）：职业综合素质和通识能力的培养。进行基本文化素质课程和部分岗位基本领域课程的学习与实践，学生进入养殖场，感知养殖环境；主要培养学生法律意识、社会责任、价值取向、职业道德、沟通交流能力和专业基本能力等职业综合素质。培养学生“爱祖国、爱学校、爱专业”的精神，明确学习目的，树立学习信心，设计适合个人发展的职业生涯规划。

第Ⅱ阶段（第三、第四学期）：岗位核心能力的培养。学生在专业实训室和养殖场中，以江苏省内的鸡、鸭、鹅等家禽和猪、牛、羊等家畜为载体，以行业职业标准为依托，学校教师和企业技师组成的教学团队，开展职业行动领域课程的学习与实践，掌握畜禽生产过程和岗位核心技能。

第Ⅲ阶段(第五学期)：专业综合能力的培养。学生全部进驻校内生产实训基地——江苏姜曲海种猪场、高邮红太阳食品有限公司泰州高邮鸭育种分公司和南京卫岗奶业集团泰州奶

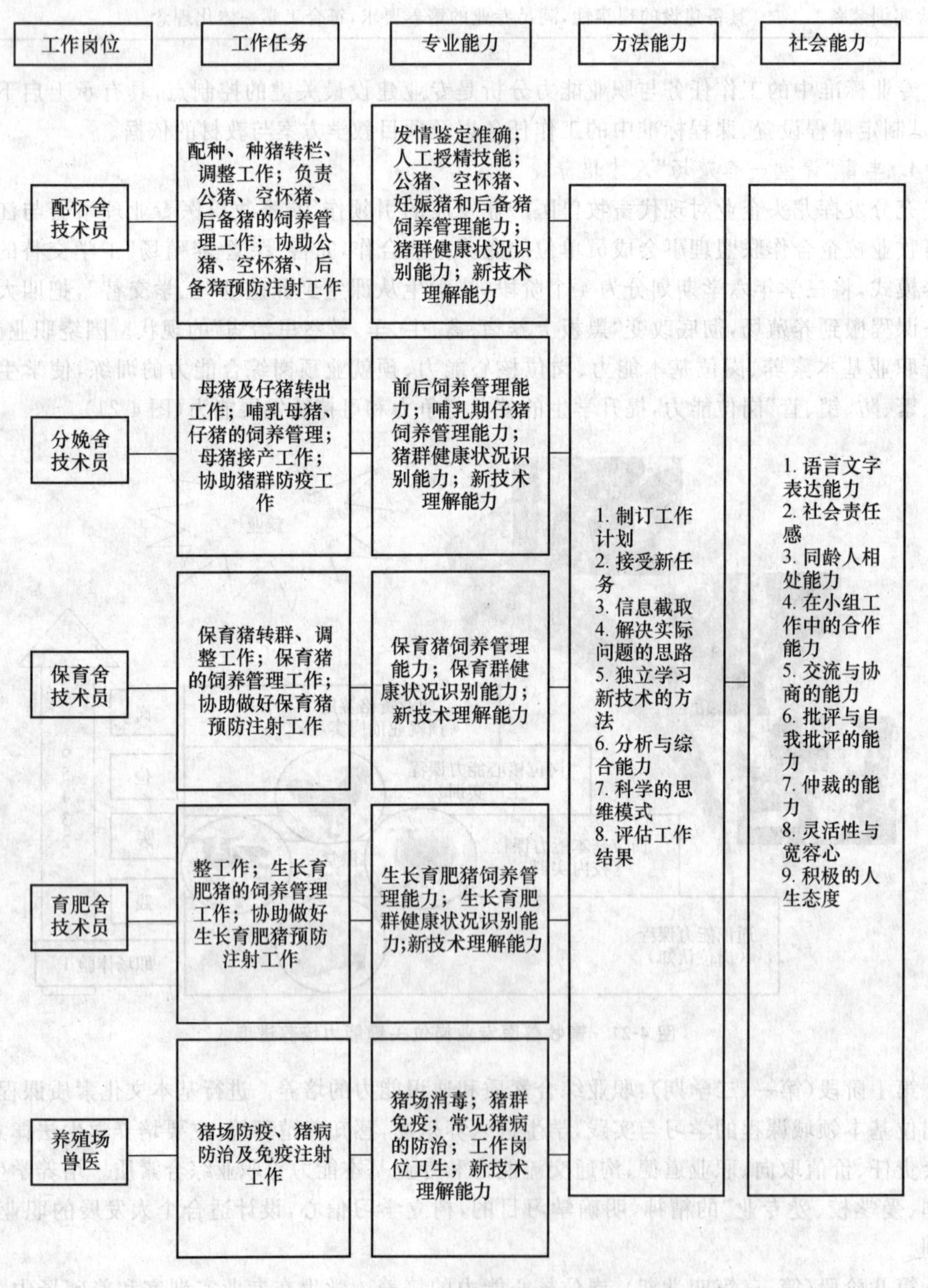

图 4-22 “养猪及猪病防治”职业行动领域分析

牛场等联盟龙头企业，开展专业方向领域课程学习，根据学生选择的专业方向，开展不同生产方向的订单培养。以典型的工作任务为载体，根据企业生产任务，设计不同的学习情境，以企业兼职教师为主，进行“做就业中学”和“学中做”，使学生在学技术的同时学做人，培养学生良好的创新意识、职业道德和吃苦耐劳精神。学生在真实的职业环境中，形成良好的职业态度，获得职业技能，积累职业经验。

第Ⅳ阶段(第六学期)：顶岗实习。根据江苏乃至东南沿海现代畜牧业的发展方向，针对不同人才需求，依托校外实训基地，开展不同生产方向的6个月的顶岗实习。结合岗位工作与企业文化开展综合性技能训练。校企共管，聘请企业兼职教师为指导老师，实行企业导师制。通过预就业顶岗实习，学生在职业素质、社会能力、方法能力、专业能力等职业综合素质方面得到全面提升，使学生就业竞争能力显著增强。

5. 描述课程学习领域

课程学习领域是“以职业任务和行动过程为导向的，通过目标、内容和基准学时要求描述的课题单元”，是建立在教学论基础上、由职业学校实施的学习行动领域，包括实现该教育职业目标的全部学习任务，通过行动导向和学习情境使其具体化。在对专业行动领域和典型工作任务进行分析的基础上，进一步分析技术人员或者工人完成典型工作任务必须具备的职业能力，为行动领域向学习领域转换打下基础。职业能力包括专业能力、方法能力和社会能力，每个能力在不同职业发展阶段有不同的体现。以“养猪及猪病防治”专业学习领域为例，分析、归类行动领域的职业能力(图4-22)。

通过对职业能力需求的开发、设计、重构、序化，形成职业能力需求结构表，见表4-9、表4-10、表4-11。

表4-9 “养猪及猪病防治”专业能力分析表

职业能力编号和职业能力名称	理论知识	实践技能	资源	评价标准
家畜繁殖技术管理能力	1. 理解耳标编制方法 2. 掌握种猪选择的原则与要求 3. 掌握选配分类的方法 4. 掌握人工授精技术 5. 掌握母猪接产的方法 6. 掌握公猪去势的操作方法	1. 掌握耳标编制技术 2. 掌握猪活体测膘方法 3. 猪体尺测量技术 4. 猪发情与配种适期鉴定技术 5. 按育种要求合理选配 6. 猪采精技术 7. 母猪输精技术 8. 母猪妊娠诊断技术 9. 母猪分娩监护与猪接产技术 10. 公猪去势技术	1. 理论与实践一体化教室 2. 养猪及猪病防治教学资源库	种猪繁殖配种技术规范、江苏省畜禽良种化示范创建标准

续表 4-9

职业能力编号和职业能力名称	理论知识	实践技能	资源	评价标准
家畜饲养管理能力	7. 了解猪场生产方向 8. 理解猪场规划与选址依据 9. 掌握猪场污染控制技术 10. 能编制引种方案 11. 掌握猪饲养标准的应用方法 12. 掌握不同猪群饲料配方的设计 13. 掌握不同猪群饲养管理方法	11. 猪场设备使用 12. 集约化养猪生产工艺 13. 猪场管理软件使用技术 14. 预混料的生产技术 15. 浓缩料的生产技术 16. 全价配合饲料的生产技术 17. 仔猪饲养管理技术 18. 后备猪饲养管理技术 19. 种猪饲养管理技术 20. 育肥猪饲养管理技术 21. 猪的应激与预防技术	3.《无公害畜禽饮用水水质标准》 4.《无公害肉猪生产允许使用的饲料添加剂目录》 5.《无公害肉猪生产允许在饲料中使用的药物饲料添加剂》	《肉猪饲养标准》、《无公害肉猪的理化指标和微生物指标》、《无公害食品—生猪饲养管理准则》、《无公害食品—生猪饲养饲料使用准则》、《江苏省畜牧生态健康养殖示范创建标准》、《江苏省畜禽粪便综合利用示范创建标准》
家畜疫病防治能力	14. 掌握猪场消毒方法 15. 制订猪免疫程序 16. 猪普通病防制措施 17. 掌握病毒性疾病防制措施 18. 掌握猪细菌性传染病防制措施 19. 猪寄生虫病防制措施	22. 猪舍、设备、用具消毒技术 23. 疫苗接种和给药技术 24. 猪普通病诊断与防治技术 25. 猪病毒性疾病诊断与防治技术 26. 猪细菌性传染病诊断与防治技术 27. 猪寄生虫病诊断与防治技术	6.《猪病图谱》	《中华人民共和国动物防疫法》、《无公害肉猪生产允许使用的抗寄生虫药和抗生素药及使用规定》、《猪瘟防治技术规范》、《猪伪狂犬病防治技术规范》、《口蹄疫防治技术规范》、《炭疽防治技术规范》、《高致病性猪蓝耳病防治技术规范》、《江苏省动物防疫规范达标示范创建标准》

表 4-10 "养猪及猪病防治"方法能力分析表

职业能力编号和职业能力名称	理论知识	实践技能	态度	评价标准
政治素质	马列主义、毛泽东思想、邓小平理论和"三个代表"重要思想的基本观点、基本理论、基本方法、科学发展观历史与国情；党和国家的基本路线、方针和政策	用马克思主义的立场、观点、理论和方法观察事物，分析矛盾，处理问题；用社会主义、科学发展以及党和国家的基本路线、方针、政策分析问题、解决问题	对政治素质的重要性认识	树立正确的世界观、人生观、敬爱观；追求真理的恒心和毅力；热爱祖国、振兴中华民族的使命感；拥护党和国家的路线、方针、政策

续表 4-10

职业能力编号和职业能力名称	理论知识	实践技能	态 度	评价标准
学习能力	自我管理、自我发展、自我学习、就业和创业	制订理想与目标;制订自我规划、计划;实施计划、自学;寻找工作;自我评价	理想与现实结合	理想实现与社会价值
人文、法律素质	文学、艺术、社会学、心理学、宗教、历史、环境等	正确对待自然、社会、他人,正确对待自己的观点;过程与方式方法的设计与选择;运用法律的意识;运用法律的过程、方法	科学、积极	正确对待自然,正确对待社会,正确对待他人,正确对待自己
身心素质	生理和心理健康常识;各类体育活动的功能、作用等	制订自我身心健康计划;促进生理与心理健康的活动技能	科学、认真	方式方法科学,形成良好习惯、意志品质
职业道德	社会关注的职业道德的核心、原则、规范;本职工作的职业道德内容、规范	确定并培养自己的道德规范、职业道德规范;能抵制金钱的诱惑,不贪、不占,为人正派	充分认识职业道德对集体与个人发展的作用	社会主义职业道德要求水平

表 4-11 “养猪及猪病防治”社会能力分析表

职业能力编号和职业能力名称	理论知识	实践技能	态 度	评价标准
团队协作能力	团队组建、团队运转、团队文化、协作方式	能友好地与单位内部、外部的相关办理业务人员相处	科学、诚实、守信、敬业	正确、高效
交际与沟通能力	中文、外语知识;交流与沟通的方式与方法;交流礼仪;交流对方的文化背景、思维习惯、思维方式	获取信息;分享信息:交流过程、方式与方法的设计、选择与操作;能耐心、热情地接待单位内部业务部门的人员	诚恳	高效
信息技术能力	计算机操作;计算机数据库;计算机网络;会计电算化能力	运用各种方式和技术收集、整理、使用各种形式的信息资源	科学	经济、有效
创新与解决问题能力	解决问题的一般过程、方式与方法;创新、技术创新的种类、一般过程与方法	发现问题:解决问题;实施创新;总结提高;能不断进取,积极向上,提升自身素质能充分预见养猪过程中可能出现的矛盾和风险,并尽可能地计划好应对措施,化解矛盾和风险	实事求是的科学	高效、经济

一个学习领域由能力描述的学习目标、任务陈述的学习内容和总量给定的学习时间 3 部分组成。学习领域课程描述方法如下：

典型工作任务表述的关键是：明确该典型工作任务的主要内容、完成任务的工作过程和方法是怎样的？有哪些要求？和哪些部门或个人有关？它的难点在哪里？怎么解决？所依据的国家或行业、企业标准有哪些？要使用哪些工具或工艺、设备等。

确定课程目标，一是能力表述的明确性，即学习目标所表述的能力必须是职业教育的培养目标，而且在典型工作任务描述中能找到对这些能力的要求；二是学习目标表述中实践与理论的关系必须明确，即在"工作对象"的表述中能找到理论与实践学习内容的直接联系。表述方法是：首先用一段文字(常常是综合性的学习任务要求)说明课程的综合要求，如果完成了这一任务，就具备了所期望的隐形能力和经验。然后附加一些具体的显性行为(可观察、可测量)目标，这些行为目标反映了每个学习情境的总体要求。

选择工作与学习内容，其表述必须与实际工作过程相联系，即工作对象、工具材料、工作方法和劳动组织方式，工作要求。工作对象描述是指工作人员在具体工作情境和工作过程中行动的内容，它不仅要说明工作对象的事物本身，而且要说明其在工作过程中的功能，也就是在工作中要做的具体事情。工具材料包括设备说明书、维修手册、操作指南、安全操作规程等；工作方法是个循序渐进的过程，包括学习层面、组织层面和技术层面；劳动组织方式不仅包括岗位内部的工作分配和相关责任，还涉及到岗位间的关系。

工作要求是指从不同侧面和角度对工作过程和工作对象提出要求，反映了不同利益团体矛盾和要求的博弈。包括企业的要求、技术标准、法律法规、顾客的要求、从业者的利益、职业资格。

"养猪与猪病防治"学习领域的描述实例见表 4-12。

6. 设计与开发学习情境

学习情境是在典型工作任务基础上，由教师设计用于学习的"情形"与"环境"，是对典型工作任务进行"教学花"处理的结果。学习情境的设计方法与不同专业的内容特征有很大关系，如可以按照一个典型工作任务生产的产品的种类、包含的岗位类型、设备或系统的结构，以及不同的工作对象、生产工艺或操作程序等设计。学习情境的设计在很大程度上受到学校现实教学条件的限制，包括教师条件、物质条件、行业特征等。学习情境设计主要包括：

学习任务的确定：用于学习的工作任务是学习情境的具体表现，应满足的要求是：①在专业上具有一定的典型性，而且具有一定的教育和教学价值；②能够反映真实的职业工作情境，具有一定的应用价值；③具有清晰的任务轮廓和明确而具体的成果，有可见的产品或可归纳的服务内容；④完成任务需要经历结构完整的工作过程，能促进综合职业能力发展；⑤能将某一教学问题的态度(或素质)、理论知识、实践技能结合在一起并且具有一定难度；⑥学习过程中有满足学习与工作需要的手段与媒体；⑦能对学习成果进行评价。

学习情境的排序：学习情境的排序是结合职业成长规律和学习任务难度进行。职业能力发展过程分为 5 个阶段，即初学者、高级初学者、有能力者、熟练者和专家。学习任务难度排列见表 4-13。

表 4-12 "养猪与猪病防治"学习领域描述

<table>
<tr><td>学习领域</td><td>养猪与猪病防治</td><td>时间</td><td>第 4 学期</td></tr>
<tr><td>学习难度范围</td><td>4:具体与功能性知识</td><td>一体化教学区</td><td>108 学时</td></tr>
<tr><td colspan="4">职业行动领域描述</td></tr>
<tr><td colspan="4">学生需要明确养猪及猪病防治是畜牧兽医职业职业化过程中必须获得的工作经验,学生在学习过程中遇到的大部分问题是不可预见的工作任务,没有样板的解决方案,需要学生面对挑战,对任务负责,制订作业计划,协调实施方案、时间等小组内部与外部的事务,优化工作的方式与方法,记录作业过程,寻求新的解决问题的方法。学习周期可能会跟猪生产规律不一致,学生需要在较长时间内在猪舍观察猪的生长变化
学生在完成任务的过程中,会产生新的知识要求,需要学生具备学习新知识的能力。</td></tr>
<tr><td colspan="4">学习场所的学习目标</td></tr>
<tr><td colspan="2">学校</td><td colspan="2">企业</td></tr>
<tr><td colspan="2">学生对现代生态健康养猪及猪病防治流程进行反思,学生分析对猪的饲养、繁殖、防治、管理过程有影响的各种因素,对技术系统进行优化
学生深化其已有知识,以便能参与技术和组织的创新和开发</td><td colspan="2">受训者在企业实际条件下独立编制猪饲养、猪繁殖、猪病防治、猪场管理计划,按照相应任务要求,独立或参与完成工作任务,获取工作经验
受训者在团队工作中对所完成的工作成果进行展示说明并进行反思,同时指出改进的方法</td></tr>
<tr><td>工作对象
1. 活体不同猪群
2. 防疫检查
3. 环保系统检查</td><td colspan="2">工具材料
1. 养猪管理软件
2. 工作规范、工作计划
3. 技术规范
4. 猪舍及配套设施
方法
1. 任务分配,现场作业
2. 运用猪养殖、繁殖、疫病防治技术
3. 工作任务分析
4. 问题解决策略
劳动组织
1. 小组内部分工
2. 实施猪的饲养、繁殖、防治、管理流程
3. 多元合作评价
4. 档案管理</td><td>工作要求
1. 猪养殖、繁殖、疫病防治技术规范
2. 现代畜牧业生态健康养殖示范基地规范
3. 教学时间尽可能跟猪繁殖、饲养周期相一致</td></tr>
</table>

学习目标与学习任务的确定:大多数学习目标是一组可观察和可测量的行为目标。其表述要点由 5 部分构成:学习者;陈述发生预期学习的条件(如材料、设备、时间等);行为动词(表 4-14);明确规定的水平,即教学结束后预期的行为数量和质量;界定可观察的学习结果。如学生应能在没有教师指导下独立根据饲料配方标准配制发情期种公猪的日粮。

表 4-13 学习情境的排序[1]

学习任务难度等级	学习任务类型	学习任务特点	主要内容
1	职业定向性任务	学生在教师指导下完成任务	行业、企业和职业工作的基本情况(是什么?)
2	程序性任务	学生根据现有的规律(规章、操作流程)独立完成任务	工艺技术知识及其原因(怎么样?)
3	蕴含问题的特殊任务	学生在理论知识指导下完成开放性的任务	功能描述与专业解释(为什么?)
4	无法预测结果的任务	学生在理论和经验指导下完成创新性的任务	职业工作发展的极限(科学解释)

表 4-14 学习目标的分层和常用行为动词

学习目标层次	行为动词举例
再现	认识、命名、复述、举例、说明、识别、标明、查到
重组	理解、阐述、描述、确认、区别、归类、讲解、解释、指出、概括
迁移	对比、充实、利用、表明、执行
应用	判断、得出结论、找出依据、推导、评价、拟订

学业评价建议:可以是对每个学习情境进行评价,也可以是对每个学习目标进行评价,主要是"用什么方式,由谁(自评、互评、教师评),用什么工具,参考什么标准,对什么项目(学习子情境、任务),在什么时间(过程、终极)加以评价?"。

学习情境设计是包括工作情境描述、学习任务、学习内容、与其他学习情境的关系、学习目标、学习内容、教学条件、教学方式方法阻止形式、教学流程、学业评价等。以"种猪繁育"学习情境描述为例,见表 4-15。

表 4-15 "种猪繁育"学习情境描述

专业:畜牧兽医　　学习领域:养猪及猪病防治

学习情境:种猪繁育	教学时间:16 学时
工作情境描述	江苏泰州姜曲海种猪场计划繁育一批种猪,销售给江苏滨海姜曲海猪扩繁场,根据合同订单数量与验收要求,生产管理部门组织生产,下达种猪繁育生产任务,任务完成后,提交成品和工作报告
学习任务	·查阅《种猪繁育》技术手册,编制生产计划 ·分析生产计划,制订作业流程及关键控制点 ·进行猪活体测膘,选择种猪;进行选配分类,根据需要确定不同选配方式 ·观察猪发情,鉴定配种适合期 ·妊娠母猪的饲养管理 ·实施人工授精,观察并诊断母猪妊娠 ·监护母猪分娩、为母猪接产、对仔猪进行护理

1 赵志群.职业教育工学结合一体化课程开发指南[M].北京:清华大学出版社,2009:74.

续表 4-15

学习情境:种猪繁育	教学时间:16 学时
与其他学习情境的关系	学生目前已经能够 ·掌握猪的生物学特性及行为特点 ·掌握公猪的饲养管理技术 ·掌握母猪的饲养管理技术 ·应用专业术语进行交流 ·借助技术手册查阅工作流程中的技术要求信息
学习目标	完成本学习情境后,学生应当能够 ·学会编制生产计划 ·能够按照育种目标选择种猪 ·能够按照育种目标正确选配 ·能够准确查情,并能适时配种 ·掌握人工授精技术各环节操作 ·学会母猪妊娠早期诊断 ·能够为母猪分娩正确接产 ·能够正确护理产后母猪 ·学会初生仔猪护理
学习内容	·生产计划的编制 ·选择种猪(体尺测量、活体背膘测定) ·选配类型及应用 ·发情鉴定方法 ·人工授精技术 ·母猪妊娠早期诊断 ·妊娠母猪的饲养管理 ·母猪分娩及接产技术 ·产后母猪护理技术 ·初生仔猪护理技术
教学条件	种公猪群;种母猪群;人工授精器材;B超;猪场管理软件
教学方式方法 组织形式	在讨论区:讲授、演示、讨论、制订作业计划,提交报告 在操作区:实际操作,流程修正,结果评价
教学流程	教师组织学生在"教学工厂"实施理实一体化教学: ·编制生产计划 ·种猪选择 ·合理选配 ·发情鉴定 ·人工授精 ·母猪妊娠早期诊断 ·妊娠母猪的饲养管理 ·母猪分娩及接产 ·产后母猪护理 ·初生仔猪护理

续表 4-15

学习情境:种猪繁育	教学时间:16 学时
学习评价	测评点: · 技能操作(企业) · 学习报告(学校) · 小组活动 · 学生互评 · 评价标准见工作页中的相关评价表

7. 建设专业课程资源库

积极与行业企业合作,共同设计专业课程的教学内容、教学方法,制定课程标准,开发试题库、多媒体课件、视频、图片等资料;以学校的公共信息平台建设为支撑,建设工学结合的《动物营养与饲料加工技术》、《病原体检测技术》、《养禽与禽病防治》、《养猪与猪病防治》、《牛羊生产》、《养殖场环境控制与污物治理技术》6 门课程资源库(表 4-16),满足开放式、协助式教学、学习、交流需要。

表 4-16　畜牧兽医专业课程资源库表

项目	课程名称	建设内容	完成时间	合作单位
专业课程资源库	动物营养与饲料加工技术	1. 构建课程网站 2. 制定课程标准 3. 开发工学结合的特色讲义 4. 建设试题库、习题库、技能考核标准及题库等教学资料 5. 制作多媒体课件、视频、音频、图片等教学素材 6. 收集职业标准、行业企业标准等 7. 企业优秀案例	2010 年度	泰州正大有限公司
	养禽与禽病防治		2011 年度	江苏高邮鸭集团 南通正大有限公司
	牛羊生产		2011 年度	南京卫岗奶业集团
	养殖场环境控制与污物治理技术		2011 年度	江苏省畜牧总站
	养猪与猪病防治		2011 年度	江苏姜曲海种猪场
	病原体监测技术		2012 年度	江苏现代畜牧科技园

专业教学标准确定后,意味着从专业层面过渡到科目层面,即从宏观层面转向微观层面,开发主体由专业带头人、骨干教师转向了承担各门课程的全院教师。同一门课程有不同的教师担任,教材也有多种版本,主管部门无法对教学效果进行针对性评价,因此必须制定各科目的课程标准。课程标准的制定要在专业调研人员的组织下,成立各学科教师课程标准编写小组。通过认真分析、研讨专业调研报告和专业教学标准,确定该课程的教学设计思路和教学目标,在企业专家参与下确定课程的内容与要求。课程的内容与要求主要指工作任务、知识和技能。

专业标准与课程标准是专业建设和课程开发的文本文件,如果不从根本上改变原学科式的教学模式与教学方法,所有的教学改革和努力都将趋于形式,新瓶装旧酒,无法实现培养学生职业能力的目的。高职教学模式与方法必须遵循高职教学改革的六项原则:①工学结合,以职业活动为导向;②突出职业能力目标;③课程内容以项目任务为载体;④能力实训;⑤学生主体;⑥实行理论实践一体化教学。这就要求教师树立新的职业教育观念:知识不是教师“教”会的,而是学生“学”会的;能力不是教师“讲”会的,而是学生“练”会的。要求在专业核心课程和专业方向课中实施“项目导向，任务驱动，实践一体化教学模式”。课程标准的质量监控点与评价指标，见表4-17。

表4-17 课程标准的质量监控点与评价指标[1]

监控点	评价指标
设计思路	能明确表达出该课程设置的依据、课程目标定位、课程内容选择标准和学习情境设计；体现该门课程的工学结合特色；文字表达清晰流畅
课程目标	以完成任务的方式描述目标要求；目标描述具体，可操作，可考核；与该门课程设置时所截取的职业能力相对应
课程内容与要求	学习任务与学习领域设置时的工作任务相对应；任务编排符合学生认知规律，具有职业能力训练价值；能力描述体现工作任务的要求，有具体工作成果；理论知识和实践知识在学习任务中布局合理
教学建议	体现教材编写理念；突出课程任务参照、项目导向、理实一体化等行动导向教学模式；教学评价注重阶段性评价，过程评价与目标评价相结合；注重学习任务相关的教学资源的开发和利用

课程标准中的关键控制点是课程内容与要求，该部分详细规定了学生应该学习的理论知识和实践知识，是学习情境和项目开发的依据。不同的任课教师具有不同的企业实践经历，开发出的任务、项目和案例可以不同，但学习任务必须与课程标准中的课程内容与要求相对应，能实现该课程规定的教学目标，因此要求任课教师花费大量精力开发这部分的内容，各专业负责人和专业带头人也要对该部分内容进行重点监控和评价。

8. 配备“双师”结构教学团队

建立校企人才互聘机制，培养专业带头人2名、骨干教师19名，专任专业教师的双师素质比例达到91.3%以上；从畜牧业龙头企业聘任培养了35名兼职教师，逐步建立完善的兼职教师资源库，使企业兼职教师承担的专业课学时比例达到51.2%以上，并参照国家优秀教学团队标准，创建专兼结合的“畜禽生产与疾病防治”优秀教学团队。

9. 建设一体化专业教室

在设在学院的国家姜曲海种猪场场联合建设标准化猪生产实训中心，配备一体化专业教室，设有理论教学兼分析讨论区和生产实训区(图4-23)。理论教学区配备了课桌、讲台、白板、专业图书、专业期刊、资料柜、物品柜、电脑、多媒体投影仪、与生产区通联的视频系统。生产区有满足完成生产性教学任务需要的原料、设备、水电、安全系统、环保系统等。[2]

10. 制定合适的教学运行管理制度

教学管理制度是高等职业院校教学行为赖以遵循的规则。科学、合理的教学管理制度是高等职业院校教学正常有序地运转、教学管理规范、教学质量提高的保障和关键。江苏畜牧兽医职业技术学院根据专业建设和教学管理的需要，不断修订了一系列的教学运行管理制度，畜

[1] 王峰祥. 工学结合课程开发模式与质量监控与评价研究.

[J].[EB/OL]. http://lwwfx.blog.163.com/blog/static/9199643320111101893721212/,2012-09-02.

[2] 姜大源. 职业教育学研究新论[M]. 北京：教育科学出版社，2007：231-232.

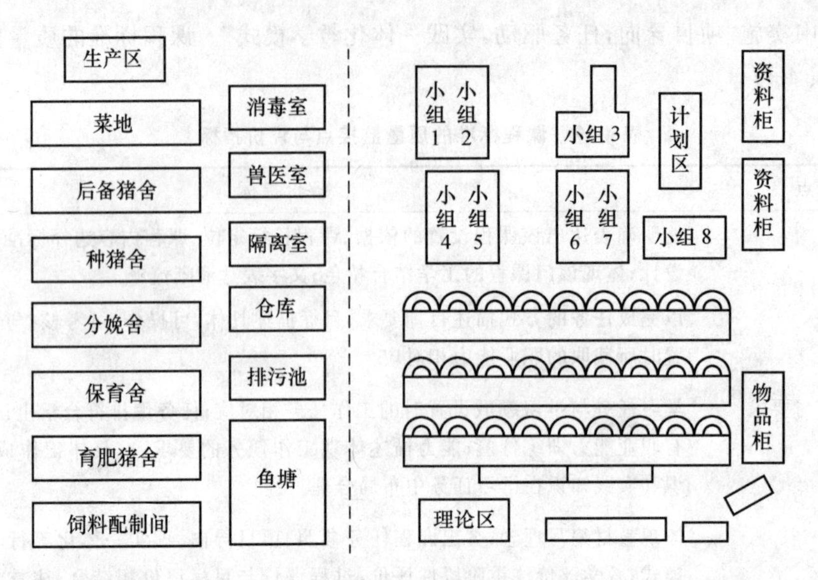

图 4-23 猪生产一体化教室示意图

牧兽医专业建设过程中执行了这些制度，提高了教学质量。基于校企合作、工学结合的教学管理制度一览表，见表 4-18。

表 4-18 基于校企合作、工学结合的教学管理制度一览表

制度类别	序号	制度名称	备注
学籍管理	A1	学生学籍管理制度	
	A2	学生档案管理制度	
	A3	毕业生信息管理制度	
	A4	进修生(旁听生、代培生)管理制度	
	A5	新生入学报到管理制度	
教学组织管理	B1	学校教学管理工作规定	
	B2	专业建设委员会工作制度	
	B3	教学组织管理制度	
	B4	教师教学规章制度	
	B5	学分制管理制度	待运行
	B6	弹性学制管理	待运行
	B7	教学课程规范制度	
	B8	教研室工作制度	
	B9	教研活动管理制度	
	B10	教师量化考核管理办法	
专业与课程建设管理	C1	专业建设管理办法	
	C2	专业人才培养方案制(修)订办法	
	C3	职业方向选课制度	
	C4	课程建设管理办法	
	C5	产学研结合课程实施办法	待运行
	C6	课程标准制定办法	

续表 4-18

制度类别	序号	制度名称	备注
教师教育教学能力管理	D1	教学能力培训制度	
	D2	教学研究能力提升制度	
	D3	教师服务社会能力制度	
	D4	企业技师职称认定办法	
	D5	校外兼职教师管理办法	
	D6	双师素质认定办法	
	D7	教学名师评选办法	
	D8	专业带头人遴选办法	
	D9	骨干教师选拔及管理办法	
	D10	优秀教学团队评选办法	
教学运行管理	E1	课程调度管理制度	
	E2	教材管理工作制度	
	E3	教室使用管理办法	
	E4	学生毕业设计(论文)工作规范	
	E5	教学事故处理办法	
	E6	学生学业成绩评定管理办法	
	E7	教学档案管理办法	
实践教学管理	F1	实验室管理制度	
	F2	实训室管理制度	
	F3	教学仪器设备使用管理办法	
	F4	校内实训实习基地管理制度	
	F5	校外实训实习基地管理制度	
	F6	语音室管理制度	
	F7	多媒体教室管理制度	
	F8	录播室管理制度	
	F9	顶岗实习管理办法	
教学质量管理	G1	学生知识及技能竞赛管理办法	
	G2	教学质量评估制度	
	G3	教学督导制度	
	G4	学生评教制度	
	G5	教师同行评教制度	
	G6	企业技师评教制度	
	G7	优秀教研室评选办法	
	G8	优秀教师评选办法	
	G9	优秀教学团队评选办法	
	G10	优秀教研成果评选办法	

11. 实施行动导向教学

行动导向教学，实质上是在专业教学活动中，以学生为主体，创设一种学与教互动的职业情境，通过组织学习活动，经历完整的工作过程，学生自主地构建工作过程知识，形成专业能力、方法能力和社会能力整合后的职业能力，学生迁移性地在不同工作岗位上运用职业能力，胜任岗位工作任务，发展综合职业能力。

行动导向教学方法很多，被高等职业院校教师广为使用的方法有案例教学法、模拟教学法、角色扮演教学法、项目教学法和引导文教学法等。下面以项目教学法为例，结合“养猪及猪病防治”课程的“猪活体测膘”实例进行说明。

学生是学习的行动者，教师是学习的组织者、引导者、咨询者和评价者。按照“学习的内容是工作，通过工作实现学习”的原理，教师在教学区向学生布置生产性学习任务（任务要有预期工作成果；任务不易太复杂，复杂的任务时间不够，学生能力不足；太简单的任务也不行，不具有工作过程的完整性；随着课程的实施，任务应具有发展性；开始时教师应帮助学生分析任务），讲解必要的专业知识，划分学习小组（小组人数一般在 5 人左右，要选举出小组长），组织学生获取资讯，分组制订生产计划（开始是教师辅导学生制订计划，以后随着工作能力的增强，要求学生独立编制计划），分析讨论工作计划，形成实施方案，按照方案在生产区作业，对工作中出现的个别问题现场解答，对共性问题回到教学区讨论后解答，学习小组展示工作成果并指派代表讲解完成过程，能分析出优点、不足及改进方法，教师和学生共同对生产任务完成的进度、数量、质量进行评价，最后教师把教学体会、学生工作页进行归档，以备下次使用。以“猪活体测膘”为例设计项目教学法，见表 4-19。

表 4-19 “猪活体测膘”项目教学法设计

学习过程	学习内容	教师与技师	学生	媒体	学习时间
确定学习任务，收集相关信息	1. 任务描述： (1)猪活体测膘要求； (2)猪活体测膘方法； (3)猪活体测膘结果、分析并编制报告 2. 预期结果：猪活体测膘分析报告	设计、主导，播放课件	理解并接受任务	教学区	1 小时
划分学习小组	任务完成形式以小组为单位，由 3 人组成一个小组，选出一个负责人，与老师联系并负责分工、协调	协调、引导	学生执行	教学区	
制定计划，修整完善	学生根据给定的工作任务，独立制订一个符合预期要求的猪活体测膘工作计划，包括： (1)猪活体测膘最适时间、最佳部位的选择； (2)明确小组分工； (3)准备工作标准、待测猪、活体测膘仪、剪毛剪、70%酒精棉球、5%碘酒、测膘尺、记录表； (4)运用不同猪活体测膘技术进行测膘，记录数据； (5)对记录数据进行分析与校正； (6)编制猪活体测膘分析报告。 学生在教师解析工作计划后，对制订的计划进行修订、补充、完善	协调、引导，解答学生疑问	小组讨论并制定	教学区	1 小时

续表 4-19

学习过程	学习内容	教师与技师	学生	媒体	学习时间
实施计划	学生分组在生产区实际操作，在技师的指导下掌握关键要领：(1)定位准确；(2)严格按测膘仪的说明书调节各按钮；(3)使用测膘仪时，在探头部涂抹油，使其与猪体接触紧密没有空隙	适当指点和启发	小组成员独立或合作完成	生产区	2小时
检查评价	学生各组检查工作的质量，并自评得分；学生对自己的工作过程进行全面评价，明确下次改进的内容，记入报告	指导、检查、点评，修改教案	学生展示成果，小组评价	生产区	1小时
归档与结果应用	回顾整个任务完成过程，总结实施要点和工作步骤；对任务完成质量比较高的小组进行激励；记录本次任务实施的成功与不足之处，以改进教学	引导、激励	归纳、总结	教学区	1小时

12. 实施行动导向的教学质量评价

“课程是对学校教育内容、标准和进程的总体安排与初步设计”[1]，教育教学质量的提高需要切实提高课程教学质量。因而，教育质量的监控与评价最终要落在课程上。

课程监控与评价体系，是一个能够向有关机构、人员连续反馈课程运行状态信息、识别获得成功的潜能、尽早发现问题并保证及时调整的系统化工具，是一个为保证课程有效实施并达到预期目标、各有关方面达成共识并实现这一共识的过程[2]。课程质量监控与评价体系一般包括内部监控和外部评价。其中内部监控主要是由学校的教学督导处、教师、学生实施，持续改进课程目标与现状之间的差距；而外部评价则由教育行政主管部门、学校聘请的第三方独立机构、外部专家、用人单位等承担，比较应达到的目标与实际达到目标，提出评价报告。监控为评价提供数据资料，评价为监控提供的数据资料赋予价值。

根据教师教学质量评价原则，结合高等职业教育的特点和高等职业院校人才培养工作状态数据采集平台要求，对行动导向的教学质量评价，编制学生、学校督导、学校同行和企业技师的四元三级评价指标体系（见表 4-20 至表 4-24），听课记录表，见表 4-25。

表 4-20 教学质量一级评价指标构成表 %

	一级评价指标(A)				
指标体系	学生评价(A1)	督导评价(A2)	同行评价(A3)	企业评价(A4)	合计
比例	30	30	20	20	100

1 刘要悟．试析课程论与教学论的关系[J]．教育研究，1996，4．

2 赵志群．职业教育工学结合一体化课程开发指南[M]．北京：清华大学出版社，2009：118．

表 4-21 教学质量学生评价表(A1)

姓名：　　课程：　　授课班级：　　年　月　日

二级指标	评价标准	分值	得分
B1 教学态度(20 分)	C1. 授课认真负责，准备充分，精神饱满	6	
	C2. 注意师生之间沟通，经常听取学生意见	10	
	C3. 不迟到、早退、旷课，不擅自调课	4	
B2 教学内容(30 分)	C4. 基本要领和原理讲解清楚、准确	6	
	C5. 教学安排合理，内容熟悉，知识面宽，讲述正确生动	15	
	C6. 重点难点突出，不照本宣科	5	
	C7. 突出理论与实践相结合的特点，介绍当前学科新成就，新动态，及时反映新知识	4	
B3 教学方法(20 分)	C8. 根据教学需要适时适度应用教具和现代教学手段辅助教学	8	
	C9. 实行启发式教学，充分发挥学生的积极性、主动性，富有吸引力	12	
B4 教学素质(15 分)	C10. 使用普通话，教学语言清晰流畅	5	
	C11. 板书设计突出主题，层次分明，书写标准、清晰	7	
	C12. 教态自然亲切，仪表端庄、大方	3	
B5 师德与综合评价(15 分)	C13. 专业基础知识扎实，知识面广，实践经验丰富，动手能力强	5	
	C14. 通过教学，学生能力有明显提高	7	
	C15. 课堂秩序井然，关心学生健康成长，为人师表	3	
合计得分		100	

表 4-22 教学质量学校督导评价表(A2)

姓名：　　课程：　　授课班级：　　年　月　日

二级指标	评价标准	满分值	得分
B6 教学态度(20 分)	C16. 备课充分，教案(手写稿或电子打印稿)认真且完整；实验实习准备工作充分	5	
	C17. 能按计划授课	3	
	C18. 遵守教学纪律，教学负责	5	
	C19. 仪表整洁、教态自然、精神饱满	3	
	C20. 为人师表，教书育人	4	
B7 教学目标与教学内容(20 分)	C21. 教学目标明确，课堂单元目标与教学整体目标一致	3	
	C22. 理论联系实际，授课内容符合就业岗位需求，重视能力培养	5	
	C23. 采用“研究型”备课，有较强的设计理念	6	
	C24. 概念准确、条理清楚、举例恰当	3	
	C25. 教案熟悉、内容充实，突出重点、难点，讲解透彻，安排得当	3	
B8 教学方法与教学手段(25 分)	C26. 运用普通话教学，语言清晰流畅，逻辑性强	4	
	C27. 板书字体规范，内容布局合理，版图工整，一目了然	4	
	C28. 根据教学内容和学生特点采用合适的教学方法，讲究师生互动	6	
	C29. 教学手段(课件、讨论等)使用得当，整体效果好	5	
	C30. 教学过程能体现“以学生为主体，以教师为主导”	6	

续表 4-22

二级指标	评价标准	满分值	得分
B9 教学管理与教学组织(15 分)	C31. 课前有考勤记录	3	
	C32. 及时制止学生的课堂违纪行为(私自讲话、玩手机、睡觉等),管教管导	5	
	C33. 学生举止文明,尊重教师,上课注意力集中,学习积极主动,与教师配合默契	3	
	C34. 科学利用教学时间,教学过程安排合理	4	
B10 教学效果(20 分) 理论课	C35-1. 能吸引学生,讲课受到欢迎,课堂气氛良好	6	
	C36-1. 知识传授能够较好地为掌握技能服务	6	
	C37-1. 授课内容学生能当堂接受和理解	8	
实践课	C35-2. 实践内容的实用性强,指导教师操作熟练、演示规范	6	
	C36-2. 实行"双导师"制,教师能巡回指导	6	
	C37-2. 动手操作学生的比例高,实践技能掌握较好	8	
理实一体化	C35-3. 教学整体设计合理,能给予学生思考、联想、创新的启迪	6	
	C36-3."教、学、做"一体化,学生实践和创新能力得到锻炼	6	
	C37-3. 设计的实践活动在培养学生发现问题、分析问题、解决问题的能力方面有明显效果	8	
	合计得分	100	

听课人:________

表 4-23 教学质量学校同行评价表(A3)

姓名: 课程: 班级: 年 月 日

二级指标	评价标准	分值	得分
B11 教学态度(10 分)	C38. 注重素质教育,培养学生分析和解决问题的能力	3	
	C39. 教书育人,融思想政治教育和科学精神、人文精神于教学中	5	
	C40. 备课认真,讲稿(或教案)内容充实,清晰整洁	2	
B12 教学目的(15 分)	C41. 教学目标明确、具体,符合培养目标要求,切合学生学习实际	7	
	C42. 教学目标体现知识传授、技能训练及能力培养的相互统一	8	
B13 教学内容(20 分)	C43. 根据课程性质及大纲处理教材,结合专业发展注意内容更新	5	
	C44. 重视理论联系实际,突出实践性教学	7	
	C45. 容量安排适当,信息量适中,教学结构程序设计合理,条理清楚,重点突出	5	
	C46. 内容准确,无知识性错误	3	
B14 教学方法(20 分)	C47. 注重激发学生学习兴趣,启发学生思维,鼓励学生创新	8	
	C48. 教学方法灵活多样,适合教学内容,符合学生实际	7	
	C49. 根据教学需要,适时、适度运用教具和现代教育技术手段	5	
B15 教学技能(20 分)	C50. 教态亲切、自然,使用普通话,语言清晰、准确、规范、形象、生动,语速、语调适中	8	
	C51. 板书层次分明,图例规范,布局恰当,无错别字和不规范字	5	
	C52. 善于组织教学,有教学调控能力,教学时间分配合理	7	

续表 4-23

二级指标	评价标准	分值	得分
B16 教学效果(15分)	C53. 课堂气氛活跃,师生精神饱满,关系融洽,学生兴趣浓厚	5	
	C54. 当堂测试所学知识,学生应答积极,不同水平学生各有所得	4	
	C55. 对教学情况及时反馈和评价,并进行适当调节和改进	2	
	C56. 完成课堂教学任务,实现教学目的	4	
	合计得分	100	

表 4-24 教学质量企业技师评价表(A4)

姓名: 部门: 岗位: 年 月 日

二级指标	评价标准	分值	得分
B17 勤奋态度(15分)	C57. 严格遵守工作制度,有效利用工作时间	4	
	C58. 对工作持积极态度	4	
	C59. 忠于职守,坚守岗位	4	
	C60. 以团队精神工作,协助上级,配合同事	3	
B18 业务工作(25分)	C61. 正确理解工作内容,制定适当的工作计划	8	
	C62. 不需要上级详细的指示和指导	4	
	C63. 及时与同事及合作者沟通,使工作顺利进行	7	
	C64. 迅速、适当地处理工作中的失败及临时追加任务	6	
B19 管理监督(20分)	C65. 以主人公精神与同事同心协力努力工作	6	
	C66. 正确认识工作目的,正确处理业务	6	
	C67. 积极努力改善工作方法	5	
	C68. 不打乱工作秩序,不妨碍他人工作	3	
B20 指导协调(15分)	C69. 工作速度快,不误工期	3	
	C70. 业务处理得当,经常保持良好成绩	4	
	C71. 工作方法合理,时间和经费的使用十分有效	5	
	C72. 工作中没有半途而废,不了了之和造成后遗症的现象	3	
B20 工作效果(25分)	C73. 工作成果达到预期目的或计划要求	10	
	C74. 及时整理工作成果,为以后的工作创造条件	4	
	C75. 工作总结和汇报准确真实	4	
	C76. 工作熟练程度和技能提高能力	7	
	合计得分	100	

表 4-25 听课记录表

年　　月　　日

听课记录					
课程名称		授课教师		所属院系	
授课班级		实到人数		迟到或旷课人数	
授课地点		授课节次		是否按时上课	
有无授课计划				有无教案	
授课主要内容					

建议与反馈：

授课教师签名：

经过建设，畜牧兽医专业被评为省级品牌专业，专业教学团队被评为省级教学团队，完善4个校内实训室，新建2个校内实训室，校企共建1个集教学、生产、服务、研发为一体的生产性实训中心，新增校外实训基地10家，形成生产实训和实习就业的双基地，充分满足学生生产实训、顶岗实习、就业和双师教研的需要。

2011届学生就业现状满意度(46%)比江苏省高职院校平均高6%，就业质量明显提高(表4-26)。

表 4-26 学生就业质量评价表[1]

%

指　标	2010届	2011届
毕业半年后的就业率	90	95
月收入	2 653元	3 085元
专业相关度	68	80
职业期待吻合度	51	58
毕业半年内的离职率	39	29

1 麦可思数据有限公司.江苏畜牧兽医职业技术学院社会需求与培养质量年度报告，2012:23-39.

4.3.2 破解工学结合培养人才难题

分析“三业互融，行校联动”工学结合人才培养模式的运行过程，清醒地认识到青年教师教学能力培养、校企合作招生、动态调整课程体系、顶岗实习管理、社会服务能力建设五项工作，既带有普遍性，也是学院需要重点加强的工作。为此，学院进行人事分配制度改革，出台政策，激励青年教师到农业企业去、到农村去，在服务农业转型升级中成就事业。

实例 4-19 在农村大地书写责任与奉献

陈长春，江苏畜牧兽医职业技术学院动物医学院教师。为更好地适应实用型、应用型人才培养的需要，去年6月份，他积极响应该院选送骨干教师到企业挂职锻炼的号召，来到江苏正昌饲料有限公司为养殖户开展技术服务。

一年多来，陈长春老师配合该公司技术部开发小分队，扎根市场一线、开展技术服务。在此期间，他从没有以高校教师的身份，作为回避艰苦工作的借口，相反，他总是把自己看作企业的普通一员，静下心来，以勤勉的态度、丰富的学识，任劳任怨地为猪场开展疫病诊治，得到了群众的一致称赞(图 4-24)。

图 4-24 陈长春老师开展技术培训

精心服务老客户

开发小分队的主要工作之一，就是服务好老客户。面对苏、鲁、豫、皖星罗棋布的公司客户，小分队合理安排计划，逐村逐户深入猪场圈舍，考察养殖情况、建立养殖档案。同时，还多次送科技下乡、进行技术推广，为广大养殖户排忧解难。

在这一过程中，陈老师充分发挥自己的专业特长，不怕苦、不畏难，细致服务养殖户。渐渐地，对于陈老师的技术服务，大家也体会到了几个显著特点：

一是深入现场考察。无论养殖户对猪病的描述是复杂还是简单，他从没有仅仅只听对方的口头描述就匆下结论，而是尽可能深入到养殖户的猪舍，实地观察了解。他把每一次的猪病诊断，都当作难得的学习和检验自己知识水平的机会，在现场获得第一手资料。

二是注重经验累积。他对每一个极具典型性的猪病诊断过程，都详细地记录、拍照并做成课件。他说，这样在下一次的技术推广会上，或者是在回校后的教育教学中，以自己的亲身经历和图文讲解，更有利于养殖户和大学生的理解掌握。

三是承诺服务及时。每一次与养殖户接触，无论是在技术推广会后，还是对每一位养殖户的服务结束之后，他都会主动热情地留下自己的电话，并强调自己“24 小时不关机”。无论大家在任何时候、任何情况下，碰到养殖过程中的任何疑难问题，都可以第一时间和他联系，而他也会尽一切可能，提供周到的技术服务。

倾心对待新客户

在精心服务公司老客户的同时，对于新客户，陈老师也是不遗余力、认真对待。

前不久，他在邳州市车辐山镇开展技术服务时，正昌公司的一位老客户说，他邻居高先生的养殖场，正发生猪病，已经出现死亡现象，高先生心急如焚，请陈老师能不能现在过去诊断一下。

高先生当时还不是该公司的客户，但是陈老师并没有介意，而是立即就和公司的其他技术人员，在这位老客户的带领下，来到了高先生的养殖场开展诊治。

高先生的养殖场共有300头猪，部分病猪普通表现为全群高烧、进食量下降。而他此前已花费了3 000元治疗费，猪病仍然没有丝毫好转迹象。更让他揪心的是，这两天已开始出现病猪死亡，如果再波及其他栏的健康猪群，那他的损失就更大了。

陈老师一面安慰高先生不要着急，一面开始观察病猪。通过体表检查，病死猪胸腔、腹腔解剖，他发现心脏点状充血，肺脏有间质性肺炎现象，诊断为猪链球菌病，随后便对症治疗，并提醒高先生给病猪用药及看护注意事项。

三五天过后，陈老师就收到了高先生的好消息：猪病已得到有效控制，猪的进食量也在逐渐上升，很快就要恢复健康了！而花费的药钱也仅仅只要几十块钱，真是太激动、太感谢了！

推迟返校时间

陈老师的挂职锻炼，本来只安排半年时间。去年年底，他的挂职锻炼时间就已经到期了，但因为陈老师出色的表现，广大养殖户、公司员工都舍不得他走。于是，公司领导亲自跑到学校，向学校请求让陈老师的挂职锻炼时间再延长一点。

学院领导认为，作为一所以培养现代畜牧业所需的高等技术应用型人才的高职院校，培养目标决定了教师不能只是纯粹的理论型学者，而应是谙熟专业理论知识和畜牧养殖一线实践操作能力的"双师型"教师。骨干教师到基层企业挂职锻炼，是培养教师专业技能、加强师资队伍建设、提高教学水平的有效举措，学院以"紧扣畜牧产业链、产学研结合育人才"为办学特色，倾情服务畜牧业更是义不容辞的社会责任。因此，学院愉快地答应了公司的请求。

而这一延长，又是几个月的时间过去了。现在，陈老师仍然每天坚持在养殖一线，一如既往地为广大养殖户开展技术服务。陈老师在为广大养殖户带来贴心服务的同时，立足养殖一线的人生经历，以及来源于养殖一线所积累的宝贵经验，也将对他以后的教育教学工作，产生极大的促进作用。

我们坚信，作为一所农业类国示范(骨干)高职院校，我院将会涌现越来越多"陈长春"式的教师，传扬着"团结拼搏、负重奋进、坚韧不拔、争创第一"的牧院精神，用自己的责任与学识，在中国广袤的农村大地上共同书写着牧院人的奉献篇章。(江苏畜牧兽医职业技术学院宣传部. [EB/OL]. http://61.164.87.131/web/articleview.aspx?id=20120904145629579&cataid=N004,2012-09-04:17:46.)

报道 4-2 校企合作招生,培养与就业直通车

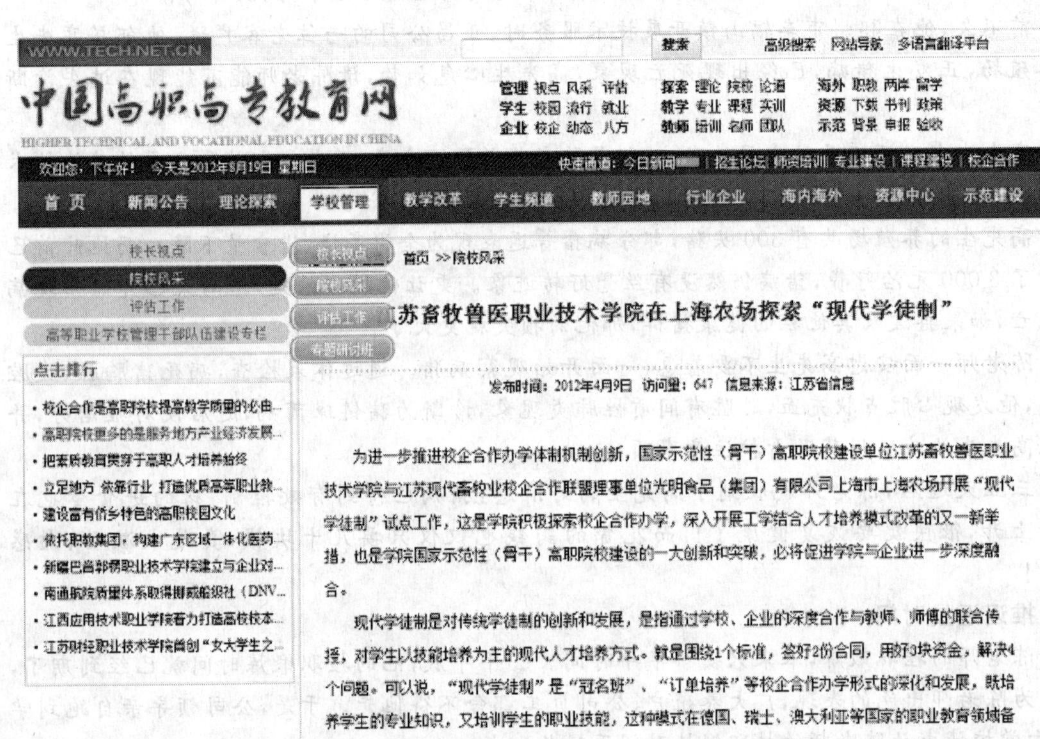

首页 >>院校风采

江苏畜牧兽医职业技术学院在上海农场探索“现代学徒制”

发布时间：2012年4月9日 访问量：647 信息来源：江苏省信息

为进一步推进校企合作办学体制机制创新，国家示范性（骨干）高职院校建设单位江苏畜牧兽医职业技术学院与江苏现代畜牧业校企合作联盟理事单位光明食品（集团）有限公司上海市上海农场开展“现代学徒制”试点工作，这是学院积极探索校企合作办学，深入开展工学结合人才培养模式改革的又一新举措，也是学院国家示范性（骨干）高职院校建设的一大创新和突破，必将促进学院与企业进一步深度融合。

现代学徒制是对传统学徒制的创新和发展，是指通过学校、企业的深度合作与教师、师傅的联合传授，对学生以技能培养为主的现代人才培养方式。就是围绕1个标准，签好2份合同，用好3块资金，解决4个问题。可以说，“现代学徒制”是“冠名班”、“订单培养”等校企合作办学形式的深化和发展，既培养学生的专业知识，又培训学生的职业技能，这种模式在德国、瑞士、澳大利亚等国家的职业教育领域备受推崇，颇具特色，效果斐然。

这次学院与上海农场开展“现代学徒制”试点，旨在按照生态健康养殖要求，围绕第三代“三自动一结合”（自动供料、自动清粪、自动环控、种养结合）养猪技术，培养农场所需的现代养猪及猪病防治高素质应用型专门人才。试点班坚持校企联合培养学生，学校和农场跟踪人才培养的全过程，实施双导师制和弹性学制，共同制定人才培养方案，共同开发课程，以农场生产场所作为教学的主要阵地，实行工学交替教学模式，促进学生的知识学习、技能训练、工作实践相融合。推行“招生即招工、招工即招生”制度，学生一入学就与农场签订预就业合同，农场不仅要承担学生的部分学费，而且要给予一定的生活补贴，学生通过3年的学习和工作，毕业时可获得大专学历证书和职业资格证书，农场优先录用，并签订正式劳动合同。同时，设立进入、退出机制，保证该班动态、平稳、高效运行。

现代学徒制这一新的办学制度强化了学生的职业素质、职业技能和职业精神的加速形成，全面提升了学生的就业与创业能力，这与学院一直推崇的“双主体”人才培养模式有着异曲同工之妙。此次“现代学徒制”试点工作的开展，谱写出了学院校企合作的新篇章，必将助推学院校企合作工作再上新台阶，促进学院为企业培养更多的高素质适用人才，满足企业生产实际需要，从而实现校企共同发展。

（江苏畜牧兽医职业技术学院 建设办桂文龙，高教所朱其志）

实例 4-20 动态调整能力本位的课程体系

江苏畜牧兽医职业技术学院的食品营养与检测专业的培养目标是培养德智体全面发展，具有良好职业道德和法制观念，具备扎实的职业发展基础和基本职业素质，掌握食品质量安全检验检测、营养指导的基本知识和综合职业能力，从事食品产业链生产经营相关环节食品检验、质量安全管理、营养指导与管理等第一线工作的高端技能型专门人才。为此，该专业要求学生掌握食品检验、营养与餐饮管理、食品质量安全控制等方面必须的基础理论和专门知识，

掌握从事本专业领域实际工作的食品检验检测能力、食品质量安全控制与管理能力、公众营养指导和营养配餐能力,具有较强的专业技术综合实践能力和创新能力,以及适应经济、食品质量安全与营养控制技术发展的现代理念,具备较高的综合素质。为实现培养目标,构建了个方面的能力模块,分别对应能力要素及课程名称,见表4-27。

表4-27 食品营养与检测专业课程能力分解表

序号	能力模块	对应能力要素	对应课程名称
1	专业基本素质与能力	身体与心理健康;掌握马克思主义哲学基本原理和方法,热爱祖国,遵纪守法,具有良好的职业道德和敬业精神;身体健康;具有专业应用数学、应用化学知识,能进行检验结果进行分析计算	哲学、心理学、邓小平理论、法律、思想政治教育、应用数学、基础化学、体育
2	外语应用能力	英语读写听的基本能力,掌握必要的基本词汇和专业词汇,能查阅专业资料,能看懂产品英文标签、英语设备手册,通过BEC三级考试	英语、食品专业英语
3	计算机应用能力	掌握计算软件、硬件基本知识,熟悉操作系统,能使用常用的软件工具,掌握数据库的原理与方法。具有防治病毒的能力,通过国家计算机等级二级考试	计算机应用基础
4	食品营养与检测基本能力	能运用化学方法对食品的营养、成分进行检测,对检测结果进行分析,并编制检测分析报告	分析化学、食品生物化学、食品加工技术原理
5	专业设备操作与维护能力	对典型的仪器设备会使用、维护,并能实施简单维修	仪器设备使用与维护
6	食品营养检测能力	能对原料、半成品、成品进行指标检验,出具检验报告,对不合格品按照要求进行处理	食品理化检测技术、食品微生物检测技术、食品添加剂应用与检测技术、肉品加工与检测技术、乳品加工与检测技术
7	食品安全与质量控制能力	能根据食品质量检验的相关法律法规及标准,进行食品卫生检测、监督与评价,出具质量报告;具备原料与产品生产的质量安全管理能力	食品营养与卫生、食品标准与法规、食品质量与安全控制技术
8	公众营养指导和营养配餐能力	能对人体营养状况进行评价、管理和指导,并对食品配方进行营养评价、咨询与宣传	食品营养与健康、膳食与保健
9	专业领域新技术学习与运用能力	了解新材料、新工艺、新方法及先进的检测、质量安全控制技术,初步具备一定的综合职业能力和创新能力	现代企业管理、创新理论、创业基础

实例 4-21 精细化管理，做实顶岗实习课程

正大集团南通正大有限公司教师工作站于 2011 年 2 月建站，动物科技学院王权副书记担任教师工作站站长，学校老师封琦博士、畜禽人事部沈飞经理担任副站长，学院选派了方希修、殷洁鑫、周根来、陈明、王利刚、李小芬、潘琦、朱淑斌等老师进站工作，分两批 5 个月一轮换分别赴饲料厂品管部、种鸡场、种猪场以及动物保健中心担任生产、教学与科研工作；企业选派了汤永明、黄秀珍、骆春兰 3 名企业技师担任实习导师。第一期“正大订单班”9 人到企业顶岗实习，经考核合格，全部留用。

明确工作职责，任务分工到人。为了将顶岗实习工作落到实处，教师工作站根据实习人数的多少，灵活安排，就学生顶岗实习的思想、生活、课程、岗位、技术、考核、选聘等方面进行了任务分工(表 4-25)，明确工作职责，做到“事事有人管，件件有落实”。

表 4-28 教师工作站关于顶岗实习的工作分工

王权	组织制订顶岗实习计划，组织实施，协调校企关系，处理突发事情
封琦	担任实习班班主任，负责学生思想、生活、安全教育、文体活动，协调实习培训、岗位安排、购买保险、技能考核、转岗安排、领发实习工资，组织签订协议、往返安排、实习总结、汇报典型事迹、申请表彰与批评，参与企业招聘
教师 1	承担实习课程，指导实习操作、技能竞赛、毕业设计，参与技能考核与毕业设计答辩，检查周记、总结，实习系统数据采集与分析，发现问题及时解决
技师 1	传授企业文化，组织技术培训，安排生产任务，进行技术指导，帮助学生克服困难，激励学生的工作热情，参与技能考核与毕业设计答辩，签发《企业工作经历证书》，提出表彰或批评建议

细化课程标准，明确实习内容。根据《专业顶岗实习课程标准》，结合实习单位的具体情况，细化课程标准(表 4-29)，明确实习内容；根据具体实习岗位工作任务，技术工作流程，灵活选择培训内容及技能考核方式。

表 4-29 南通正大有限公司畜牧兽医专业顶岗实习课程标准

实习项目	实习目标	岗位工作内容	时间(天)	考核
企业文化	不断加深对正大集团的了解，逐渐认同企业文化，倡导的经营理念，能体会到在公司的归属感并修订个人职业生涯的规划	集团简介、集团的历史与发展、集团文化；畜牧业发展状况、中国饲料概况；地区发展战略及规划；公司简介、组织结构及主要业务；公司的政策、相关制度、福利待遇和企业文化；相关工作岗位的职责及要求；新员工基础职业素养培训，包括职场礼仪、工作方法、工作态度、角色转变、沟通及时间管理等；各职能部门介绍及专业知识学习；员工安全培训	1	书面考核
入职军训	通过实训，增强体质，顺利接受任务，提升与成员合作、合理沟通能力	列队、团体配合训练、格斗基础动作、做饭、团体交流、观看体操、体能训练	1	教员评价与相互评价结合

续表 4-29

实习项目	实习目标	岗位工作内容	时间(天)	考核
鸡生产	掌握鸡生产管理技术	安全培训、蛋鸡场、育雏期管理、育成期管理、产蛋期管理、鸡小龙合作模式、防疫基本常识、禽解剖与临床诊断技术	1	书面考核
猪生产	掌握猪生产管理技术	安全培训、猪场介绍、配种管理、分娩管理、保育管理、育成管理、后备培育管理、猪小龙合作模式、防疫基本常识	1	书面考核
饲料生产常识及工艺	掌握饲料生产工艺	安全培训、饲料厂、产品、饲料生产工艺流程	1	书面考核
市场营销	掌握饲料市场营销的方式与方法	学习准备、基础技术培训、饲料卖点培训、市场调查、对比试验、推广会、市场网络开发及维护	1	书面考核
考核及入职	发现自己特长,挖掘潜能,尽快融入到公司企业文化氛围	座谈、总结、考核、岗位选择、签约、入职仪式、拜师、新老职工联欢	1	面试与书面考核结合

落实培训细节,强化培训管理。学生进入顶岗实习,绝大部分是初次走向社会,身份与心理的变化、环境与工作的适应等许多问题都会给顶岗实习的成败带来影响(图 4-25)。因此,就需要强化过程管理,不断沟通协调、落实培训细节(表 4-30)。

图 4-25 学生顶岗实习培训

细化管理环节,灵活考核方式。由于工作站教师的工作经常是学校与企业之间来回奔波,带队老师需要借助顶岗实习管理系统、利用 QQ 进行在线跟踪、电话交流等多种方式对学生进行管理,了解问题,及时帮助学生解决困难。

表 4-30 企业培训安排表

阶段	日期	工作内容及要求	负责人
培训准备阶段	培训前 1 周	1. 拟定培训计划,确认学员情况并通知学员报到时间、地点及注意事项等 2. 根据培训计划内容确定培训实施部门及讲师人选	人力资源部/培训实施部门或培训师
	培训前 3 天	1. 通知各相关部门培训计划,具体时间及相关工作内容 2. 完成培训课件,并对课件进行初步审核 3. 提前准备学员接待及食宿安排工作	人力资源部/培训师/行政部
	培训前 1～2 天	1. 核对学员信息,熟悉各学员基本情况 2. 收集课件并整理成学习资料 3. 打印准备学员培训所需的相关资料 4. 准备培训场地、电脑、投影仪、音响等教学设施	人力资源部/行政部

续表 4-30

阶段	日期	工作内容及要求	负责人
培训实施阶段	学员报到当天	学员接站，办理入职报到手续，发放培训资料，安排学员食宿	人力资源部/行政部
		安排欢迎新学员活动	人力资源部
	公司内部培训	按计划组织培训实施，培训后小结并考核	人力资源部/培训实施部门或培训师
	养殖场培训	1. 分配学员养殖实习基地，组织学员结合生产实践，学习专业技术课程 2. 确定入职引导人负责指导和跟踪学员学习成果，按期考评	养殖场/人力资源部
	市场培训	1. 分配学员市场实习团队，组织学员结合市场实践，学习专业技术和销售技能 2. 确定入职引导人指导和跟踪学员学习成果，按期考评	销售部/人力资源部
	总结汇报及考核	汇总学员日常培训记录、学习总结，结合学员培训期间行为规范、工作态度、工作能力及工作完成情况等完成学员综合考评	销售总经理/料线销售经理/人力资源主管/养殖场场长/学员直接主管
后续跟进阶段	培训后1个月内	根据培训效果反馈，对培训相关人员或培训实施情况进行培训效果评估，提出进一步改进意见和培训建议	人力资源部
	培训后半年	新入职人员职业发展追踪	用人部门/人力资源部

面对学生需求的个性化差异，企业提供实习岗位的多元性，经面试、考核、沟通，达成了让学生“轮岗”实习的共识。轮岗实习模式分为大循环和小循环实施模式。大循环实施模式是指在正大集团内部企业之间进行轮岗，如饲料公司与畜禽公司之间大循环轮岗；小循环实施模式是指企业内部各岗位之间的轮岗，如饲料公司内部生产岗位与销售岗位之间小循环轮岗。具体实施时，学生一般分为三个大组分配至三个部门饲料、猪小龙、鸡小龙，然后每个大组再根据各部门岗位的情况分成若干个小组分配至具体岗位如饲料厂、饲料销售站、孵化场、肉鸡厂、蛋鸡场、种猪场、育肥场。通常按照生产任务周期安排学生轮换一个部门岗位，如肉鸡厂 45 天，育肥厂 180 天，饲料销售站按照销售旺季淡季进行合理安排。实习学生每天必须记工作日志，并且定期按照指导老师的要求对所在岗位的工作职责、岗位要求、工作流程等进行小结，总结其收获或体会、提出建设性的意见或建议，最后还要撰写轮岗实训的综合报告，并且每个岗位都有对应的技能考核（表 4-31），由企业指导教师评定技能等级或成绩，并在《企业工作经历证明》上给出鉴定意见。经过全体人员的努力，把教师工作站建成了学生成才的加油站。

表 4-31 企业岗位考核标准

序号	考核项目	考核标准	考核分值
1	行为规范	遵守公司规章制度;日常行为规范	10
2	工作态度	工作主动性;自我工作要求;工作的合理性;工作纪律性	15
3	工作完成情况	工作目标达成	35
4	工作能力表现	沟通能力;分析问题能力;团队协作能力;改进创新能力	20
5	实习总结质量	总结内容包括:实习期间的学习收获、工作总结、发现问题及改进建议等	20
考核分值合计		—	100

实例 4-22 今日企业给我奖励,明日我助企业发展

2012 年 3 月 27 日下午 16:00,江苏畜牧兽医职业技术学院在行政楼报告厅召开 2011 年度企业奖学金颁奖大会。学院周新民副书记、副院长,孙玲副院长和授奖企业代表出席大会并在主席台就座。各二级院(系)学生工作负责人、团总支书记、受表彰学生和学生代表参加了大会。会议由学工处黄玉书处长主持。

周新民副书记发表了热情洋溢的讲话。他说,我院正处于国家示范性(骨干)高职院校建设时期,"企业奖学金"的评选及颁奖,有力地推动了校企互动发展,形成了"社会、学生、企业、学校"多赢格局;周副书记希望全体获奖学生:努力上进,珍惜荣誉,感恩社会;学会学习,培养能力,全面发展;谦虚谨慎,立足做人,提高修养。

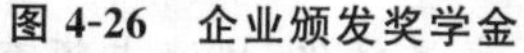
图 4-26 企业颁发奖学金

图 4-27 优秀学生荣获企业奖学金

孙玲副院长宣读了《关于表彰 2010—2011 学年"企业奖学金"获奖学生的决定》;大连三仪动物药品有限公司、美国辉瑞(动物保健品)有限公司、森楠生物技术研究有限公司、扬州优邦生物制药有限公司、扬州威克生物工程有限公司的企业代表们为获得"企业奖学金"的学生颁奖,并对各自企业的发展战略、企业文化作了介绍,希望我院学生不断追求新目标、新层次,期盼与我院在校企合作中实现互利共赢。获奖学生代表也作了表态发言(图 4-26,图 4-27)。

实例 4-23 校中厂里育新鸭,成果转化富万家

“过去我们跟学院的合作就好比高邮鸭的双黄蛋,又黄又亮,谁也离不开谁;现在的合作就像高邮鸭的肉又鲜又嫩,爱不释手。”农业产业化国家重点龙头企业江苏高邮鸭集团董事长吴桂余如此评价集团与江苏畜牧兽医职业技术学院的校企合作。近年来因产品转型升级的需求,集团迫切需要开发高效蛋用型和优质肉用型种鸭新品种(系)。在与江苏畜牧兽医职业技术学院原有合作基础上,集团依托学院技术及人才优势,加强深度合作,助推水禽产品转型升级并实现成果转化。

共建“校中厂”—— 江苏高邮鸭集团泰州育种分公司。集团根据生态健康养殖要求,“十二五”期间提出了“加大创新投入,研究养殖新技术,开发新产品,提高市场竞争力”的发展目标。2010 年 9 月,集团依托江苏现代畜牧业校企合作联盟理事会,借助江苏畜牧兽医职业技术学院拥有国内活体保存水禽品种最多、规模最大的国家级水禽种质资源基因库的技术优势,在江苏现代畜牧业校企合作示范区中与学院合作共建了“校中厂”—— 江苏高邮鸭集团泰州育种分公司。分公司集繁育技术、养殖技术、性能测定技术于一体,主要解决集团发展中急需的蛋黄色素沉积、提高种蛋孵化率、培育开发肉用麻鸭新品系等新技术难题。校企双方协议约定,公司实行校企合作联盟理事会指导下的总经理负责制,总经理由集团总经理乔龙山兼任。校企共同投资 600 多万元,建设基础实施,购置孵化设备、饲养设备及生产性能测定仪器设备等。明确各自产权,明晰校企责权利,集团负责分公司运行。

校企联合进行技术攻关,繁育新型配套系。集团与学院分别选派了 6 名企业技师和 8 名教师,在“校中厂”—— 江苏高邮鸭集团泰州育种分公司组成“双师工作站”,联合进行技术攻关,具体负责公司的技术研发、生产运行和质量管理。校企双方共同制定了“江苏高邮鸭集团泰州育种分公司运行管理办法”,保证公司规范化运行(图 4-28)。

依托校中厂的合作平台,“双师工作站”成功申报了江苏省农业自主创新项目、江苏省三新工程项目“应用基因聚合技术辅助选育苏邮 2 号肉用麻鸭新品系(母系)”,开展了“稻鸭共育生态种养模式示范与推广”、“不同牧草对高邮鸭产蛋性能、孵化率及生殖激素的影响”、“不同品种蛋鸭旱养与水养比较研究”等课题研究。技师、教师以及学生共同参与项目研究过程,蛋鸭、肉鸭新品系繁育研究进展顺利,成功培育出“苏邮 1 号” 蛋鸭新品系。500 日龄蛋鸭产蛋量达 320 枚,青壳率在 95% 以上,双黄蛋产出率达到 3% 以上,大大地提高了高邮鸭的生产性能。目前“苏邮 2 号”肉鸭新品系开发的关键技术取得突破,为产业化发展奠定了基础。“我们在江苏畜牧兽医职业技术学院建立‘校中厂’,不是为了赚钱,而是看重了学院强劲的研发实力,我们宁可暂时亏损,也要和学院长期合作下去,短期是‘明亏’,长期是‘暗赚’”公司总经理乔龙山深有感触地说道。

助推科研产品产业化。为加快“苏邮 1 号”蛋鸭新品系成果转化,快速占领市场,集团与学院发挥各自人力资源优势,共同设计规划建设高邮鸭现代高效规模养殖示范基地。集团在高邮市郭集镇征地约 867 000 m^2,采用“基地+农户”模式,降低农户养殖风险,保障养殖户收益。对养殖户集中的村设立“养鸭一条龙工作站”,基地和育种分公司派出的技术人员、学生负责现场养殖技术指导、饲料和药品销售、饲养员培训,将稻鸭共作、鱼鸭混养、湖荡养鸭、种草养鸭等生态健康养殖技术手把手地教给农民,降低每只鸭的饲养成本 1~1.5 元。2011 年集团与高邮市 1.85 万户鸭农签约养鸭 390 多万只,加工蛋品 1.8 亿枚,实现销售 18 亿元,利税9 150 万

元,辐射带动全市养鸭810多万只,加工各类蛋品6.5亿枚,拉长鸭产品产业链,使集团走上了集约式发展的快车道,真正做到了"做给农民看、带着农民干、帮着农民富"。双方的深度合作,为高邮鸭集团事业发展插上了科学技术的翅膀(图4-29)。

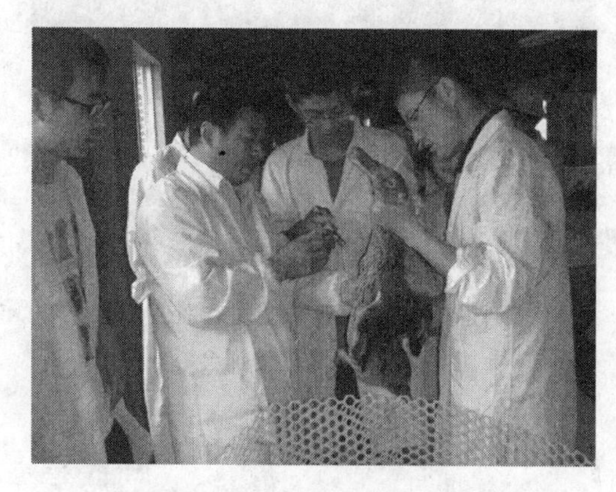

图4-28 企业技师张金富在校中厂指导学生测定种鸭生产性能

图4-29 "校中厂"培育的蛋鸭新品种

集团与学院深度合作两年多,能够取得如此巨大的成效,得益于江苏畜牧兽医职业技术学院创新办学体制机制,依托江苏现代畜牧科技园与中药产业科教园建成江苏现代畜牧业校企合作示范区,推动江苏省农业委员会牵头组建江苏现代畜牧业校企合作联盟。集团与学院的成功合作,吸引了更多的全国知名企业加入合作办学行列,中国牧工商(集团)总公司投资7 000万元左右控股"校中厂"—— 江苏倍康药业有限公司,常州康乐农牧有限公司投资4 000多万元在中药产业科教园新建"校中厂"—— 常泰农牧有限公司,共同探索农业高职院校校企共同育人、共同发展的长效机制,促进江苏畜牧业率先实现现代化。

案例4-24 制定行业职业标准,引领产业发展

2012年6月25日至27日,在江苏畜牧兽医职业技术学院召开了农业行业国家职业标准制、修订项目论证会,并举办了畜牧业标准编制培训班。来自全国30多家畜牧业标准承担单位的80多名起草专家参加了培训会。全国畜牧总站副站长沙玉圣,国家标准化管理委员会副处长陈伟亮出席开班仪式。学院党委书记吉文林研究员出席会议并致辞,行业、企业、高校等相关专家应邀出席会议。

根据《农业行业标准制定(修订)项目实施方案》,江苏畜牧兽医职业技术学院承担国家农业行业职业标准三个子项目,即畜禽产品检验员职业标准的修订、兽医化验员职业标准的修订、中兽医员职业标准的制定。吉文林研究员担任项目首席专家。专家们就标准编制进行了分组讨论,提出了建设性的意见和建议。论证会取得了预期成果(图4-30)。

培训期间,农业部科技发展中心、全国畜牧总站和国家标准技术审查部的专家就农业标准、畜牧业标准、标准化工作等方面作了专题讲座,进一步提高畜牧业标准编写质量,规范标准修(制)订工作程序,加快畜牧业标准化进度,推动畜牧业朝着更加规范化的方向健康发展(图4-31)。

图 4-30　农业行业国家职业标准制、修订项目论证会

图 4-31　农业行业国家职业标准制、修订培训会

参考文献

[1] 焦光利.行动导向的教学质量评价指标体系及方法技术[D].东北师范大学硕士论文,2009.

[2] 严中华.职业教育课程开发与实施——基于工作过程系统化的职教课程开发与实施[M].清华大学出版社,2009.

[3] 欧盟 Asia-Link 项目“关于课程开发的课程设计”课题组.学习领域开发手册[M].北京:高等教育出版社,2007:25.

[4] 王峰祥. 工学结合课程开发模式与质量监控与评价研究[J].[EB/OL]. http://lww-fx. blog. 163. com/blog/static/9199643320111018937212l2/,2012-09-02.

[5] 麦可思数据有限公司. 江苏畜牧兽医职业技术学院社会需求与培养质量年度报告,2012:23-39.

[6] 赵志群. 职业教育工学结合一体化课程开发指南[M]. 北京:清华大学出版社,2009:118.

对话　江苏畜牧兽医职业技术学院骨干院校建设办公室H教师与江苏现代畜牧业校企合作联盟理事会常务副理事长、江苏畜牧兽医职业技术学院J书记对话：

H:J书记，您好！请您结合我们学院的办学特色是如何形成的？产学研是如何结合的？这其中的重点和难点又有哪些？如何通过实践创新，进一步彰显我院的办学特色，谈谈您的看法好吗？

J:H老师，你这个问题提到了关键点上，说明建设办的老师们对文件精神领会深刻、把握住了要害、对办学特色理解到位。学校主要是培养人才，培养人才靠谁啊，当然是要靠教师。这中间教师的水平和能力就至关重要了。我们就是抓住这一关键问题，创造条件，上至国家级，下到市级的研发平台建了17个，近几年每年申报的科研项目经费在2 000万元左右，这是为什么？就是为了提高教师的科研能力，有了这个能力我们才能具备服务"三农"的本领，否则，到社会上去服务，教师没底气，怎么服务？我们学校在长期的发展中，通过搭建研究与服务平台，提升教师科技水平；围绕科技服务"三农"，锻炼教师实践创新能力；紧扣畜牧产业转型升级，产学研结合培养学生，形成了鲜明的办学特色。服务"三农"，不能停留在口头上，要真刀实枪地干，没本事可不行。同样，没有科研能力、服务能力，怎么去教学生？我们现在已经初步具备了这样的条件，把科研项目、学习课程、科技服务"三农"有机结合起来培养学生的能力，过去我们对学生创新能力的培养很难找到突破口，下一步要推进的重点工作就是开发产、学、研结合的项目课程，让教师带着学生干，做给农民看，帮助农民富。

5 引领

国家示范性高等职业院校建设项目已经成为引领全国高等职业教育改革发展的标杆。"引领"专指事物的导引群体或独立的个体，与领引、导引、引导词义相同，都包含有方向的向导作用，如引领事物的发展方向。大学是精英汇聚之地，是科学和文化的先驱，是道德和智慧的顶峰，引领社会向着更高尚、更先进、更科学前行。当今时代更是如此，大学的引领作用比以往任何时候都更加重要。示范校也好、骨干校也罢，用什么来引领其他高职院校院校的发展呢？教育部、财政部《关于实施国家示范性高等职业院校建设计划　加快高等职业教育改革与发展的意见》(教高[2006]14号)明确提出："选择办学定位准确、产学结合紧密、改革成绩突出、制度环境良好、辐射能力较强的高等职业院校，进行重点支持，带动全国高等职业院校办出特色，提高水平。"可见，核心是内涵发展。内涵包括：一是特色，二是水平。特色体现水平，水平支撑特色。办学特色是要既具有高等职业教育的高等性、职业性、技术性、人文性等共性，也要具有某个学校的个性，个性寓于共性之中，是共性与个性的辩证统一。江苏畜牧兽医职业技术学院在长期的办学实践中，不断优化人才培养过程、提高教育教学质量、增强服务社会能力，发展了“紧扣畜牧产业链，产、学、研结合育人才”办学特色，发挥了骨干带头作用。

5.1 服务“三农”，发挥校企合作示范区作用

服务“三农”发展是农业高等职业院校的办学使命。农业高等职业院校应不断调整办学思路，紧紧围绕农业现代化、农民职业化、农村城镇化建设，发挥校企合作示范区作用，积极开展科技咨询、培训与服务，为农民解决生产发展中的实际问题，培养新型农民，提高农民素质，推进新农村建设。

5.1.1 科学认识畜牧业转型升级，把握服务“三农”的立足点

畜牧业是农业的重要组成部分，没有畜牧业的现代化就没有农业的现代化。加快畜牧业转型升级，有利于促进农业结构战略性调整，带动种植业和相关产业发展，提升畜牧业发展水平，加快畜牧业现代化建设进程。江苏省根据具体省情，提出了加快畜牧业转型升级的总体思路：深入贯彻落实科学发展观，坚持走“规模经营、健康养殖、加工增值、生态友好”的现代化畜牧业发展道路，用现代装备武装畜牧业、现代科技引领畜牧业、现代经营方式推进畜牧业、现代信息技术服务畜牧业，加快构建现代畜牧产业体系、科技创新体系、动物疫病防控体系、畜产品质量安全保障体系、社会化服务体系，大力提升畜牧业规模、质量、效益、生态和安全水平，不断提高畜牧业综合生产能力和市场竞争力，促进畜牧业可持续发展，努力把江苏打造成全国畜牧业转型升级示范区，力争在全国率先基本实现畜牧业现代化。并通过组织开展“畜牧生态健康养殖、畜禽良种化、动物防疫规范达标、新型畜牧合作经营模式、畜禽粪便综合利用、畜产品质量安全”等六项示范创建，打造一批生产规模化、畜禽良种化、防疫规范化、粪污无害化、产品优质化的现代畜牧业企业，以此加快推进转型升级。为此，江苏畜牧兽医职业技术学院根据上述建设思路和具体实施办法，在原有“紧扣畜牧产业链，产学研结合育人才”办学特色的基础上，进一步提出了如下新举措：

(1)由江苏畜牧兽医职业技术学院校企合作办公室组织江苏畜牧科技示范园内的校企合作企业创建“六项示范”，保证所有企业通过创建验收，并在此基础上辅导加入江苏现代畜牧业校企合作联盟的企业创建“六项示范”，帮助政府部门推动此项工作，也使得我们能够在转型升级示范企业内用新理念、新技术、新方法、新设备培养学生、培训农民、提升教师的实践能力。

(2)由江苏畜牧兽医职业技术学院科技产业处组织从“高效养殖、农牧循环、有机商品肥加工、发酵床生态养殖技术、标准化养殖模式、重大动物疫病防控、设施环境控制、粪便资源化综合利用、畜牧产业信息化管理、畜产品质量安全监管、畜牧业产业化经营”等方面申报研究课题、编写畜牧业转型升级关键技术手册，加快畜牧新品种、新技术和新模式的研究推广应用步伐。

(3)由江苏畜牧兽医职业技术学院教务处组织教师将畜牧业转型升级的关键技术、模式、体系融入教材、融入课程教学、融入技能训练、融入质量考核，通过举办现代学徒制班、实施产学研结合项目课程、由行政班管理向教学班管理过度等系列改革举措，让学生学到有用的、先进的技术，消除学生掌握的技能与畜牧业转型升级示范区内企业技术之间的差距，达到毕业就能上岗的要求。

(4)由江苏畜牧兽医职业技术学院继续教育学院组织将畜牧业转型升级的关键技术、模式、体系融入培训教程,教给农民的是实用技术,教给农民技术员的是先进技术,教给乡村干部的是先进模式,以此推进畜牧业由传统生产经营方式向现代经营方式转变。

江苏畜牧兽医职业技术学院在产学研结合过程中,直接服务于"三农",这不仅解决了农民在发展生产过程中遇到的问题,促进了农民增收,农民得到实惠,畜牧企业通过示范创建,掌握了关键技术,增强了抗风险能力;更重要的是在服务"三农"过程中,教师、学生与生产实际结合得更加紧密,专业知识与技能更加丰富,对农业的感情更加浓厚,更有利于提高教学效果和人才培养质量。

5.1.2 构建科技服务体系,推进现代畜牧业发展

畜牧业现代化的过程是充分运用现代科学技术及其成果,融入畜牧业生产的各个环节,实现各生产要素的合理利用。江苏畜牧兽医职业技术学院利用自身优势,将服务畜牧产业现代化、培养人才、科学研究、科技推广、技术服务融于一体,建立具有高校特色的科技服务体系,加大科技服务力度,推进畜牧业转型升级。

(1)建立健全教师、学生为畜牧业现代化服务的激励机制,建立一支结构合理、水平较高的畜牧产业技术服务队伍,以提高学生职业素养、职业技能为中心,做到教学实践与技术推广相结合,走出校园,走进农牧企业,走进农户,服务新农村建设。

(2)充分发挥农业高等职业院校的人才优势和技术优势,与企业、地方政府联合,共建畜牧科技示范园、优质良种推广基地,推广新品种、新技术,促进产业升级。

(3)发挥校企合作共享型信息平台作用,充分利用网络资源,为学生实习提供远程技术支持,为农民和农业企业提供最新的农业信息,为畜牧业生产中遇到的难题进行技术指导。

(4)农民是接受和运用农业新技术、把农业科研成果转化为生产力的主体,畜牧业现代化客观上要求农民掌握现代科学技术。农业高等职业院校肩负着为建设畜牧业现代化培训新型农民的重任,做好以项目为依托的科技推广培训、发挥示范户带动作用的示范户培训、特色专业村建设的村级农技员培训,培养了养殖户的科学饲养技能,提高了实用技术的普及,加快了农村产业结构的调整,带动了畜牧产业的发展。

实例 5-1 校企合力:品种+基地+技术=富民

江苏畜牧兽医职业技术学院与滨海县畜禽养殖龙头企业对接合作,共建了"品种+基地+技术"服务"三农"模式,引领地方特色畜牧业发展,取得了较好的效益。

建立"品种+基地+技术"服务"三农"模式。学院紧扣畜牧产业发展,与企业共建养殖示范基地,注入培育的畜禽优良新品种及配套养殖技术,建立"品种+基地+技术"服务"三农"模式,见图 5-1。

品种。学院拥有抗病强、饲料回报率高、肉质鲜美、风味佳的苏姜猪(图 5-2),被列入江苏省 2010—2020 年畜禽新品种培育计划;生长速度快、饲料报酬高、肉质较好的"苏牧 1 号"白鹅(图 5-3),"扬州鹅培育与推广"获 2009 年中华农业科技奖二等奖。

基地。学院与企业共建的具有示范性的 10 多个畜禽良种扩繁基地,如盐城鸿源农牧业有限公司(图 5-4)、滨海鼎泰鹅业有限公司等(图 5-5)。

技术。学院拥有服务现代畜牧业转型升级的高效生态健康养殖技术,如饲养技术(发酵床

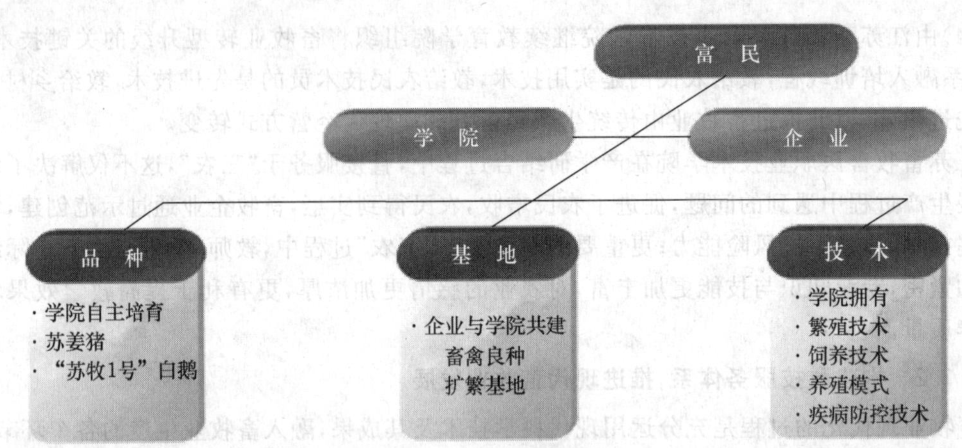

图 5-1 "品种十基地十技术=富民"服务"三农"模式

图 5-2 自主培育新品种"苏姜猪"

图 5-3 自主培育配套系"苏牧 1 号"白鹅

图 5-4 盐城鸿源农牧业有限公司

图 5-5 滨海鼎泰鹅业有限公司

养殖技术、旱养技术、网上平养技术、循环饲养技术、数字化养殖与环境监测技术等)、繁殖技术(发情鉴定、妊娠诊断、接产与助产、同期发情、胚胎移植、人工采精授精、性别控制、诱发分娩等)、疾病防控技术(流行病与突发病的防控及应急技术、疾病快速诊断技术、流行病学调查及其危害评估技术等)等(图 5-6 至图 5-8)。

运行"基地十品种十技术"服务"三农"模式。共建的良种示范基地大力开展苏姜猪、"苏牧 1 号"白鹅等优良品种的繁育工作,同时带动农户加盟养殖苏姜猪、"苏牧 1 号"白鹅,对畜禽优良品种进行辐射推广。

图 5-6 发酵床养殖技术

图 5-7 网上平养技术

建设“三支”科技服务团队。一是组建了由100多名知名专家教授组成的苏姜猪、“苏牧1号”白鹅等六大科技服务团队，二是由18名青年教师担任2年“科技副职”组成的助企兴农技服务团队，三是每年选派50名高年级学生由教师带领组成大学生科技助农团。

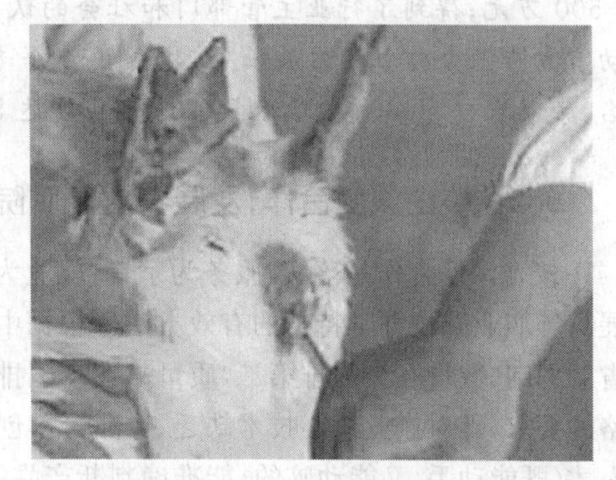

图 5-8 人工授精技术

实施“三项科技富民工程”。一是实施“农民创业培植工程”，承办省级农民创业培训、农村实用人才创业培训、省农村实用人才创业培训师资培训等18 000多人次的培训工作，培养现代农民。二是实施“助企兴农”工程，学院每年选派30名骨干教师深入生产一线，对接100多家农业企业，先后解决了200多项技术难题，取得经济效益近亿元。三是实施“百师兴百村”工程，学院先后选派100多名专家挂村蹲点服务于新农村建设，围绕“一村一品”开展科技服务，采取引进新品种、推广新模式、实施新技术等，已建设了50个科技服务重点示范村。

运行四种有效服务形式。一是运行“特派员＋基地＋农户”形式。学院科技特派员杜宗沛等与江苏省驻滨海扶贫工作队，共同在八巨镇建设了一个占地约20 010 m^2，年出栏量4 000头高标准、规范化的苏姜种猪扩繁场。二是运行“特派员＋大学生村官＋农户”形式。学院驻村特派员，联系所在地大学生村官，引导村民养殖致富。界牌镇驻村特派员吴植等和大学生村官高其荣动员哥嫂，种草养鹅，为当地村民做示范，带动了一大批农户搞养鹅产业。三是“特派员＋示范户＋农户”形式。学院科技特派员，入村调查，选择驻村养殖大户夏金美等为养殖业示范户，发挥示范效应。四是“特派员＋行业协会＋农户”模式。学院驻界牌镇科技特派员，会同界牌镇种草养鹅协会，共同抓好“苏牧1号”白鹅孵化、饲料选择、疫病防控、出栏销售等关键环节，统一把关管理，使界牌镇养鹅产业兴旺发达，鹅的病死率下降了21%，养殖规模扩大30%以上。五是“特派员＋科技服务机构＋农户”形式。学院“挂县强农富民”工程工作组，与滨海县农委、畜牧兽医站、水产站进行对接，共同培训县、乡(镇)、村养殖业管理者，共同发放物化补贴，共同为滨海县引进优良品种，共同解决滨海县养殖业中存在的突出问题。

“基地＋品种＋技术”服务“三农”成效

农民增收。2009年起累计向学院与盐城鸿源农牧业有限公司共建的基地引入苏姜猪种猪 262 头，使得基地年出栏量达 5 000 多头，新增收入达 1 000 多万元，基地向周边地区提供优质后备母猪 1 200 多头，带动养殖户增收 3 000 多万元。2010 年向学院与滨海鼎泰鹅业有限公司共建的基地引入“苏牧 1 号”白鹅种鹅 5 000 只，2011 年底向社会提供商品肉鹅 20 万只，同年滨海鼎泰鹅业有限公司共向社会提供鹅苗 150 万只。通过辐射带动，2011 年底陈涛乡种鹅饲养量达 5 万只，每年向社会提供 200 万只鹅苗。2012 年“苏牧 1 号”白鹅已辐射至蔡桥镇、五汛镇，带动了滨海白鹅产业发展，养鹅农户年户均增收 4 600 元。

农业增效。实现了优良畜禽新品种在滨海县的推广覆盖面达 23.6%，畜禽养殖新技术的普及率达 61.8%。促进了特色畜禽产业发展，加快了地方畜牧产业结构调整、调优，为推进社会主义新农村建设做出了贡献。

共同发展。学院教师服务能力得到提升，2012 年学院专业教师双师素质上升至 91.8%；共建基地接收学生实训数 3 000 人次；促进校企合作深入发展，近 3 年实现横向合作经费超过 1 500 万元；得到了行业主管部门和社会的认可，有力提升了学院的知名度和美誉度。基地带动畜禽专业合作社的发展壮大，建成了 4 个专业合作社和 1 个养殖协会，培养农民经纪人 86 名，带动农户 5 000 多户，农民组织化程度达 56%以上。

5.2 校企深度合作，发展农业高职院校办学特色

校企深度合作是落实“服务为宗旨，就业为导向，产学研结合培养人才”的有效路径，也是发展高等职业院校办学特色的有效方法。根据中国科学院发布的《中国科学发展报告 2011》，江苏省的 GDP 数量在全国排第二，质量却在全国排第五。这就要求江苏省必须按照国家自主创新战略的要求，针对产业核心技术缺乏、企业自主创新能力不足、高水平大学和科研院所偏少、高技能人才（既能动手，又能动脑的，能准确判断产品的技术难点和改进方向，能够将“想法”转化为具体的技术进步和产品改良的人才）不足等问题，积极实施产学研结合战略，缓解经济发展中的技术、人才和项目供给矛盾，不断提升自主创新能力。作为服务地方经济发展的农业高职院校院校应主动担负起应有的责任，主动服务江苏农业现代化、畜牧产业转型升级，在服务中发展办学特色。

5.2.1 紧扣江苏现代畜牧业发展，建立专业建设动态调整机制

就业导向的高等职业教育是与社会经济发展及学生就业结合最为紧密的教育类型，应当根据社会经济结构的调整和变化产生的新需求（来自于产业发展调查报告），以及学生就业期望与前景的新需求（来自于社会需求与培养质量评价报告），找出专业建设的参照系，建立“政府主导、产业引导、学生参与、学校主体”的专业建设动态调整机制。

(1)关注专业建设的影响因素。专业是高等职业院校的灵魂，专业建设的优劣决定了学校的生存与发展。学校要通过专业建设的改革来保持其发展的水平与特色，就必须关注影响专业建设的因素，包括外部因素和内部因素。影响高等职业教育专业建设的外部因素主要有政策规划调控因素、科技进步导向因素、劳动组织优化因素、社会发展平衡因素；外部因素主要有学生心理因素、教育资源因素、终身教育因素等；前者是条件，后者是基础。高等职业院校要及时跟踪市场需求的变化，主动适应区域、行业经济和社会发展的需要，根据学校的办学条件，有针对性地调整和设置专业。

(2)政府主导。2010 年，教育部发布的《深化教育体制改革工作重点》中关于办学体制改革的部分明确指出：“调整高等教育学科专业目录，改革专业设置管理办法，建立适应经济社会发展需要的专业设置动态调整机制。”面对新时期产业转型升级的客观需求，破除“专业设置与

资源配置、人才培养联系在一起”的做法,树立专业是课程组织形式的观念,落实高职院校办学自主权,将专业设置的权限下放给高职院校,政府通过立法、规划、拨款、信息服务、政策指导和必要的行政手段,对专业建设进行宏观管理。

(3)产业引导。产业通过对学校培养人才的社会认可以及产学研合作等途径对高职院校的专业建设进行引导。第一,高职院校通过设立校企合作联盟理事会、专业建设委员会等组织形式,增加产业界参与专业建设的话语权,引导高职院校的专业建设向产业需求靠近;第二,探索订单班、现代学徒制班等多元化的办学模式,鼓励产业界参与到与其利益联系紧密的教育教学活动中,从而实质性地影响课程结构和质量,引导专业建设与企业职业活动内容相吻合;第三,产业界派出技术人员直接参与到课程教学活动,深入到专业建设的内部,改变教学活动的形式,实施与企业技术活动过程、岗位工作过程紧密联系的工学结合形式,引导专业建设向产业需求贴近;第四,产业设立研发项目与专项资金,推进产学研合作机制,通过合作科研、共办专业、共设课程、联合培养,产业界有机地结合到专业建设中去。

(4)学生参与。高等职业院校人才培养质量不仅是学校教育的结果,更主要的学生努力的结果。学生的主人地位,决定了学生的多重身份:教育的被培养者、课程的受益者、活化的“教育资源”、改革的参与者,也有可能是专业的受害者。因此,学生不仅有权利,而且更有义务参与专业建设。第一,突出学生对专业教学的评价功能,是学生参与专业内涵建设的基本途径;第二,突出学生在校企之间的联系功能,是检验学生“学”与“用”一致性的专业建设重要渠道;第三,突出学生创新能力的价值功能,是学生自我发现、持续发展的实现过程。这三方面功能的反馈与修正,构成了学生参与专业建设的机制。

(5)学校主体。在高等职业院校办学自主权没有充分落实的情况下,第一,处理好专业动态调整与长期稳定发展之间的关系,建立以社会需求为导向的专业、专业群建设机制;第二,高等职业院校要明确自身办学方向和办学优势,本着“有所为有所不为”的原则,建设适配产业链专业;第三,顾及学生转岗能力需求,建设复合专业,培养复合型人才。

实例 5-2　四方联动,行业标准引领人才培养

2012 年 8 月 11 日,江苏畜牧兽医职业技术学院的食品科技学院在南京雨润集团生产一部召开了食品营养与检测专业的人才培养方案论证会。会议邀请了毕业生代表袁栋梁、江苏现代畜牧业校企合作联盟理事会常务理事陈妍、江苏省农业委员会畜产品检测中心姜家华主任、江苏省农业委员会农产品检测中心潘康标副主任、南京雨润集团雨润大学梁金喜校长、蒙牛集团(马鞍山)乳业品保处夏明胜处长、南京乳业集团卢俭工程师等行业企业专家,会议由江苏现代畜牧业校企合作联盟理事会秘书长臧大存主持,江苏畜牧兽医职业技术学院教务处黄秀明副处长、校企合作办公室戴建华副主任参与论证。

食品科技学院刘靖院长分析了专业岗位职业能力结构(表 5-1),指出课程结构中存在的问题,主要是按照 CBE 课程体系,没有理清能力组合方式与工作过程间的关系,在工作分析后的“教学分析”过程中,又回到了学科系统化的老路,为此对“雨润订单班”的培养方案提出了修订建议;专业带头人展跃平对专业 2011 年度、2012 年度人才培养质量报告进行了解读,对专业最重要的前 3 项基本工作能力:有效的口头沟通(76%)、积极学习(75%)、说服他人(60%)作了说明;毕业生代表就“产品指标监测”岗位主要工作任务进行了分析(表 5-2),建议:增加实践教学时间,加强技能实训;行业专家们建议:围绕学校的特色,紧扣肉制品、乳制品、

表 5-1 食品营养与检测专业岗位职业能力分析表

职业能力	单项能力							
A. 基本素质	A1 政治素质	A2 职业道德	A3 身心素质	A4 法律意识	A5 人文素质	A6 工作态度	A7 企业文化	
B. 通用能力	B1 心理承受能力	B2 自我管理能力	B3 自主学习与发展能力	B4 交往与合作能力	B5 解决问题和创新能力	B6 贴切的语言文字表达能力	B7 计算机应用能力	B8 英语应用能力
C. 专业基础知识与能力	C1 食品化学基础知识	C2 化学分析基础知识与操作能力	C3 食品微生物基础知识	C4 食品营养与卫生基础知识	C5 食品加工知识	C6 食品质量标准与法规的应用能力	C7 检测结果的分析能力	C8 检测分析报告的编制能力
D. 食品感官检验能力	D1 检验样品的采集与处理能力	D2 食品感官检验方法的选择能力	D3 各种产品检验感官感觉的判断能力					
E. 食品仪器分析能力	E1 微量成分检验样品的采集与处理能力	E2 食品微量成分检验方法的选择能力	E3 主要精密仪器的操作能力	E4 微量成分的检验能力	E5 主要精密仪器的维护保养能力			
F. 食品理化检验能力	F1 检测样品的采集与处理能力	F2 食品理化检验方法的选择能力	F3 检验仪器设备的使用能力	F4 各种理化项目的检测能力				
G. 食品微生物检验能力	G1 检测样品的采集与处理能力	G2 食品微生物检验方法的选择能力	G3 检验仪器设备的使用能力	G4 主要微生物的检验能力				
H. 食品质量控制与管理	H1 实验室运行与管理能力	H2 企业生产的卫生管理能力	H3 企业生产的质量安全管理能力	H4 食品质量安全控制体系的执行能力	H5 食品质量安全控制体系运行的内部审核能力			

蛋制品生产过程中的原料、产品，从食品生产许可证制度、食品强制检验制度、市场准入标志制度三个方面开发课程内容，并把食品检验工、质量工程师、公共营养师等职业资格考试内容融入教材；企业技师结合雨润集团具体情况建议：订单班的课程安排在结合学生转岗与发展能力的基础上，尽量靠向生产低温肉制品方向，安排工学结合的时间与企业的实际生产时间相配合，把主要就业岗位、能力、课程及考证四个方面结合起来(表 5-3)，雨润集团需要的人才专业方向很多，也可以多个专业一起做“雨润订单班”。

高等职业教育质量的提高必须落实在专业层面，专业是学校人才培养工作具体实施的载体。江苏畜牧兽医职业技术学院食品营养与检测专业进行社会需求与培养质量深度分析时，从专业改进的实际需要出发，建立行业、企业、学校、毕业生四方参与的“四方联动专业深度分析”机制，对掌握的数据进行更加深入的分析和挖掘，明确专业调整和改进的方向。

表 5-2 “产品指标监测”岗位主要工作任务分析表

序号	主要工作任务
1	对食品进行试闻和试尝，以保证其口味和要求一致
2	对食物、饮料、添加剂和防腐剂的成分进行标准化检查，以确定其颜色、口味和营养符合规定
3	协助食品研究人员开发生产技术和质量控制方法
4	使用数学和化学方法计算产品的水分和盐分比例
5	记录和整体测试结果并完成图表和报告
6	对实验仪器进行清洁、杀菌和维护
7	通过对产品进行区分和与标准表格的比较，分析测试结果，编制质量报告

表 5-3 食品营养与检测专业岗位核心能力与工学结合课程分析表

核心岗位	培养能力要求	工学结合课程	考证要求
产品指标监测	各种产品的理化项目、微生物项目的检测能力，食品仪器使用和维护能力	食品理化检验技术 食品微生物检验技术 食品仪器分析技术、 食品添加剂应用与检测技术 肉品加工与检测技术 乳品加工与检测技术 蛋品加工与检测技术	食品检验工 畜禽产品检验工 乳品评鉴员 报检员
品质控制	原料与产品生产的质量安全管理能力	食品安全与质量控制技术 食品仪器分析技术 食品感官检验技术	产品质量检验工 食品安全管理员 食品质量管理员 质量工程师 食品安全师
食品营养指导	公众营养指导和营养配餐能力	食品营养与健康	营养配餐员 公共营养师

用什么样的办学标准来衡量专业的办学质量，这是令高等职业院校教育者非常头疼的事情。专业办学标准是由学校自己拟定？来自某一企业？来自某一个行业？还是来自国内通用标准？有些专业还没有行业标准、国内通用标准，怎么办？这些标准是否能引领产业发展？根据对校企合作的深度解读，是行业引领产业、企业的发展，学生是要到产业、企业去工作的。如果行业有标准，就应引入行业标准；如果行业、产业没有标准，就应引入一流企业的标准。尽管该专业的用人单位集中在民营企业，但高等职业教育不是技能培训，需要用先进的职场文化、经营哲学、行业的道德准则和行为规范来引领产业、企业发展，培养高端技能型人才，让毕业生在职场发展中发挥带动作用。为此，食品营养与检测专业改变以往的做法，聘请在行业内具有较明显的引领地位或影响力的一流公司领衔设计教学计划，代表行业的职业标准。行业、企业、学生、学校四方联动共同修订"雨润订单班"人才培养方案，实行订单培养，设在企业的教师工作站的教师、技师承担教学任务，行(企)业全程介入教学过程，对教学质量提供保障，校企合作评价培养质量，企业决定奖学金的发放、选聘毕业生，实现了合作办学、合作育人、合作就业。

5.2.2 科学结合产学研，培养畜牧业转型升级需要的人才

高职院校的产学研是以产学研结合共同育人为核心，培养学生的综合职业能力为主要目的，让学生参加教师和企业科技人员实施的产学研结合的研究项目，提高他们的科技开发能力和学术水平、服务企业发展的能力，提高学生职业道德、职业技能和创新能力。

高等职业教育是以培养生产、服务、管理第一线需要的高端技能人才为主要目的，这一人才培养目标，决定了产学研结合类型的定位。高等职业教育产学研结合中，"产"是以教育过程中学生的学以致用为最终归宿，其主体是企业单位；"学"是教育者将学生按预定的培养目标、培养方案进行特定教育的全部过程，其主体是学校；"研"是教育者和受教育者将所学到的理论运用到实践中去，得到新的成果并服务于企业的实践活动，其主体是产学合作的双方，即学校与企业，而不是学校和企业之外的独立科研机构(这一点是与本科院校的产学研结合的区别所在)。因此，高等职业教育产学研结合是以产学研合作教育为主要形式，是高职院校和企业在教学与科研方面的合作，其合作主体通常只有学院与企业双方。

(1)建立学院主体，课程为载体的产学研结合的教育模式。江苏畜牧兽医职业技术学院在开展产学研结合的过程中，根据自身的功能定位探索出了一些比较成功的模式。主要有以下几种：①"工学交替"产学研结合模式。这是一种学生在校理论学习和在企业生产实践交替进行，理论与实践结合、学用结合的合作培养模式。这种办学模式的主要特点是，在整个培养期间根据教学需要，安排学生多次到企业实习，或顶岗工作。校企双方共同参与育人全过程，这种模式适用于理论技术要求比较高、实训时间要求长的专业。②"1+2"产学研结合模式。这是一种双向参与、分段培养的教育模式，即在三年教学中，一年在校内，两年在企业进行。校内教学以理论为主，并辅之以实验、实训等实践教学环节；学生在企业的两年时间内边工作、边学习部分专业课，结合生产实际选择毕业设计题目，在学校、企业指导老师的共同指导下完成毕业设计，并在企业答辩。这种模式是培养具有较强实践能力的工程技术应用型人才的有效途径。③"订单式"培养模式。这是学校和企业共同制定人才培养计划，签订"校企合作培养合同"，并在师资、技术、办学条件等方面合作，双方共同负责招生、培养和就业全过程，分别在学校和企业进行教学和生产实践，学生毕业后直接到企业就业的一种产学研结合人才培养模式。④"科研—教学—生产"一体化合作培养模式。这是一种校企合作，通过教师主持的、与企业合

作申报的科研课题，开发产学研结合型(创新型)项目课程，根据项目研究的需要，在学校与企业交替进行试验、实训、实习，以项目开发或技术服务等科技活动为媒介，重在培养学生技术应用能力、发展能力和创新能力的合作培养模式。

(2)建立企业主体，技术应用为载体的产学研结合的服务模式。江苏畜牧兽医职业技术学院根据企业需求，校企合作共建产学研结合企业中心(表5-4)，与企业联合进行科技攻关、促进成果转化，帮助企业解决生产中存在的实际问题，负责实施学生生产性实训、顶岗实习，培训企业员工，形成了企业主体，技术应用为载体的产学研结合的服务模式。

表5-4　产学研结合企业中心列表

序号	机构名称	举办企业
1	种鸡标准化生产性能测定室	正大集团南通正大有限公司
2	肉品质量安全检测中心	南京雨润集团
3	兽药生产与营销专业教师工作站	江苏长青兽药有限公司
4	畜牧兽医专业教师工作站	江苏高邮鸭集团

(3)共建工程中心，技术创新为载体的产学研结合的研发模式。江苏畜牧兽医职业技术学院根据国家产业发展规划，在国家有关部门的支持和组织下，选择有优势技术的专业，设立集教学、科研、生产于一体的“工程研究中心”(表5-5)，以“工程研究中心”为载体，与学校、企业合作，联合申报研究项目，开展产品研究、技术服务，推进科技开发及其成果转化，校企合作培养学生，形成了共建工程中心，技术创新为载体的产学研结合的研发模式。

表5-5　产学研结合工程研究中心列表

序号	机构名称	批准部门	批准时间
1	国家级水禽基因库	农业部	2008年9月
2	国家级姜曲海猪保种场	农业部	2008年9月
3	江苏省畜产品深加工工程技术研究开发中心	江苏省教育厅	2010年
4	江苏省兽用生物制药高技术研究重点实验室	江苏省科技厅	2009年
5	江苏省企业院士工作站	江苏省科技厅	2009年
6	江苏省动物药品工程技术研究开发中心	江苏省教育厅	2004年11月
7	江苏省动物流行病学研究中心	江苏省发改委	2004年12月
8	江苏省宠物(藏獒)繁育中心	江苏省农林厅	2004年1月
9	江苏省农业种质资源公共服务中心	江苏省科技厅	2006年10月
10	江苏省兽药代谢动力学服务中心	江苏省科技厅	2006年12月
11	江苏省兽药临床试验研究服务中心	江苏省科技厅	2008年9月
12	泰州市动物药品工程技术研究中心	泰州市科技局	2007年
13	泰州市动物疫病工程技术研究中心	泰州市科技局	2007年6月
14	泰州市水禽工程技术研究中心	泰州市科技局	2008年4月
15	泰州市食品工程技术研究中心	泰州市科技局	2008年4月
16	泰州市农业科技示范园	泰州市科技局	2007年
17	泰州市农业高新技术企业	泰州市科技局	2007年

实例 5-3 开发产学研结合课程,培养企业需要的育种人

常州市康乐农牧有限公司是国内智能化程度比较高的种猪场,全自动喂料、全封闭、全漏缝、全自动环境控制,并采用最利于种猪安全生产的“多点式、分胎次”饲养模式。江苏畜牧兽医职业技术学院的动物科技学院与常州市康乐农牧有限公司合作,从 2009 级学生中招聘学生,创设“康乐订单班”,双方共同协商制订单班的人才培养方案,以种猪生产与营销为主要课程方向,专业体验、职场认知、生产性实训、顶岗实习等实践性课程均在企业完成(图 5-9)。学校与企业一起,结合企业的研究课题(表 5-6)、生产需要和教学需要,开发产学研结合项目课程(表 5-7),该类项目课程设计的主要思路是:公司现有的种猪品种有长白、杜洛克、大约克,该猪种虽然生长速度快,但存在抗病力弱、肉质差的主要缺点,为此,通过多基因聚合技术培育优质抗病瘦肉型猪配套系,在保留高瘦肉率优点的同时,提高抗病性能。通过学生参与课题研究,训练学生的科学技术应用转化能力与创新能力;通过参与企业生产,解决实际问题,培养学生的工作能力,培养企业需要的育种人。课程完成时间为人才培养方案规定的生产性实训与顶岗实习时间,项目的总负责教师是在企业工作的高勤学博士,学生根据自己岗位工作中发现的问题进行毕业设计,校企合作组织生产性实训、顶岗实习、毕业设计答辩。经校企共同考核,并与学生充分沟通,有 19 名毕业生被企业选聘。

图 5-9 学生进行产学研结合课程培训

表 5-6 研究课题基本情况表

课题编号	课题名称	课题来源	课题经费	起止时间	合作企业
BE 2009330-2	多基因聚合技术培育优质抗病瘦肉型猪配套系	江苏省科技支撑计划	75 万元	2009 年 9 月—2012 年 12 月	常州市康乐农牧有限公司

表 5-7 产学研结合课程课务分工表

<table>
<tr><th>课程项目</th><th>学习性工作任务</th><th>学校教师</th><th>企业教师</th><th>参与学生</th></tr>
<tr><td>康乐发展史</td><td rowspan="2"></td><td rowspan="5">班主任
高勤学
组织</td><td>黄小国</td><td rowspan="6">全体同学</td></tr>
<tr><td>企业规章制度</td><td>黄小平</td></tr>
<tr><td>基本生产流程</td><td>母猪区管理,包括发酵床饲养技术</td><td>吴新华</td></tr>
<tr><td>兽医管理流程</td><td>免疫、打针与消毒技术、解剖技术</td><td>李卫东</td></tr>
<tr><td>信息化管理流程</td><td>ERP 信息管理系统,KFNETS 种猪育种系统</td><td>侯小亮</td></tr>
<tr><td>课题研究技术路线</td><td>研究方法、实施技术、任务分解</td><td>包文斌</td><td>胡迪</td></tr>
</table>

续表 5-7

课程项目	学习性工作任务	学校教师	企业教师	参与学生
育种流程	种猪育种与测定、育种技术、人工授精技术、配种技术、妊娠技术、母猪区管理、产房管理、幼猪护理技术、保育技术	高勤学	王文卫、吴新华	杨银、袁森、吉伟、张杰、史晓东、苏钦、李昊、张振武、练丹丹、高飞、代娣、蔡灿灿、朱圭、潘飞、李志佳、赵广银、房振国
育肥流程	育肥区管理、饲料调制与动物营养、育肥技术、去势技术	潘琦	周军辉	孙宏伟、陈向美、关铁行、展小宇、张取、孟凡光、张悦、杨梅娇、夏信文、陆希、柏超、王琳、凌震、陈梦兰

同学们在课题研究的现场试验中承担主要技术角色，有 2 名同学负责种猪测定技术，李昊同学目前已经熟练账务 B 超测定背膘技术并取得国家种猪测定员资格证书；有 4 名同学负责学习育种软件，3 名同学负责产房耳号并作为数据员，每天向国家生猪遗传评估中心上传测定数据。在完成课题的过程中，同学们不仅以优异的成绩完成了在企业举行的毕业设计答辩，迅速成长为猪场业务骨干，还迎接了国家生猪遗传评估专家的现场评审，为公司晋升国家生猪核心种猪场做出了贡献。

5.3 传播办学特色，引领农业高职院校教育发展

在新时期江苏畜牧兽医职业技术学院面对新任务进一步科学发展办学特色，提出办学特色的新内涵。

办学方针：以服务为宗旨、就业为导向、能力为本位，走产学研结合的发展道路，培养面向生产、管理、服务第一线需要的“下得去、留得住、用得上”，实践能力强、具有良好职业道德的高素质高技能人才。

办学理念：质量立校、特色兴校、人才强校、科研促校。

办学定位：服务江苏省畜牧行业经济社会发展需求，通过校企深度合作、产学研紧密结合，提高人才培养质量，培养畜牧产业链各个环节所需要的高端技能型专门人才，提升毕业生就业率和就业质量，把学院建成在区域和行业内特色更加鲜明、带动作用更加强劲的骨干高等职业院校。

管理体制：以体制创新为动力，由江苏省农业委员会、学院、行业龙头企业等单位组建江苏现代畜牧业校企合作联盟，加强联盟理事会成员、学院领导班子和中层干部队伍的管理能力建设，提高思想政治素质和办学治校能力，提升科学决策、战略规划和资源整合能力，发挥校企双方在畜牧产业规划、经费筹措、畜牧转型升级技术应用、兼职教师聘任(聘用)、实训基地建设和吸纳学生就业等方面的优势，促进校企深度合作，增强办学活力，形成人才共育、过程共管、成果共享、责任共担的紧密型校企合作办学体制。

人才培养方式：紧扣畜牧产业链动态设置专业，工学紧密结合，创新形成“三业(专业、产业、就业)互融、行校联动”的人才培养模式，同时探索了主导人才培养模式的“课堂—工作间”、“教学工厂”等多种实现形式；聘用行业企业技术骨干参与人才培养方案制订，引入职业职业标

准，贴近职业岗位工作能力，推行“以工作过程为导向，能力为目标，项目为载体，任务为驱动，学生为主体，教师为主导，理论与实践一体化”的教学模式；校企共建培养学生、锻炼教师、带动农民增收、反哺教学“四位一体”的实训体系；试行多学期、分段式的教学组织模式；校企共同评价人才培养质量，培养畜牧产业链各个环节所需要的高素质高级技能型专门人才。

社会服务方式：依托国家省市三级科技平台，组建养猪技术服务团队、家禽养殖技术服务团队、牛羊生产技术服务团队、水产养殖技术服务团队、食品加工及质量安全技术服务团队、疾病防治技术服务团队六大师生社会服务团队，选派“科技副职”和“科技特派员”到泰州市经济发展特色村工作，实施“优势产业推介工程”、“农民创业培植工程”、“百师兴百村工程”、“百家校企合作工程”、“科技创新推广工程”、“挂县强农富民工程”服务“三农”工程，建立“品种＋技术＋基地”套餐配送的服务模式，形成“县村（行业）—学院—企业（养殖户）”联动服务机制。

运行机制：完善校企合作制度体系，以企业“十二五”发展规划的核心技术升级和高素质技能型人才的需求为出发点，共建“校中厂”标准化养殖基地，“厂中校”教学基地，打造紧密服务企业发展的产学研平台；在学院共建企业专家工作站，在企业共建教师工作站，促进专兼职教学团队建设；共建校企合作信息管理平台，运用现代信息技术深化校企合作；探索“高中学业水平＋职业能力测试”综合录取新生的招生办法，与正大集团等企业合作，开设“正大班”、“雨润班”、“红太阳班”等订单班；改革人事分配制度，建立完善的校企合作育人、合作培训、合作开发制度体系，共建工学结合人才培养的质量保障体系；共建江苏现代畜牧业校企合作示范区，有效发挥江苏畜牧产业的技术优势、人才优势，调动行业企业参与畜牧产业高职人才培养的积极性，使学院与行业企业互惠互助，与行业企业间形成产学研紧密合作育人的长效运行机制。

报道 5-1 这里的毕业生为何供不应求

近日，江苏畜牧兽医职业技术学院 2012 届毕业生就业洽谈会拉开帷幕。这也是江苏牧院历年来规模最大的一次校内双选会。

“像这样的招聘会我们已经连续举办 17 届了。这次的最具规模，共有 500 多家企、事业单位参加。”江苏牧院党委副书记周新民介绍说，“其中省内外大规模企业、上市公司以及事业单位的数量比起往年有明显增加。”记者翻开本届就业洽谈会的用人单位一览表看到，很多企业都是大家耳熟能详的：正大、完美、扬子江、人寿、雨润等。

“今年我们的毕业生是供不应求啊！”周副书记自豪地说。据了解，2012 年应届毕业生共有 3 989 人，招聘岗位却有 12 000 多个，这就是说，每一个毕业生至少有三个工作机会供其选择。“这种供小于求的局面已经持续了好些年，很多用人单位都想尽办法留住我们的毕业生。”为了引进人才，一些较大规模的企业和江苏牧院签订了定向培养班的协议，形成了院校为企业输送人才，企业为学生支付学费，学校、企业和学生个人三方互利的局面。

为什么会形成供不应求的局面呢？作为华东地区唯一的肯德基原料供应商，杭州申浙家禽有限公司企业负责人告诉记者，公司现在不缺资金就缺人才，这次除了为企业的重要岗位挑选至少 10 名优秀毕业生，还要和江苏牧院签订定向培训班的协议。

益客集团是一家大型的农牧产业化民营企业，公司从去年开始参加江苏牧院举办的双选会，至今已招聘该校毕业生 20 人。今年招聘公司扩大了招聘规模，需求人数上升到 30 人。“在应届毕业生的选择上，我们首选江苏牧院毕业的学生。”益客有关负责人表示，“牧院毕业的学生不仅基本功较为扎实,而且吃苦耐劳,愿意从基层做起接受锻炼。”

扬大康源乳业有限公司是由扬州大学全资注册的企业。“我们的副厂长以及部分中层管理岗位人员就是牧院毕业的学生。”该企业总经理办公室主任说,“牧院的学生,综合素质高,实践能力强。这和牧院设置的专业课程贴近企业需求密不可分。”

“先就业再择业,走出精彩的职业人生。”这是本届江苏牧院招聘会提出的口号。其实历年来,江苏牧院都一直秉承这样的办学理念,从大一新生入校开始进行就业指导,邀请企业家、杰出校友来校演讲;鼓励学生尽早从理论走向实践,学生在校期间就进入学校实践基地学习。这样的办学模式,更好地让学历教育与相关培训实现深融合,为农业职业教育由生存向持续发展方向转变提供了新的参考。

(沈建华,王倩. 农民日报. 2011 年 12 月 14 日,第 5 版·科教周刊.)

报道 5-2　资源共享,校企合作才能“水乳交融”大有作为

——江苏畜牧兽医职业技术学院携手企业培养高素质技能型人才

我国职业教育发展的致命弱点在哪里?教育部新任主要领导明确指出:弱在校企合作!在教育部召开的职业教育与成人教育工作会议上,他强调,这是今后一个时期职业教育改革发展的重点,是职业教育应当下大功夫、也是必须下大功夫去探索和解决的难点。

国家示范性(骨干)院校——江苏畜牧兽医职业技术学院近年来在我国沿海地区大力发展生态高效畜牧业的背景下,秉承“紧扣畜牧产业链,产学研结合育人才”的办学理念,立足江苏、面向全国,顺应企业需求,集聚校企资源“互需、互注、互融”,谋求校企深度融合,深化人才培养模式改革,取得了显著成绩。

“AB”角切换:专家教授当企业顾问,研究员出任药企总经理

江苏倍康药业总经理陆广富有一张特殊的名片:A 面是“江苏倍康药业总经理陆广富”,B 面是“江苏畜牧兽医职业技术学院研究员”。名片的 AB 两面,是陆广富两种并存的身份。

“职业教育与企业有着天然的联系,职业教育产生于企业,初期就是企业的组成部分。校企合作是职业教育的本质要求,实施职业教育应当有两个主体,一是学校,二是企业,二者缺一不可。离开了企业的职业教育,不是真正意义上的职业教育。”学院党委书记吉文林说。学校建立以专业带头人和教研室主任为主体的“项目课程教学团队”,紧密结合学院专业建设和课程设置,改革教学模式、创新教学方法,围绕品牌特色专业、精品课程、精品教材建设等组建优秀项目课程教学团队,鼓励跨单位、跨部门、跨专业建立项目课程教学团队。学院连续 3 年组织教师赴企业锻炼,先后有 100 多名教师到企业担任企业负责人和技术顾问,在企业一线实际熟悉岗位技术应用,既帮助企业解决了很多技术难题,又为培养一线人才提供了鲜活的教学素材。

一个个“专家教授、企业老总、技术顾问”的背后,是一个以学院研发机构负责人为主体,以学院工程中心、实训基地、实验室、合作企业为载体的“科技创新团队”。近几年来,省动物疫病防控工作和畜产品质量安全监管工作的压力越来越大,形势也比较复杂。学院围绕现代畜牧业“资源集约、科技密集、加工增值、生态友好”的新要求,充分发挥畜牧兽医、动物医学、动物药品生产与检测等品牌与特色专业优势,积极推进科技服务“三农”,致力于把学院建设成为全省畜牧业生产、经营、管理、服务人才的培养基地,畜牧业科技创新和成果的转化基地。

在推进学院又好又快发展的同时，学院以服务“三农”为办学宗旨，建立了以相关教研室主任、产业部门负责人为主体，以实训基地、培训机构、职业技能鉴定站等为载体的“社会服务团队”，致力于依靠特色服务“三农”，科技支撑和谐发展，以应用性科技研究为主体，以培养实践型科技人员、建设孵化型科研基地、创建特色型科技平台、制定激励型科技制度为抓手，从而带领周边地区发展特色产业，推进学院人才培养工作。

工学结合：学生边学习边拿工资，在校也能当“老板”

尊敬的老师、亲爱的同学们：

时间的车轮在转，我们来倍康已经一学期了。

在工作中，领导给我压担子，让我当见习车间主任。我和同学们一起了解规范的操作流程，学到了很多在学校里学不到的东西，学到了一线生产中实际的操作技巧。在倍康，也培养了我们的职业习惯，从小事做起，把最简单的事情做完美。把简单的事情做好一次可以，但能够坚持下来就不是一件容易的事情。

经过实践，我明白，不论我们学到了多少理论知识，不经过实践，都只是纸上谈兵，我们只有经过自己动手，才能将理论上升到实践的高度，将理论与实践有机地结合起来。这将让我一生受用。

汇报人：陈凯

2010年10月23日

这是药学系学生陈凯的学期学习报告，朴实的语言是陈凯对学校推行工学结合的由衷感激。

学院院长徐向明说，面向畜牧业产业专业化建设、标准化生产、规模化养殖、产业化经营的新要求，学院以校内实训基地为主要载体，构建了以行业为先导、以能力为本位、以职业实践为主线、以项目课程为主体、与职业资格证书接轨的模块化课程体系，其重要载体就是实训基地。多年来，学院依托基地优势培养畜牧业高等技术应用性人才、做大做强产业等方面，取得了比较突出的成就，一直安排学生到畜牧科技示范园、倍康药业有限公司、动物医院等校内基地参与生产、营销、服务全方位的实践训练活动，真正让学生做到“真枪实弹”。学院积极开展了“三业互融、行校联动”、“课堂-工作间”、“3133工学结合”、教学动物医院“前店后校”创业人才等培养模式改革，在院内产学研基地、院外实训基地对学生综合技能系统训练周期内，安排学生顶，针对职业岗位每个环节的职业要求，定期交换岗位，强化对学生高等职业技能的培养，做到理论与实践的紧密结合（图5-10）。

近几年来，在首届全国高职高专生物技术技能大赛中，有4名学生获奖，其中一等奖2名；在2009年全国高职高专生物技术技能大赛中，3名学生荣获食品检验工团体一等奖，3名学生荣获发酵工团体二等奖；在第二届全国高等职业院校农业职业技能大赛中，2名学生获“动物外科手术”项目一等奖。近3年，学院毕业生就业率均在97%以上，用人单位对学院毕业生的满意率均在98%以上。

图5-10 学生在生产车间顶岗实习

目前，学校拥有了现代畜牧科技示范园、倍

康药业两大创业孵化基地，动物医院、畜产品加工实训中心等8个实训基地和校内创业教育基地，培育出了一大批高技能创业型人才，其中不乏"江苏省创业之星"江苏京海禽业集团董事长兼总经理顾云飞、"全国农村创业致富带头人"淮安康达饲料集团董事长姜滢等创业成功的典型。

资源共享：能工巧匠走上讲坛，"农"字企业争设奖学金

2010年4月12日，动物医学院开展兼职教师"公开课"活动，无锡派特宠物医院院长赖晓云就"兽医临床沟通技巧"进行了公开课讲授。

"建立与专业教学相适应的专兼结合教师队伍是办好学校的关键所在。所以，学院更注重企业引进高级技术人才。"学院副院长臧大存说。近年来，学院先后从相关畜牧业龙头企业引进了30多名高级职称人才，还聘请120多名在行业、企业中具有丰富实践经验的工程技术人员、能工巧匠担任职业技术课程的兼职教师；学院专业指导委员会成员中有一半以上来自企业。

企业人才资源的注入，孕育培养了一批教学科研、服务能力强、学术水平高的专业学术带头人、中青年骨干教师。目前，学院拥有教授、副教授等高级职称教师168名、具有博士、硕士学位教师近300名，其中受国务院表彰1人，享受国务院特殊津贴1人，省突出贡献专家1名，省农业科技创新工程首席专家1名，省"青蓝工程"科技创新团队学术带头人1名，省"333工程"培养对象10人，省中青年学术带头人和青蓝工程培养对象15名，泰州市"311工程"培养对象19名。

通过校企资源共享，江苏畜牧兽医职业技术学院毕业生的职业技能鉴定一直保持了90%的考试通过率，使学生得到了真正的实惠。如今，美国辉瑞、广东温氏集团等30多家著名"农"字号企业为学生提供了企业奖学金、助学金；很多企业免费为学院提供实习场地、实验动物，极大地支持了学院的教学。学院与蒙牛、正大、雨润等194个校外实习基地紧密合作，让学生了解行业的最新发展动态，锤炼过硬的职业技能，使学生一参加工作就能进入角色，促进了学院教学与职业岗位的"零过渡"。

（夏礼祝，钱佳蓓. 新华日报，2011年3月25日，A5：江苏新闻·经济.）

报道5-3　江苏畜牧兽医职业技术学院特色人才受欢迎

从2012年6月1日起，江苏畜牧兽医职业技术学院2012届毕业生实习结束陆续返校，学院各院系应企业要求在校内举办了不同类型的就业专场招聘会，截止到6月30日，共吸引了来自国内外470余家企业进校招聘，其中包括美国辉瑞、德国拜耳、日本味之素等世界知名企业23家；国内新希望集团、雨润集团、通威股份、中粮集团等百强企业76家，现场一共提供5 300余个岗位。

招聘人员端坐台前，逐个面试手持简历排队的求职者，这是招聘会一贯出现的画面。但在江苏牧院毕业前的专场招聘会上，记者看到更多的是学生们坐在用人单位的招聘展台前，认真聆听用人单位招聘人员费尽心思地介绍企业情况。在广东某集团公司的招聘摊位前，来自动科院大三的小陈犹豫了半天，还是谢绝了企业招工人员的邀请，转身来到另一家企业招聘摊位。"岗位实在太多了，让我们挑花了眼。""不仅岗位多，不少企业的待遇也很诱人：一个月奖金加提成可以达到4 000多元，让人实在难以抉择。"小陈无奈地说，自己目前已在扬州某企业实习，此次学校再次举行毕业前就业专场招聘会，自己觉得可以有机会寻找到更好的发展，所以决定回来看看。"递了一圈简历，没想到竟有16家企业的50多个岗位向我抛来了'橄榄枝'。"据介绍，仅动科院6月12日上午组织的专业招聘会，就有70余家企业进校招聘，现场提

供了800余个岗位，但实际达成的意向性签约却不到百人。

"不是企业提供的待遇不高，也不是学生能力达不到企业要求，关键是我们学院培养的学生因操作技能强、综合素质高在业界已树起口碑，不少毕业生早被国内外企业签约留住，现在已经没多少学生可提供了。"学院党委副书记、副院长周新民教授说。"随着当前现代农业面临越来越多的黄金发展机遇和健康安全畜产品旺盛需求也给学生提供更多更好的就业机会。"学院招生与就业处处长周俊介绍说，江苏牧院每年至少为学生组织3次校内招聘会，使学院大部分毕业生离校前就能找到"婆家"，并有好"婆家"。经江苏牧院初步统计，2012届4 000余名毕业生毕业离校前协议就业率就达到95%，远远超过同类高校和一些本科院校。

（袁建阳，谢媛媛.扬子晚报，2012年7月4日，B14版：教育资讯·高校.）

报道5-4 江苏牧医学院构筑人才高地 助推"农业科技创新"

2012年4月16日，江苏畜牧兽医职业技术学院的李志方等5位农业专职科技人员再次来到滨海县，开始为期一年的第四轮"挂县强农富民工程"服务工作。

这是该校用自主创新带来农业科技进步的一个缩影。4年来，学院在滨海县建成苏姜黑猪扩繁场、"苏牧1号"白鹅养殖场，为滨海县制订四大畜牧产业发展规划，成功培植1个特色产业科技示范基地和4个"一村一品"特色专业村，积极筛选并引进3个畜禽新品种，采用2项养殖新技术，推广3个畜牧业发展新模式，为2种农产品开辟新市场，开展农业技术培训50多场次，促使滨海县各对接服务村主导产业产量提升了20%以上，真正打造了一个受滨海农民欢迎、助滨海农民致富、让滨海农民满意的富民工程。

"今年，以'农业科技创新'为主题的中央一号文件再次聚焦农业，给农业职业院校带来了新机遇。我们的任务就是充分发挥在畜牧业方面的科技和人才优势，努力为农民致富奔小康插上科技的翅膀。"学院党委书记吉文林研究员说。近年来，学校根据现代农业发展需要，大力实施百家校企合作工程、助企兴农工程、百师兴百村工程、优势产业推介工程、挂县强农富民工程五大工程，走出了一条农业院校服务农村经济发展的新路子。

"人才高地"成为农民致富"导航员"

在江苏畜牧兽医职业技术学院采访，从校领导到普通教师，"科技"、"创新"是每个人身上都有的闪光印记。

周新民，省"333工程"高层次人才和"六大人才"高峰培养对象，全国优秀农业科技工作者，主持国家和省级精品课程各1门，参与国家级家禽品种邵伯鸡和省级新品种苏禽青壳蛋鸡的研究，获中华农业科技一等奖1项、三等奖1项，中国农科院科技进步一等奖两项、二等奖两项，省科技进步三等奖两项，研发新兽药5个。

朱善元，省"青蓝工程"科技创新团队带头人、省"333工程"高层次人才和"六大人才"高峰培养对象，主持省部级以上项目6项、获省科技进步二等奖1项，第二主持国家自然科学基金1项、参与科技部农业成果转化项目1项、省高技术研究项目1项，主持和参与研制了两个国家二类新兽药、1个三类新兽药并取得新兽药证书，申请发明专利7项。

……

"高等院校首先必须构建人才高地，同时制订激励机制，鼓励他们在新品种、新技术方面进行研发创新，然后将创新成果直接应用到农业生产一线。"吉文林认为，首先，高等院校应在创新人才培养上发挥作用。学院始终将人才队伍建设放在学院建设的首位，通过引进、聘请、培养等多种途径，不断优化师资队伍结构。2001年以来，学院通过实施"百名教授工程"、教师"五个一"工程、"师徒工程"、"百家校企合作工程"，开展"教学（职教）名师"、"教学（职教）新秀"、"操作能手"等评比，支持教师在职进修，组织青年教师赴企业锻炼，组织专业教师赴国外进修等一系列举措，有效地提高了师资队伍建设水平。学院"双师型"教师占专业课教师的比例达86%；教授、研究员等正高级职称36名，副教授等副高职院校称140多名，博士、硕士研究生近330名。正所谓"名师出高徒"，10年来，学院通过"工学结合"、"校企合作"等途径，先后与蒙牛乳业、南京雨润、江苏京海禽业集团、广东温氏集团、南京桂花鸭公司、上海光明乳业、正大集团等200多家企业合作，采取边学习边实践的模式培养实用型人才，为企业"量身定做"高素质技能人才。

为更好地发挥人才、科技优势，服务社会，学院形成以养猪技术、水禽养殖技术、牛羊生产技术、水产养殖技术、食品加工技术六大技术服务团队为主的服务体系，直接服务于"三农"。从2008年起，学院每年组织100名左右副教授以上职称或具有博士学位的专业教师主动联系服务一个村，利用寒暑假等业余时间围绕省直部门和市县实施的"劳动力转移培训工程"、"新型农民科技培训工程"和"农业科技入户工程"等活动，通过现场技术指导、专题讲座、与农民合作建设示范基地等形式，帮助周边县市农村培养一批"留得住、用得上、能赚钱"的有文化、懂技术、会经营的创业农民。

新品种开启农民致富"金钥匙"

说起江苏畜牧兽医职业技术学院的农业科技创新，不能不提学校建设的畜牧科技示范园，园区培育的鸭、鹅、猪、狗等新品种都成为农民增收致富的金种子。园内国家级水禽基因库，集水禽保护、育种、开发功能于一体，目前保存了我国濒临灭绝的20个地方水禽品种活体近万只，其中，鸭品种10个、鹅品种10个；历经10多年时间，国家级姜曲海猪保种场利用姜曲海猪和美国杜洛克猪培育的新品种苏姜猪，已基本具备申请国家品种审定条件。2012年4月3日，全国政协副主席王志珍在农业部副部长张桃林等领导陪同下，莅临示范园考察，并欣然题词"发展现代畜牧产业，职业教育示范先行"。

示范园水禽基因库主任段修军介绍，"这些水禽濒临灭绝，养殖技术要求高。为了让养殖户尽快掌握养殖技术，示范园开办了技术培训中心，开通24小时咨询热线，免费对养殖户进行技术培训，解答养殖户技术咨询。"目前示范园基因库已形成以基因库为"塔尖"，以良种推广中心和扩繁场为"塔腰"，以面广量大的农户为"塔基"的金字塔式保护与繁殖体系，已成功地将7个品种水禽推向市场，并得到大面积扩繁养殖，每年带动2 000多户农民发展优质水禽养殖，向全国10多个省市成功推广优质商品苗鸭、鹅1 000多万只，创造直接经济效益10多亿元。

"畜禽新品种的引进推广，丰富了滨海的品种资源，在进一步挖掘品种优势、开发新产品方面具有重要意义。"滨海县县长李逸浩说。苏姜黑猪的成功引进，结束了滨海县无高档黑猪肉的历史，充分体现杂交优势，提高群体生产性能，使滨海生猪市场更具开发价值和潜力。目前建成的苏姜黑猪扩繁场，基础母猪群近千头，年出栏量数万头。后备母猪向周边农户推广，实现农户中苏姜猪及二元杂交后代存栏量达30万头，至少可带动万户农民从事苏姜猪或苏姜猪二元杂交后代养殖生产。以苏姜猪为母本的二元杂交瘦肉型商品猪比普通二元杂交商品肉猪每头要多收入100～120元，每年养殖户可增收3 000万元。

和鸭、鹅、猪等新品种同样让牧院人感到自豪的是，学院率先在全国高校中设立动物药学系，建设倍康药业公司，并于2010年12月挂牌成立省兽用生物制药高新技术研究重点实验室、聘请我国著名动物病毒学专家、中国工程院院士夏咸柱担任学术委员会主任。学校从而成为我省第一所拥有省级重点实验室的高等职业院校，为倍康药业新产品的开发提供了坚强的技术后盾，研发生产的部分新兽药填补了省内空白。在农业部兽药GMP验收的企业中，倍康药业两次获得总分全国第一，成为全国最大的兽药GMP制剂生产基地之一。

新技术成为农民致富“助推剂”

有了新品种，新技术、新模式也得跟上。为随时解决养殖户在生产中遇到的问题，学校开通网上服务平台，邀请学院兼职科技服务人员和龙头企业、养殖大户都加入到QQ群里来，大家可以在群中及时交流养殖知识和经验，遇到有养殖户反映的问题，专家就在网上进行答复，通过共享共有，“新品种、新模式、新技术”引进推广实现了“以点带面”的理想服务模式。

受聘为兴化市双平禽业有限公司的泰州市级“千名科技专家兴农富民工程”专家们，通过“品种＋技术＋服务”立体推动的服务模式，推广苏牧1号白鹅、扬州鹅等品种。实践证明新品种无论是在生长速度，还是在抗病力上都优于原品种，新品种缩短了饲养时间，节约了成本，仅养殖这一环节就可使每只鹅多增加收入3～5元，增强了农民养殖致富的信心。其中，建平禽业专业合作社，通过与养殖户分享生产、加工、流通环节中的利润，已辐射带动200多个社员。针对不同养殖规模和不同技术水平，专家们分别提出了公司种鹅采用林下＋河道养鹅的思路，商品鹅为规范化舍饲。一般散养农户可采用林下养鹅模式，集中养殖农户采用规模化养殖小区的模式。示范带动了兴化市周庄镇，尤其是西坂伦村和江孙村成了远近闻名的养鹅专业村，这种模式正逐步向兴化全市辐射。

“农业科技创新、服务推广永无止境，一号文件切中国情，鼓励支持农业科技进村入户，鼓励农业科技人员下乡进村入户，加强对农民的科技指导和技术培训，农校对此责无旁贷。”学院何正东院长说。为鼓励更多的教师到基层一线去，学院出台文件规定，中层干部竞争上岗的，必须要有企业、基层工作经验；中级职称评定的，必须要有一年以上企业、基层工作经验。在推进学院又好又快发展的同时，学院以服务“三农”为办学宗旨，建立了以相关教研室主任、产业部门负责人为主体，以实训基地、培训机构、职业技能鉴定站等为载体的“社会服务团队”，致力于依靠特色服务“三农”，科技支撑和谐发展，以应用性科技研究为主体，以培养实践型科技人员、建设孵化型科研基地、创建特色型科技平台、制定激励型科技制度为抓手，师生带领周边地区发展特色产业，推进学院人才培养工作。

新机遇成就江苏牧院大发展

构筑人才高地助推“农业科技创新”，为“三农”增添活力的同时，江苏牧医学院人也收获一个个荣誉收获一份份喜悦。“这一切成绩的取得，得益于中央连续9个一号文件聚焦‘三农’和国家大力发展中国特色的职业教育，给农业高等院校带来的新机遇。”吉文林说。

这几年，学校建设跨上了发展的“快车道”，形成了以凤凰路校区为主体，以江苏现代畜牧科技园和江苏倍康药业为两翼的“一主两翼”发展格局，办学规模位列全国农业高职院校院第一，并在全国高校中唯一拥有国家级水禽基因库和在全国高职院校院校中唯一同时拥有省级重点实验室和省科技创新团队及省企业院士工作站，学院的科研平台建设和科技成果始终走在全国高职院校院校前列。特别是近几年，学院主持或参与农业部、教育部、省农委、省教育厅、省科技厅等省、部级科技项目平均每年20多项，获中华农业科技进步二等奖两项、三等奖1项；获省科技进步二等奖两项、三等奖3项；获省农业技术推广二等奖1项、三等奖1项；连续三次被评为“省科技工作先进高校”;连续三次被评为省“挂县强农富民工程”先进单位。申请发明专利20多件,已授权7件;学院倍康药业有限公司被评为省级高新企业,研制国家二类新兽药两个、填补省二类新兽药的空白,三类新兽药1个。学院教师在省级以上刊物发表科研论文1 000多篇,其中SCI论文12篇,核心期刊论文300多篇;出版专著、教材、科普书籍近145部。2010年,教育部、财政部联合公布100所“国家示范性高等职业院校建设计划骨干高职院校院校”立项建设单位名单,江苏牧医学院从全国1 200多所高职院校院校脱颖而出,项目建设周期为三年。

让江苏牧医学院人感到尤为欣喜的是,2012年3月19日,省农委聘请中国科学院院士、南开大学原校长饶子和为江苏畜牧兽医职业技术学院名誉院长,同时受聘该校特聘教授的还有清华大学张荣庆教授、中科院生物物理所唐宏研究员。“今年是农业科技创新年,中央一号文件提出‘坚持科教兴农战略,把农业科技摆上更加突出的位置’。饶院士担任我院名誉院长,必将带动我院教育教学、科学研究、社会服务水平迈上更高层次,为学院人才培养和服务区域经济发展插上腾飞的翅膀。”说起聘请饶院士“当”院长,吉文林自豪地说。今后学校将自我加压,一如既往地通过提高质量出人才,抓好科研出成果,服务三农出效益。按照中央精神的要求,学校进一步明确了农业科技创新方向,将努力做到“顶天立地”——顶天就是要达到农业科技前沿高峰,立地就是在农业科技产业化、农业生产应用过程中发挥关键作用。今后,学校将根据省委、省政府的要求,不断提高农业科技创新和服务三农的能力,为社会主义新农村建设做出积极贡献。

(金爱国,夏礼祝.新华日报.2012年5月4日,A9版:特别报道.)

报道5-5 放弃安稳国企,选择擅长专业
“80”后女大学生回乡养猪

阅读提示:

提起张琳当初的选择,现在仍有人觉得“这个女孩太傻”。

是留在国企工作,还是回家养猪创业?前者意味着工作体面加稳定的收入,后者则是没有任何保障的白手起家。在这样一道看似毫无悬念的选择题上,张琳选择了后者。

辞去国企工作回家养猪

对于一个25岁的女孩来说,爱美是这个年龄的天性,和养猪完全沾不到边,但是对于泰兴市分界镇的张琳来说,她把养猪看作生活的一切,如今,她的养猪场办得红红火火。

走进张琳的养猪场,一股刺鼻的臭味就扑面而来,然而身着蓝色工作服,穿梭在猪舍间的张琳却好像完全感觉不到。她神色泰然,有条不紊地清洗猪粪、投放饲料,忙得不亦乐乎,这些都和她娇小的外表形成了鲜明的对比。

初见张琳,利落的短发,灿烂的笑容,这样一个看起来文静的女孩子让人无法把她和养猪联系在一起。

2004年,张琳从江苏畜牧兽医学院毕业,在父亲的帮助下,一毕业就找到了一份令人羡慕的工作,在河南的中石化上班,每个月都有不错的收入。

“那时候每月工资是2 500元,年底还有40 000多的奖金,朝九晚五的生活很安逸。”张琳说,自己的性格不像同龄的女孩,不想过这种安逸的生活,她觉得人是要有一份事业。正是这

样的性格让张琳毅然决定辞职，回家养猪。

最大难题是家人不理解

然而事情并没有她想象的顺利，当她对家人说出自己的想法时，大家都惊呆了。

"我们当时都想不通，好好的一个女孩子，上了大学，又有个这么好的工作，如果回来养猪，邻居们会怎么看，人家会说是没本事才回来养猪的。"张琳的叔叔说，当时为了让张琳打消念头，一家人决定采用孤立的政策，所有人都不理她，吃饭也不叫她。

"北大的学生都可以去卖猪肉，为什么我不能回乡下养猪。端着铁饭碗平平淡淡地过日子，这不是我想要的生活。"张琳坚定地说，"在学校里，我埋头苦读的知识，工作中无法发挥，回乡养猪，可以证明自己，让我所学知识有用武之地。"

那段时间是张琳最难的时候，家里所有人都不理她，也不给她饭吃。

"也许是我骨子里像男生，只要是认准的事，一定要办成。"张琳说，白天她独自一个人在村里找适合搭养猪场的地皮，饿了就吃方便面，晚上就和在外地的父亲通电话。

"中国的农业是中国的未来，投资农业是最好的效益、最大的出路、最好的前途。"女儿一遍又一遍地劝说，父亲张家宽的心渐渐软了下来。

为了帮助女儿，在第三天，张家宽连夜从河南开车回家，召开了家庭会议，终于勉强说服了家里人。"当时我第一次听到这个想法也很惊讶，但是我冷静地想了想，年轻人应当让她干她喜欢干的事，让她发挥自己的价值。"

为创业吃尽苦头

就这样，家人勉强答应了张琳的养猪计划。2005 年 7 月，张琳在父亲的支持下置地两亩，购买了 300 多只猪仔，养猪场办了起来。

养猪场大小事宜只能靠张琳自己解决。凌晨三四点，张琳就已经在猪舍打扫卫生，拌饲料喂猪，给猪打针，替母猪接生等。

"刚起步时，我有点不适应，每天只睡三四个小时，苦点累点就算了，偏偏又碰上猪瘟，三四百头猪剩下了不到二十头。"这个打击几乎将张琳击垮，是继续还是退出，她面临选择，最终还是父亲给了她继续的勇气。"那时候就不想干了，真的很绝望，我爸每天都打电话安慰我，他告诉我没有人能随随便便成功，坚持就是胜利。"

图 5-11　张琳观察仔猪生长情况

经历了挫折，张琳的养猪经验更加丰富，在又增加了八栋猪舍之后，她做出了自繁自养的决定，这样不仅增加了技术难度，也让张琳更加辛苦了，尤其是夜里给母猪接生的时候，要密切关注母猪和小猪的情况，常常一夜都不能睡觉（图 5-11）。但是每次看到小猪出生，张琳还是感到十分满足。"晚上有时候四五头母猪生小猪，基本上没有睡觉的时间，第二天还要干活，但当我看到母猪下了这么多小猪，心里充满了自豪。"

要带乡亲们一起富

"张琳办养殖不同于普通农民，她学过畜牧兽医专业知识，在生猪的防疫、诊疗、人工授精等方面，她基本上都能独立完成。"分界镇畜牧兽医站副站长杨俊荣说，"张琳的猪场发病率很低，死亡率也很低。虽然她自己有技术，但为人非常谦虚，遇到什么事总跟我们兽医站沟通，叫我们一声师傅，请我们帮忙解决一些困难。”

农村里，绝大多数养殖户都是依靠传统方式，专业技术相对落后，生猪长肉少、出栏慢、病死率高。将新型的养猪技术在村里推广，是张琳最大的愿望。

对村里的乡亲们，张琳总是十分热心，养殖户中不论谁遇到困难，哪怕是深更半夜，她都是有求必应。

用汗水浇灌的果实是甜蜜的。由于过硬的专业技术，再加上不懈的努力，张琳的付出得到回报，短短几年内，张琳养猪场的规模扩大了几倍，生猪存栏量达到3 000多头，年产值从最初的几万元上升到上百万元。然而张琳没有满足，说起下一步的打算，这个25岁的女孩满怀憧憬，除了继续扩大自家养猪场的规模外，张琳希望办一个养猪农村合作社，用自己的技术和规模化的养殖方法，带动周围的乡亲一同富裕。

（毛晓华. 泰州晚报，2012年3月9日A11版：社会.）

报道5-6 扩大对外开放办学，拓展国际交流合作

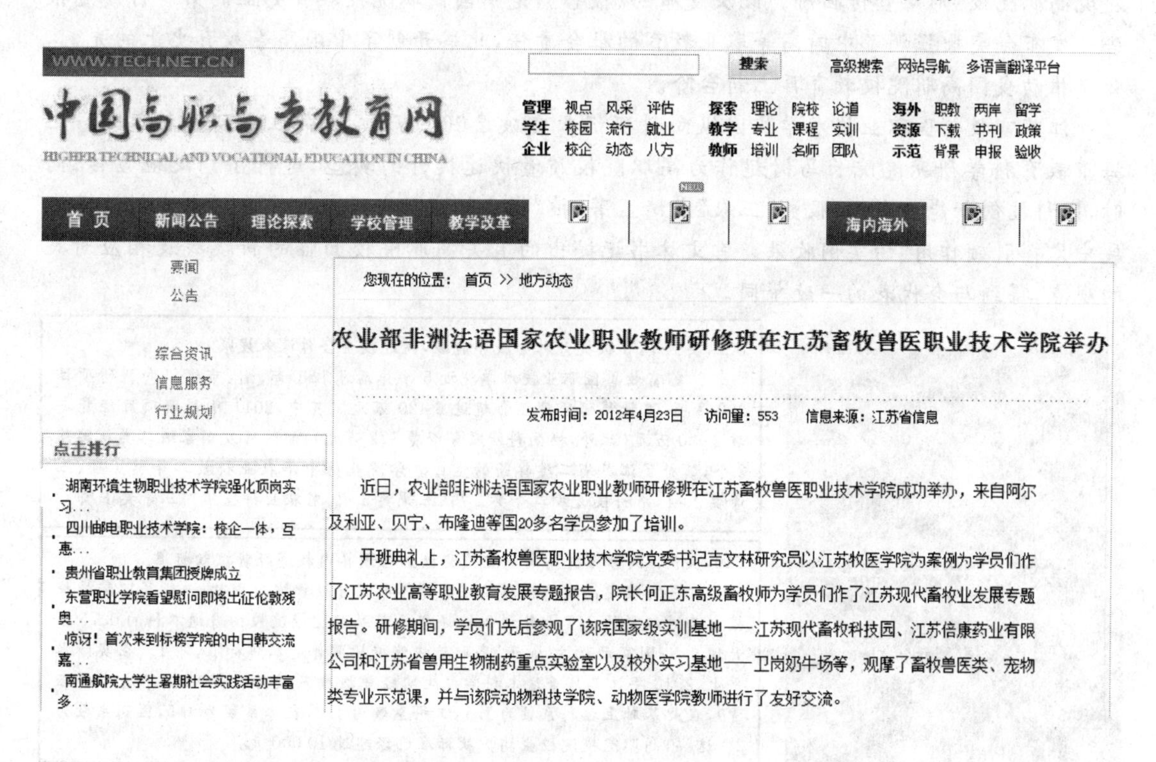

WWW.TECH.NET.CN

中国高职高专教育网

HIGHER TECHNICAL AND VOCATIONAL EDUCATION IN CHINA

搜索 高级搜索 网站导航 多语言翻译平台

管理 视点 风采 评估 探索 理论 院校 论道 海外 职教 两岸 留学
学生 校园 流行 就业 教学 专业 课程 实训 资源 下载 书刊 政策
企业 校企 动态 八方 教师 培训 名师 团队 示范 背景 申报 验收

首页 新闻公告 理论探索 学校管理 教学改革 海内海外

要闻
公告
综合资讯
信息服务
行业规划

点击排行
- 湖南环境生物职业技术学院强化顶岗实习...
- 四川邮电职业技术学院：校企一体，互惠...
- 贵州省职业教育集团授牌成立
- 东营职业学院看望慰问即将出征伦敦残奥...
- 惊讶！首次来到标榜学院的中日韩交流嘉...
- 南通航院大学生暑期社会实践活动丰富多...

您现在的位置：首页 >> 地方动态

农业部非洲法语国家农业职业教师研修班在江苏畜牧兽医职业技术学院举办

发布时间：2012年4月23日 访问量：553 信息来源：江苏省信息

近日，农业部非洲法语国家农业职业教师研修班在江苏畜牧兽医职业技术学院成功举办，来自阿尔及利亚、贝宁、布隆迪等国20多名学员参加了培训。

开班典礼上，江苏畜牧兽医职业技术学院党委书记吉文林研究员以江苏牧医学院为案例为学员们作了江苏农业高等职业教育发展专题报告，院长何正东高级畜牧师为学员们作了江苏现代畜牧业发展专题报告。研修期间，学员们先后参观了该院国家级实训基地——江苏现代畜牧科技园、江苏倍康药业有限公司和江苏省兽用生物制药重点实验室以及校外实习基地——卫岗奶牛场等，观摩了畜牧兽医类、宠物类专业示范课，并与该院动物科技学院、动物医学院教师进行了友好交流。

报道5-7 产学研结合育人质量得到社会认可

江苏畜牧兽医职业技术学院党委书记吉文林研究员作为全国18所高等职业院校长之一的受邀嘉宾，出席了2012年7月12日在北京会议中心举行的“2012中国高等职业教育社会责任年会暨质量报告发布会”（图5-12）。此次会议由全国高职高专院校校长联席会议主办，北京工业职业技术学院承办，天津、上海、四川3省教育厅领导及全国知名新闻媒体记者应邀参

加此次会议。会议由全国高职院校高专校长联席会议主席李进主持(图 5-13)。

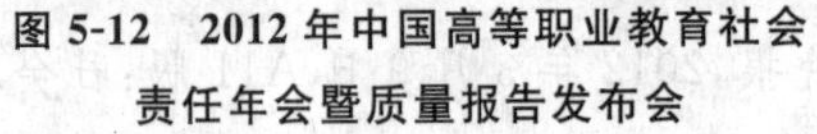

图 5-12　2012 年中国高等职业教育社会责任年会暨质量报告发布会

图 5-13　学院吉文林书记出席 2012 中国高职教育社会责任年会

会议发布了《2012 中国高等职业教育人才培养质量年度报告》(以下简称“报告”)及《2012 发现高职院校》形象宣传画册。此次发布的《报告》,是中国高职院校教育史上的第一份质量报告。发布会突出强调了中国高等职业教育的社会责任,此举开创了中国高等教育史上的先例,必将推动我国高职院校教育再上新台阶。

江苏畜牧兽医职业技术学院因纵向科研经费突破 2 000 万元,被第三方研究机构——上海市教育科学研究院院长马树超作为高职院校质量快速提升的典型,进行了广泛地宣传;同时,因科技创新能力突出、服务“三农”成绩显著,被《报告》“成效与贡献”的“在服务农村改革发展中发挥引领作用”的实例收录。吉文林书记提出的有关高职院校面临的新挑战及相应对策的观点,得到与会代表的一致赞同。

P22,实例 7:积极提升社会服务能级,促进校企合作深入发展

江苏畜牧兽医职业技术学院近 5 年先后承担了部、省、市级纵向科研项目 300 多项,累计科研项目经费超过 6 420 万元。其中,2011 年科研项目经费突破 2 020 万元(此外,横向科研服务经费 572 万元);学院开发国家级二类新兽药 2 个,填补了江苏省二类兽药的空白。学院获得中华农业科技二等奖 1 项、三等奖 1 项,省科技进步二等奖 2 项、三等奖 3 项,省农业科技推广三等奖 1 项。

P30,实例 12:努力提高高职院校院校生均预算内教育经费拨款标准

江苏省确定高职院校院校生均预算内教育经费拨款系数,一般高职院校院校由普通本科的 0.7 上升到 0.8;省级示范高职院校院校由普通本科的 0.75 上升到 0.9;国家示范性(骨干)高职院校院校按照普通本科标准,即 1。在实际水平上,2010 年江苏省普通本科学校生均经费拨款基数为 7 600 元(不含专项经费),在此基础上理科系数为 1.1,工科系数为 1.2,农林系数为 1.5,医药系数为 2。这样,高职院校院校生均拨款标准已经超过 10 000 元。

P38,实例 18:贴近“三农”,服务“三农”,引领特色产业发展

江苏畜牧兽医职业技术学院帮助滨海县陈涛乡实施白鹅养殖项目,实现产值 1.5 亿元,收益 2 000 万元,户均增收 6 300 元;帮助八巨镇引进自主培育的苏姜黑猪,年出栏量 4 000 头,年提供优质后备母猪 1 200 头,增收 600 万元,并推广带动 5 万户农民从事养殖生产,年增收 3 000 万元,示范户平均增收达 20%以上,使滨海“挂县强农富民工程”成了农民的“幸福工程”。

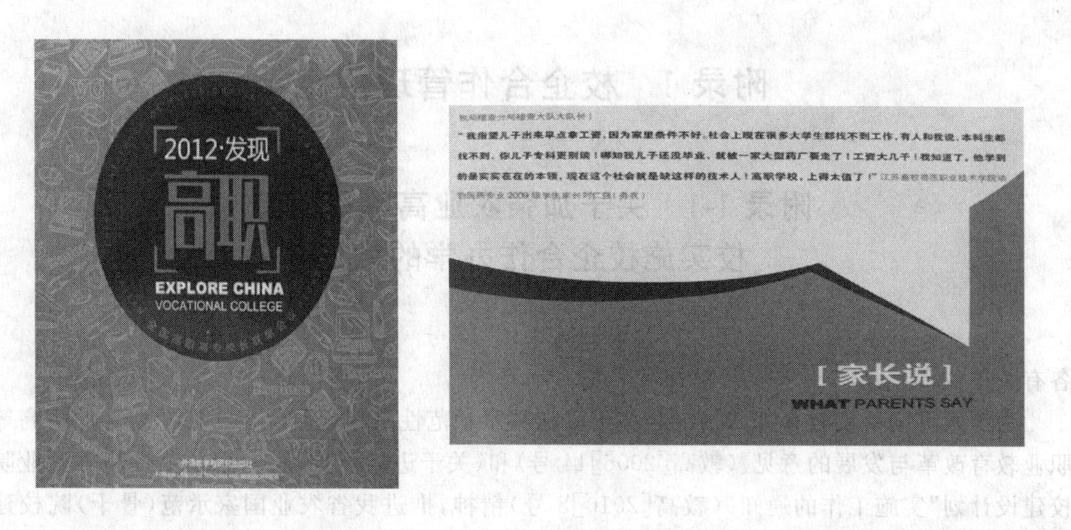

参考文献

[1] 沈建华，王倩. 农民日报[N]. 2011 年 12 月 14 日，第 5 版 · 科教周刊.

[2] 夏礼祝，钱佳蓓. 新华日报[N]. 2011 年 3 月 25 日，A5：江苏新闻 · 经济.

[3] 袁建阳，谢媛媛. 扬子晚报[N]. 2012 年 7 月 4 日，B14 版：教育资讯 · 高校.

[4] 金爱国，夏礼祝. 新华日报[N]. 2012 年 5 月 4 日，A9 版：特别报道.

[5] 毛晓华. 泰州晚报[N]. 2012 年 3 月 9 日，A11 版：社会.

[6] 上海市教育科学研究院，麦可思研究院. 2012 中国高等职业教育人才培养质量年度报告[M]. 北京：外语教学与研究出版社，2012.

附录1 校企合作管理规范

附录1-1 关于加强农业高等职业院校实施校企合作办学的意见

苏农科〔2010〕17号

各有关单位：

为深入贯彻落实教育部、财政部《关于实施国家示范性高等职业院校建设计划 加快高等职业教育改革与发展的意见》(教高[2006]14号)和《关于进一步推进"国家示范性高等职业院校建设计划"实施工作的通知》(教高[2010]8号)精神，推进我省农业国家示范(骨干)院校建设，加快我省农业高等职业教育改革发展步伐，大力推进校企合作办学、合作育人、合作就业、合作发展，全面提升我省农业高等职业院校整体办学水平，培养更多的高素质技能型人才，现就加强我省农业高等职业院校实施校企合作办学工作提出如下意见：

一、总体目标和要求

各职业院校要进一步转变教育观念，抢抓发展机遇，采取有力措施，建立稳定的校企合作伙伴，积极组建由行业、企业、学院共同参与的产学研合作"理事会或董事会"，充分利用企业资源，本着校企互惠互赢，大力推进校企合作；将校企合作办学作为农业高等职业教育专业建设、课程建设、人才培养模式改革和双师素质提高的根本途径，作为农业高等职业院校新一轮发展的重要内容，促进学院进一步办出特色和水平，更好地为企业培养所需人才，服务我省经济社会发展。

各级农业龙头企业要把校企合作培养高技能人才纳入企业发展总体规划，积极发挥科技、信息、人才、经济等资源优势，与学院共同做好人才培养、专业开发、专业建设、课程改革、实训基地建设、教师到企业顶岗挂职等工作，为提升企业人才素质和提高市场竞争力奠定基础。通过学院和企业共同努力，形成具有鲜明特色、校企紧密合作的新型农业高等职业教育人才培养机制。

二、主要途径和模式

(一)共同建设实习实训和就业基地

通过项目支持，引导农业龙头企业主动与学院合作，建设相对稳定的校企合作实习实训和就业基地，积极推行实习实训就业一体化。

学院会同企业制定学生培养计划，实习实训期间安排专职人员对学生实习进行管理，大力实施"工学结合、顶岗实习"的人才培养模式。要把与企业合作建设实验实训基地作为实训中心建设新途径，积极创造条件，按照互惠互利原则，明确校企双方职责和利益，采用接受企业设备赠送、为企业提供设备场地、与企业合股等形式共建，提升实训中心的科技水平、企业氛围和经济效益。

企业要根据生产、市场、服务的实际需要，积极与学院合作，接受学院学生到企业顶岗实习；对顶岗实习学生按有关规定和合作协议进行管理；在顶岗实习期间，学生享受在职人员的工资、保险待遇；根据企业需要，优先从顶岗实习的学生中录用新员工，帮助学生就业；充分利用职业院校的科技资源、现有设备实行共享配套，实现实训和生产共赢，提高生产效益。

（二）共同培养“双师型”教师

学院要根据市场需求，会同企业做好专业规划、专业设置、人才培养的调研工作，共同培养“双师型”教师。学院建有企业负责人参加的校企合作领导小组，系部建有紧密合作企业专家参加的课程建设和专业教学指导委员会；要聘请有实践经验的企业专家担任专业教学和技能训练的兼职教师，建立兼职教师库。通过制定“双师型”教师能力建设计划，建立教师定期到企业挂职锻炼和企业人员定期到学校任课的制度，加强考核，保障“双师型”教师队伍建设落到实处。

（三）共同培养高素质高技能人才

学院要根据企业人才需求，与企业共同制定“订单式”人才培养方案，开展校企联合办学，培养高技能人才。要针对企业岗位要求，做好“订单式”课程开发工作，与企业共同开发制定专业标准，有效利用企业技术、设备、场地等条件，与企业零距离对接；与企业共同协商，建立企业资助的奖学助学基金，开办“企业冠名班”；要积极根据企业需要，发挥教学资源优势，采用校内办班、在企业办班等多种方式，为企业举办员工文化科技教育、岗位技能培训，将学院建成企业职工的培训基地。

农业龙头企业要发挥主体作用，积极参与和支持校企合作培养高技能人才，并将其作为建立现代企业职工培训制度的重要内容，更多地通过校企联合办学、“订单式”培养，录用新员工，满足生产、经营、服务对人才的需求。

（四）共同开展技术研发

企业要把学院合作开展技术研发作为校企合作的重要载体，作为提升企业科技水平的重要举措，通过合作开展技术研发，实现校企共同发展，要制定政策措施，培养骨干力量，确定研发项目，积极组织双方开展应用技术研究、技术革新与攻关等。

学院要组织教师为企业解决实际问题，提高企业生产经营效益，推进科技成果在生产中的应用，同时充分利用人才、技术资源，为企业建立研发中心，通过校企合作，建成新产品、新技术的培育孵化基地。

三、主要措施和政策

（一）主要措施

1. 加强组织领导。省里成立由我委主要负责人任主任，分管负责人、企业法人代表和各职业院校党委书记、院长为副主任的校企合作推进委员会，加强校企合作的组织领导，指导、协调校企合作的各项工作，及时解决校企合作中的困难和问题。

2. 继续加大对各职业院校办学经费的投入。根据国家示范、国家骨干和省示范高等职业院校建设项目要求，我委决定每年安排 1 000 万元左右的专项配套资金，保障各建设项目的实施，其中重点推动江苏畜牧兽医职业技术学院与行业企业开展人才共育、过程共管、成果共享、责任共担、共同发展的紧密型合作办学体制机制，增强办学活力。

3. 支持各院校打造一支高水平的专兼职教师队伍。我委将出台兼职教师津贴制度，修订农业技术职称评定办法，对企业中担任农业院校的兼职教师，且每年平均兼职160课时以上的人员，除学院给予规定的课时津贴外，我委将每人每年补贴 6 000 元。同时，在重点实训基地建设方面给予人、财、物等支持，在科技推广项目申报上，给予优先安排。充分发挥学院人才、科研和资源优势，进一步放大学院在全省高等职业教育中的带动作用。

4. 加强各院校领导班子建设，特别是领导能力建设，确保学院科学发展。

（二）政策支持

1. 企业要根据财政部等十一个部委联合印发的《关于企业职工教育经费提取与使用管理的意见》（财建〔2006〕317 号）文件规定，提取并合理使用职工教育与培训经费，用于本企业职工培训与高技能人才培养，其中高技能人才培养经费不低于 50%；对企业与职业院校合作开展"订单式"人才培养，企业承担部分的支出从企业自留职工教育经费中列支。

2. 对企业资助和捐赠职业院校用于教学和技能训练活动的资金和设备费用按《财政部、国家税务总局关于教育税收政策的通知》（财税〔2004〕39 号）、《财政部、国家税务总局关于公益救济性捐赠税前扣除政策及相关管理问题的通知》（财税〔2007〕6 号）的有关规定执行。

3. 对企业按与职业院校签订的实习合作协议，支付职业院校学生在企业实习的报酬、意外伤害保险费等费用按《财政部、国家税务总局关于企业支付学生实习报酬有关所得税政策问题的通知》（财税〔2006〕107 号）、《国家税务总局关于印发〈企业支付学生实习报酬税前扣除管理办法〉的通知》（国税发〔2007〕42 号）执行。

4. 对职业院校开展技术开发、技术转让、技术咨询、技术服务取得的收入，按《财政部、国家税务总局关于教育税收政策的通知》（财税〔2004〕39 号）规定免征营业税、企业所得税。

5. 对企业与职业院校共同开展产学研结合，研究开发新产品、新技术、新工艺所发生的技术开发费，按《财政部、国家税务总局关于企业技术创新有关企业所得税优惠政策的通知》（财政部〔2006〕88 号）规定，予以税前扣除。

6. 对积极开展校企合作，承担师生实习任务、实习培训、组织开展"订单式"培养工作成绩显著的相关企业、有关人员、兼职教师，我委将给予适当奖励。

附录 1-2

江苏省农业委员会

苏农复〔2011〕16号

关于同意成立江苏畜牧兽医职业技术学院现代畜牧业校企合作联盟理事会的批复

江苏畜牧兽医职业技术学院：

你院《关于成立江苏畜牧兽医职业技术学院现代畜牧业校企合作联盟理事会的请示》（苏牧〔2011〕43号）收悉，经研究，同意成立江苏畜牧兽医职业技术学院现代畜牧业校企合作联盟理事会。联盟理事会执行机构为常务理事会，常务理事会下设秘书处，秘书处设在你院。

联盟理事会要以实现职业教育与企业资源整合共享为出发点，以校企合作双赢为目标，加强学院与企业的联系，大力推进校企合作、工学结合的人才培养新模式，为实现江苏畜牧经济又好又快发展提供有力的人才和技术支持，为江苏省率先实现农业现代化贡献力量。

此复。

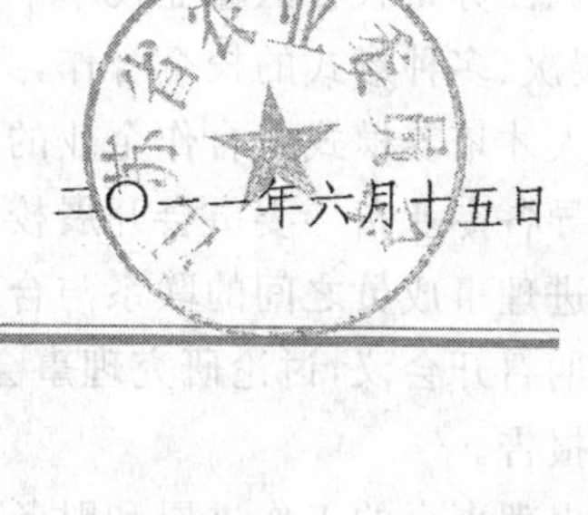

二〇一一年六月十五日

附录 1-3 江苏现代畜牧业校企合作联盟理事会章程

为贯彻落实国务院《关于大力发展职业教育的决定》及《关于全面提高高等职业教育教学质量的若干意见》(教高〔2006〕16 号)等文件精神,创新校企合作体制机制,探索校企合作新模式,培养高端技能型现代畜牧业急需人才,促进江苏现代畜牧业持续发展,在江苏省农业委员会的引领下,成立"江苏畜牧兽医职业技术学院江苏现代畜牧业校企合作联盟理事会",为规范理事会的活动和成员之间的合作行为,明确理事会成员的权利和义务,维护理事会和理事会所有成员的合法权益,根据有关法律法规,制定本章程。

第一章 总 则

第一条 理事会名称为"江苏畜牧兽医职业技术学院江苏现代畜牧业校企合作联盟理事会"(以下简称理事会)。

第二条 理事会的性质:理事会是在江苏省农业委员会的引领下,由江苏畜牧兽医职业技术学院组建的非盈利性的校企合作交流服务机构,其成员主要来自江苏省内畜牧业龙头企业、养殖业协会及其他利益相关方代表(教师代表、学生代表、校友代表、家长代表、社会知名人士代表及立法机构代表)。

第三条 理事会的宗旨:在江苏省农业委员会领导下,加强江苏畜牧兽医职业技术学院与行业企业的深度融合,共建校企合作示范区,建立起多方参与的校企合作运行机制,通过合作办学、合作育人、合作就业、合作研发,提升江苏畜牧兽医职业技术学院的办学水平、人才培养质量和服务地方和区域畜牧业经济发展的能力,推进江苏现代畜牧业的发展。

第四条 理事会的原则:行业引领,自愿参加,互惠互利,资源共享,共同发展。

第五条 理事会制度:理事会实行会议制度。

第六条 理事会常设机构及地址:理事会的常设机构为秘书处,设在江苏畜牧兽医职业技术学院校企合作办公室(地址:江苏省泰州市凤凰东路 8 号,邮政编码:225300)。

第二章 理事会的职责

第七条 理事会的职责是:

(一)联络社会各界,指导和支持江苏畜牧兽医职业技术学院的建设与发展,推动校企之间深层次合作。

(二)协调江苏畜牧兽医职业技术学院与行业、企业、学生及学生家长、创业农民之间的联系,开展多层次、多种形式的校企合作,共商江苏畜牧兽医职业技术学院的办学定位、发展规划和工学结合人才培养模式及合作企业的发展规划等。

(三)指导各专业指导委员会开展校企合作、专业建设,提升产学研合作的广度和深度。

(四)促进理事成员之间的联系与合作,并监督理事成员之间依法合作。

(五)定期召开会议,讨论研究理事会工作计划及重要事项,听取和审议理事成员承担的相关工作情况报告。

(六)通报理事会的工作进展和财务收支情况。

第三章 理事会的组织机构

第八条 理事会下设常务理事会,常务理事会的日常办事机构为秘书处。秘书处下设项目建设组、资产管理组和专业指导委员会。

（一）秘书处的职责：负责处理理事会的日常事务，筹备理事会会议、常务理事会议，促进学院与理事成员的产学研合作，收集各理事单位的意见和建议并向相关方反馈。负责组织、指导、协调项目建设办公室、资产管理办公室及5个专业指导委员会开展工作。完善校企合作制度，组织协调各专业指导委员会开展校企合作，督促指导双方开展人才培养、项目合作、双师互驻、顶岗实习、就业推荐、员工培训、技术转让与推广等，考核评价校企合作的成效，总结推广校企合作先进经验。

（二）项目建设组的职责：负责建设校企合作项目的基础设施，设备配置，制订相关运行制度。

（三）资产管理组的职责：负责协调资金及设备的投入使用和调配，接受和管理理事会单位的资金援助、设备捐赠，合作使用的资产管理等事宜，并建立相关制度。

（四）专业指导委员会的职责：专业指导委员会由江苏畜牧兽医职业技术学院二级院（系）及相关合作企业组成，机构设在相关二级院（系）。各专业指导委员会原则上每季度召开一次工作例会，负责执行理事会会议、常务理事会会议作出的决议，落实具体合作事宜。

第九条　理事会的主要活动形式包括全体理事会议（以下简称理事会）和常务理事会议。理事会议每年召开一次，需2/3以上理事出席会议方为有效；常务理事会议每年召开一至两次，需2/3以上常务理事出席会议方为有效。如遇特殊情况，可由理事长提议召开常务理事会。在召开理事会或常务理事会期间，理事长因故不能出席时可委托常务副理事长主持会议。理事会议和常务理事会议实行民主集中制，决议重大问题需经半数以上理事同意方为有效。理事会议的主要任务是：

（一）听取和审议理事会年度工作计划；

（二）听取和审议理事会年度工作情况报告；

（三）听取和审议理事会资金年度预算和决算；

（四）制定和修改理事会章程；

（五）制定和修改理事会成员间合作规则；

（六）制定和修改江苏畜牧兽医职业技术学院现代畜牧业校企合作示范区运行管理制度；

（七）聘请院士、知名学者、行业专家担任名誉理事长、名誉顾问或特邀理事。理事会名誉理事长、名誉顾问、特邀理事兼任江苏畜牧兽医职业技术学院顾问。

第十条　常务理事会是理事会的执行机构，受理事会委托，在理事会闭会期间代表理事会行使各项职能，常务理事会由理事长（1人）、常务副理事长（1人）、副理事长（若干人）、秘书长（1人）、副秘书长（若干人）组成。常务理事会会议召开的时间和地点由理事长和常务副理事长协商确定。常务理事会的职责是：

（一）执行理事会决议；

（二）实施理事会年度工作计划；

（三）根据经济社会发展需要，向理事会提交校企合作发展议案；

（四）审议和接受新的成员单位；

（五）决定理事会召开的时间、地点和审议的主要内容；

（六）讨论和决定理事会的有关重要事项。

第十一条　第一任理事长由江苏省农业委员会负责人担任，常务副理事长由江苏畜牧兽医职业技术学院党委书记担任，副理事长由地方政府、行业主管、合作企业的代表担任，秘书长由分管示范区建设的负责人担任，副秘书长由校企合作办公室负责人及相关单位代表担任。理事长、常务副理事长、副理事长、秘书长、副秘书长任期4年，可以连任，但不得超过两届，届满后由理事会推选产生。

第十二条　理事长、常务副理事长、副理事长和秘书长、副秘书长应具备下列条件：

(一)拥护党和国家的路线、方针、政策；

(二)在职业教育界或企业界有较大影响；

(三)身体健康；

(四)未受过剥夺政治权利的刑事处分。

第十三条　理事长全面负责并主持理事会工作。其主要职责是：

(一)主持召开理事会和常务理事会；

(二)组织实施理事会年度工作计划；

(三)向理事会做年度工作报告。

第十四条　常务副理事长的职责是协助理事长做好有关工作，主持理事会日常工作，完成理事长交办的工作任务。

第四章　理事的权利和义务

第十五条　申请加入理事会的成员须向秘书处提出申请，经常务理事会协商讨论，征得半数以上成员同意，方可取得理事会的成员资格。

加入理事会的程序：

(一)提交加入理事会的申请书；

(二)经常务理事会讨论通过；

(三)颁发理事会成员证书。

第十六条　要求退出理事会的成员，应向秘书处提出申请，经常务理事会协商同意，办理有关手续后方可退出。

第十七条　理事在理事会内具有平等地位，通过承认理事会章程，取得成员资格，享受理事会成员的权利、承担相应的义务。

第十八条　理事长单位承担的义务、享受的权利：

(一)根据支持校企合作的相关政策，督促政策的执行情况。

(二)根据国家骨干校建设的承诺，督促经费按照进度下拨。

(三)适时组织召开理事会，研究并协调解决校企合作中存在的问题。

(四)支持江苏省内畜牧企业优先聘用江苏畜牧兽医职业技术学院的毕业生。

(五)支持理事会成员之间开展产学研合作，推进江苏畜牧产业持续发展。

(六)监督检查理事会的运行和校企合作的效果。

第十九条　常务副理事长单位承担的义务、享有的权利：

(一)采用委托研究，合作开发，组建技术服务联合体等方式进行各类科研合作。积极承担理事单位的科研任务，作为学院重点项目进行专项跟踪，保证科研项目的顺利实施，优先将科技成果转让给理事单位。

(二)江苏畜牧兽医职业技术学院的实训室、实训基地全面向理事会成员开放，为理事单位进行中间试验、研制新产品、产品性能测试提供方便，并予以收费优惠。

(三)为理事单位提供兼职技术人员、管理技术人才及员工培训所需的师资、教材、实验实训场所等，亦可在对方开设教学点或共同开办各类人才培训班。

（四）理事向江苏畜牧兽医职业技术学院捐赠、设立奖励基金、修建房屋和建筑物等可以单位或个人的名称冠名。

（五）为理事单位组织专场人才招聘会，优先向理事单位推荐优秀毕业生。

（六）在不影响教学的情况下，与各理事成员共享图书、文体活动等资源。

（七）理事单位职工子女报考江苏畜牧兽医职业技术学院，录取时在同等条件下优先照顾。

第二十条　理事单位承担的义务、享有相应的权利：

（一）参与学院办学定位、发展规划等事项的研讨，提供咨询服务。

（二）根据单位的用人需求，参与学院的专业人才培养模式开发和建设、课程标准的制定和教材的编写，合作开展订单培养、工学交替等各种形式的教学。

（三）为学院教师锻炼、学生顶岗实习、调研、社会实践、科技项目实验、教学科研设备调试提供必要的条件。

（四）利用各种形式（包括捐款、赠物、设立专项基金等）资助学院办学。

（五）根据校企合作发展的需求，推荐优秀的兼职教师。

（六）参加学院组织的招聘会，优先聘用学院毕业生。

（七）优先为学院提供人才培养、科技开发、技术改造等方面的合作项目。

（八）积极参加理事会组织的各项活动，向社会各界宣传理事会，发展新的理事成员。

第二十一条　理事会相关方承担的义务、享有相应的权利：

参加理事会会议，并享有投票权、议事权和知情权。

第五章　经费及资产管理

第二十二条　理事会的经费来源：

（一）行业主管部门经费支持收入；

（二）会员单位赞助收入；

（三）科技服务收入；

（四）其他的合法收入。

第二十三条　理事会的经费和资产必须用于本章程规定的业务范围和事业发展，不在成员中分配。

第二十四条　建立严格的理事会财务管理制度：

（一）配备具有专业资格的会计人员；

（二）进行严格的会计核算，实行会计监督；

（三）财会人员调离时必须与接任人员办清交接手续；

（四）切实保证会计资料合法、真实、准确、完整；

（五）每年度向理事会及其常务理事会报告财务收支情况。

第二十五条　理事会换届或变更理事长时，须接受财务审计。

第二十六条　理事会的资产，任何单位和个人不得私自侵占、挪用。

第二十七条　理事会执行国家规定的财务管理和资产管理制度，接受理事大会和财政部门的监督。

第六章　终止程序及终止后的财产处理

第二十八条　理事会如果完成使命需要解散或由于其他原因需要终止活动时，由常务理事会提出终止动议，经理事会审议表决通过。

第二十九条　理事会终止后的剩余财产，须在有关部门的监督下进行清理并按照国家有关规定，用于发展畜牧职教事业。

第七章　章程的修改

第三十条　本章程的修改，须经常务理事会审议后经理事会大会半数以上代表表决通过。

第三十一条　修改后的章程，须在理事会大会通过后方可生效。

第八章　附则

第三十二条　理事单位根据工作需要委派一名联络员负责日常工作。

第三十三条　本章程经江苏现代畜牧业校企合作联盟理事会一届一次大会表决通过，于2011年6月19日生效。

第三十四条　本章程其他未尽事宜由常务理事会决定。

第三十五条　本章程解释权归江苏现代畜牧业校企合作联盟理事会常务理事会。

附录 1-4　江苏现代畜牧业校企合作联盟理事会议事制度

江苏现代畜牧业校企合作联盟理事会(下称“理事会”)依据江苏现代畜牧业校企合作联盟理事会章程(下称“章程”)制定本议事规则(下称“规则”),旨在确定理事会的工作程序和工作方法。

一、会议的召集

1. 年度全体理事会会议每年召开1次,原则定于每年2月中下旬召开。每次会议前校企合作办公室(秘书处)应将会议的时间和地点、会议议题等内容提前10天书面通知全体理事。年度全体理事会会议由理事长负责召集和主持,理事长因特殊原因不能履行职责时,可以指定常务副理事长负责召集和主持。理事会会议应由2/3以上(不含2/3)的理事出席方可举行。

2. 常务理事会会议每年召开1～2次,原则定于每年3月和9月召开。每次会议前校企合作办公室(秘书处)应将会议的时间和地点、会议议题等内容提前10天书面通知理事长、常务副理事长、副理事长、秘书长、副秘书长。常务理事会会议由常务副理事长负责召集和主持,常务副理事长因特殊原因不能履行职责时,可以指定其他副理事长负责召集和主持。

3. 有下列情形之一的,理事会应在5个工作日内召集临时全体理事会会议:

(1)理事长认为必要时;

(2)1/3以上理事联名提议时;

(3)常务理事会提议。

二、年度全体理事会议职权

1. 年度全体理事会议的召集;

2. 聘任或解聘理事会理事长,根据理事长提名,聘任或解聘常务副理事长、副理事长、秘书长及副秘书长;

3. 审议本理事会的章程及相关制度的修订;

4. 审议本理事会的发展规划、年度计划、实施方案等相关文件;

5. 审议本理事会年度财务预算方案和决算方案、利润分配方案和弥补亏损方案;

6. 审议副理事长以上单位资格;

7. 审议理事会工作先进单位及先进个人名单,并颁奖。

三、常务理事会议职权

1. 常务理事会议的召集;

2. 根据加入申请,审议其理事单位资格;

3. 根据退出申请,审议其退出本理事会;

4. 讨论本理事会章程、发展规划、年度计划及发展规划修改方案;

5. 审议校企合作办公室工作计划及工作总结;

6. 审议各合作项目进展情况;

7. 根据考核,评选理事会先进单位及先进个人名单,上交年度理事会。

8. 审议理事会章程、校企合作相关制度修订草案;

9. 审议江苏现代畜牧业校企合作示范区校企合作项目示范和推广方案。

四、会议程序

1. 提交议案；

2. 对所提议案进行表决；

3. 作出决议；

4. 理事会对会议所议事项的决议形成会议记录，出席会议的理事和记录人在会议记录或决议上签字，并视需要以会议纪要形式上报或下发。

五、表决方式

1. 理事会决议表决方式为举手表决或记名投票表决。理事会按照一人一票的方式进行表决，理事会的决议须经全体理事半数以上表决通过。特别重大事项的表决，须经全体理事2/3以上表决通过。

2. 理事因故不能出席理事会会议，可书面委托其他理事代为行使表决权。书面委托书应当载明代理人的姓名、代理事项、权限和有效期限，并由委托人签名或盖章。受委托的理事以受一人委托为限。代为出席会议的理事代理人应当在授权范围内行使理事代理人的权利。理事未出席理事会会议，亦未委托代理人出席的，视为放弃在该次会议上的投票权。

3. 理事会会议应有会议记录，出席会议的理事和记录人应在会议记录上签字并对理事会的决议承担责任。理事有权要求在记录上作出某种说明性记载。会议记录应作为重要档案资料予以妥善保管。理事会的决定、决议及会议记录等应当在会议结束后10天内报江苏省农业委员会备案。

六、解释和修改

1. 本议事规则由江苏现代畜牧业校企合作联盟理事会负责解释。

2. 经2/3理事同意，理事会可对本议事制度进行修改。

七、生效

本议事制度于2011年6月19日经江苏现代畜牧业校企合作联盟理事会讨论通过并生效。

附录 1-5　江苏现代畜牧业校企合作联盟共享资源管理办法

为充分发挥学校的智力、人才、管理和企业的环境、设备、市场两者优势，运用市场机制，通过制度创新，按照优势互补、资源共享的原则，有效实现校企合作育人、合作就业和合作发展的目的，逐步建立校企深度合作的长效机制。根据《江苏现代畜牧业校企合作联盟理事会章程》规定，特制定本办法。

第一条　共享资源的学校是指江苏畜牧兽医职业技术学院及已近申请并批准成为江苏现代畜牧业校企合作联盟成员的学校；共享资源的企业是指已经申请并批准成为江苏现代畜牧业校企合作联盟成员，且与江苏畜牧兽医职业技术学院签订了《校企合作协议》的单位。

第二条　校企合作中可以共享的资源主要有环境、资金、技术、人才、信息、制度、设备、设施、文化、法律、市场等，这些资源的共享程度因校企合作模式、方式、程度不同而不同，学校和企业双方在《校企合作协议》框架下，运用市场机制，灵活运用有偿与无偿相结合的方式，实现资源共享，充分发挥资源的经济与社会效益。

第三条　在校企合作联盟的组织与支持下，江苏畜牧兽医职业技术学院可以为企业提供的资源一般有：

(1)适应企业需求的校企合作制度安排；

(2)在二级院(系)为企业创设文化氛围，宣传企业文化及其产品；

(3)为企业进行管理咨询、市场宣传、技能鉴定、员工培训等活动；

(4)与企业联合申报科研项目、联合开展横向科研课题；

(5)与企业联合开发产学研结合项目课程，共同培养学生与技术人员；

(6)为企业开放图书馆、报告厅、运动场馆、畜牧文化馆；

(7)为企业提供学生订单式培养，组织学生到企业顶岗实习；

(8)为企业的展销会、运动会、交易会、文艺演出、大型宣传活动、慈善活动等提供志愿者服务；

(9)为企业提供技术转让、成果转化、技术推广、技术服务、技术改造；

(10)为培训企业工作人员，提供交通、水电、网络、住宿、就餐、文体活动等便利；

(11)为企业提升在行业中的地位。

第四条　在校企合作联盟的组织与支持下，企业可以为江苏畜牧兽医职业技术学院提供的资源有：

(1)为学生进行职业体验、生产性实训、顶岗实习、产学研结合项目课程提供工作环境，包括安全环境、人文环境、教育环境、语言环境等；

(2)为学生进行职业体验、生产性实训、顶岗实习、产学研结合项目课程提供校企合作制度支持；

(3)为学生进行职业体验、生产性实训、顶岗实习、产学研结合项目课程提供交通、网络、水电、住宿、就餐、文体活动等便利；

(4)为学生进行小组交流、学习、展示实习实习体会提供必要的场所、桌椅、黑板(白版)、打印服务、张贴区域；

(5)为学生给企业提出的合理化建议提供交流通道；

(6)为学生实训实习安全购买(或代购)保险;

(7)为校企合作订单班提供班级运行资金;

(8)为校企合作订单班安排相对稳定的企业班主任、结对导师;

(9)专案安排校企合作订单班的顶岗实习,提供培训、岗位技能鉴定、2～3个换岗机会,并为学生出具"企业工作经历证明";

(10)指派技术人员配合人才需求调研、参与人才培养方案制订、课程标准制订、参与课程教学;

(11)为学生到企业工作提供实际操作、面试机会;

(12)根据签订的《校企合作协议》,配合学校建设"校中厂"、"厂中校"、"教师工作站"、"技师工作站",尽可能捐赠设备。

第五条　江苏畜牧兽医职业技术学院校企合作办公室负责本校内部资源的协调,并协助二级院系协调企业的资源。

第六条　成立人力资源部的企业负责协调企业内部的资源,保证校企合作的职责、义务与权利的正常履行与享受。没有成立成立人力资源部的企业,应规定具体负责校企合作的部门,并在《校企合作协议》中明确。

第七条　校企合作双方在《校企合作协议》中应明确无偿与无偿使用的资源范围,并尽可能详细列出有偿使用共享资源的价格、财产损失赔偿的价格、结算期限、结算方式。

第八条　校企合作双方对于捐赠设备应在捐赠协议中明确产权归属、使用权、使用方式、设备管理、设备技术升级与存放地点、财产登记的方式等。

第九条　校企合作双方应致力于改革不适应校企合作的制度,为校企合作的顺利进行提供制度支持。

第十条　校企合作一方提出使用另一方或共享的资源,需提前与对方沟通,列出使用计划,给对方必要的准备时间。

第十一条　校企合作中涉及大型项目,可以在原有的《校企合作协议》外签订补充协议或独立协议。

第十二条　解释和修订

(1)本办法由江苏现代畜牧业校企合作联盟理事会秘书处负责解释。

(2)经2/3常务理事同意,可对本管理办法进行修订。

第十三条　生效

本管理办法于2011年6月19日经江苏现代畜牧业校企合作联盟一届一次常务理事会讨论通过并生效。

附录1-6 江苏现代畜牧业校企合作联盟财务管理制度

为了加强江苏现代畜牧业校企合作联盟(以下简称联盟)资助项目的财务管理,根据《中华人民共和国会计法》、《基金会管理条例》、《民间非营利组织会计制度》等法律法规,按照《江苏现代畜牧业校企合作联盟理事会章程》(以下简称章程)的规定,制定本制度。

第一章 总 则

第一条 联盟项目财务管理的主要任务是通过项目资金的管理和运用,对机构的经济活动进行综合管理。具体包括:管理各项收入,降低成本费用,合理安排和使用各项资金;加强经济核算,提高资金使用效益;加强财务监督、检查;维护机构财产完好,充分发挥财产物资效益;开展财务分析,参与项目经济决策,规范财务信息披露,促进项目建设和事业发展。

第二条 联盟资助项目财务管理的内容包括:财务管理体制、预算管理、收入管理、支出管理、成本管理、物资管理、资产管理、财务分析和财务监督、财务决算和财务会计信息披露等。

第三条 联盟的项目财务管理实行统一领导、归口管理的原则。所有项目财务管理活动在联盟理事会的领导下,按联盟章程,由理事会授权理事长或秘书长审批并实施。

第四条 联盟的最高权力机构是理事会。理事会定期审议机构财务报告,并决定财务工作中的重大问题,财务管理工作由理事长负责或委托秘书长负责。

第五条 联盟委托江苏畜牧兽医职业技术学院财务处代管资金账户,按照《民间非营利组织会计制度》进行会计核算,实行会计监督。会计人员调动工作或离职时,必须与接管人员办理交接手续。

第六条 联盟的财务活动依法接受企业、学生及学生家长和国家有关管理部门的监督;每年接受独立会计师事务所的审计。

第七条 联盟理事会换届和更换法定代表人及秘书长之前,应当进行财务审计。

第八条 加强原始凭证管理,做到制度化、规范化。原始凭证是公司发生的每项经营活动不可缺少的书面证明,是会计记录的主要依据。

第二章 预算管理

第九条 联盟根据机构发展战略,按照年度工作计划和任务,本着资源统筹规划、保障工作重点、收入支出协调的原则,坚持勤俭办事的方针,编制年度财务预算。

第十条 各管理部门根据年度工作计划,编制各项目的“收入”、“业务活动成本”、“管理费用”等预算初稿,经秘书长审核后,形成年度财务总预算。财务总预算经理事会审议批准后执行。

第十一条 各管理部门在编制年度预算时,收入预算参考上年预算执行情况及业务发展计划合理预测制定,业务活动成本和管理费用根据项目特点和工作计划本着量入为出、厉行节约的原则,按机构费用标准或工作量测算编制。

第十二条 各管理部门须严格执行财务预算,除因工作计划、工作内容有较大调整,或者人员发生较大变化,需要通过预算调整程序核准新的预算外,一般不予以调整。在年内季末和年末,财务管理部门应总结、分析预算执行情况及存在的问题,提出改进意见,报秘书处或理事会。预算执行情况纳入各管理部门的业绩考核。

第三章　收入管理

第十三条　分类核算捐赠收入与捐赠以外其他收入。

第十四条　根据各项收入性质严格划分限定性收入和非限定性收入，各项收入均纳入年度总预算统筹计划。

第十五条　各项收入均归口由财务管理部门统一管理和核算，严格各类票据的使用和签发，严格捐赠票据及其他票据的使用和签发。

第四章　支出管理

第十六条　各项支出的安排必须有利于公益事业发展，必须贯彻厉行节约和量力而行的原则，严格遵守各项财政、财务制度和财经纪律。

第十七条　按照理事会批准的年度预算和规定的开支范围、标准执行资助支出和费用支出，并严格按照捐赠协议安排资助计划；建立健全各项支出管理和审批制度。

第五章　费用管理

第十八条　费用核算的基本任务是反映项目管理、执行和服务过程的各项耗费，并结合预测、计划、控制、分析和考核，合理安排使用人力、物力、财力，降低费用，改善项目管理，为校企合作事业发展建立良好的基础。

第十九条　费用一般包括项目资助成本、项目服务成本、管理费用。机构根据《民间非营利会计制度》制定相应的费用核算办法，建立和健全项目费用核算制度。

第二十条　有关费用核算的原始记录、凭证、账、费用汇总和分配表等资料，内容必须完整、真实，记载和编制必须及时，必须如实反映项目在管理和服务过程中的各种耗费。

第二十一条　项目策划、信息沟通、捐赠服务及捐款筹集等，需向捐赠人提供项目或活动费用估算，由财务部门与相关项目管理部门负责。在提交费用估算前，应经秘书长批准。项目费用估算，按照费用核算的原则和方法进行，必须提供可靠的人力、物资、费用支出的估算依据。

第六章　物资管理

第二十二条　物资是资金的实物形态之一。物资管理要贯彻统一领导、归口管理的原则，既要保证公益事业发展的需要，又要防止财产物资的积压和损失浪费，最大限度地发挥财产物资的效益。

第二十三条　物资管理包括：固定资产管理、捐赠物资管理和低值易耗品管理等。

第二十四条　固定资产管理。固定资产是用于机构业务活动，单位价值在规定标准 2 000 元以上、耐用时间在一年以上的办公设备或其他设施；单位价值虽未达到规定标准，但耐用时间在一年以上的大批同类物资，也应作为固定资产管理；单位价值虽已超过规定标准，但易损坏，更换频繁的，不作为固定资产管理。

(一)固定资产按用途分类管理，并建立验收、领发、保管、调拨、登记、折旧、检查和维修制度，做到账账相符，账实相符。

(二)注重发挥固定资产的效益，购(建)固定资产特别是大型房产等，必须进行可行性论证，提出两种以上方案，择优选用。

(三)加强对固定资产报废、处理的管理，确属不能或不宜使用的固定资产，可以作报废处理；确属闲置不需要的固定资产，应按规定的程序处理，避免积压，造成损失浪费。

第二十五条　低值易耗品管理。低值易耗品是指单位价值较低、容易损耗、不够固定资产标准的各种工器具以及办公用品等。低值易耗品的购买、验收、进出库、保管等须审批程序规范，管理控制科学。在保证工作需要的前提下，降低材料和低值易耗品的库存和消耗。

第二十六条　捐赠物资的管理。捐赠物资是募集到的各类捐赠实物。捐赠物资按照捐赠人的捐赠指向分类管理，并严格验收、进出库、保管等管理制度。捐赠物资严格按捐赠人的意愿划拨、使用；在接受捐赠的物资无法用于符合其宗旨的用途时，可以依法拍卖或者变卖，所得收入用于捐赠目的。

第七章　财务分析与财务监督

第二十七条　财务分析与财务监督是认识、掌握财务活动规律，提高财务管理水平和资金使用效益，维护财经纪律，促进事业健康发展的重要手段。

第二十八条　财务分析的主要内容包括：预算执行情况，资金运用情况，费用情况，财产物资的使用、管理情况等。财务管理部门应结合项目管理和服务特点，建立科学、合理的财务分析指标。通过分析，反映业务活动和经济活动的效果，并将分析结果及时反映给秘书处和理事会，为其进行决策提供科学、可靠的依据。

第二十九条　财务管理部门要通过收支审核、财务分析等，对财务收支、资金运用、财产物资管理等情况进行监督检查。对违反国家财政、财务制度和财经纪律的行为，要及时予以制止、纠正，性质比较严重的，要向领导及有关部门报告，并按有关规定严肃处理。

第八章　财务决算

第三十条　年度财务决算是年度会计期间公益项目的收入及费用、资产质量、财务效益等基本情况的综合反映，是全面了解和掌握运营状况的重要手段。

第三十一条　严格按照国家有关财务会计制度规定，在进行财产清查、债权债务确认和资产质量核实的基础上，以年度内发生的全部经济交易事项的会计账簿为基本依据，认真组织机构财务决算编制和报表工作，做到账表一致、账账一致、账证一致、账实一致。

第三十二条　严格按照《民间非营利组织会计制度》的规定编制财务报告，并接受独立会计师事务所的审计。

第三十三条　机构年度财务报告对外披露须经理事会批准。

第九章　财务会计信息披露

第三十四条　财务会计信息是捐赠人、管理者和理事会等机构利益相关方了解机构资源状况、负债水平、资金使用情况及现金流量等信息的重要来源。财务信息披露是建立社会公信力的重要环节，其主要形式是财务会计报告。

第三十五条　财务会计报告由会计报表、会计报表附注和财务情况说明书构成。按照《民间非营利组织会计制度》的规定，机构会计报表包括资产负债表、业务活动表和现金流量表，同时包括会计报表附注，说明机构采用的主要会计政策、会计报表中反映的重要项目的具体说明和未在会计报表中反映的重要信息的说明等。

第三十六条　建立定期财务信息披露制度，提供真实、及时、公允的财务会计信息；按照联盟章程的规定每年在机构网站及相关媒体上公布审计报告和财务会计报告。

第三十七条　以单一项目或捐赠人为报告主体的财务会计信息由财务管理部门负责按会计制度核算并编制，报秘书长审阅并经理事长批准后，方可对外提供或披露。重大财务信息的披露必须纳入财务会计报告的内容，由财务管理部门按规定报请批准后对外披露。

第十章　会计档案管理

第三十八条　会计档案是记录和反映机构经济业务事项的重要历史资料和证据。会计档案包括会计凭证、会计账簿、财务报告以及其他会计资料。

第三十九条　联盟会计档案按照《会计档案管理办法》执行。

第十一章　附　则

第四十条　本制度由江苏现代畜牧业校企合作联盟理事会秘书处监督实施。

第四十一条　本制度由联盟秘书处负责解释。本制度自江苏现代畜牧业校企合作联盟常务理事会会议讨论通过后试行。

附录 1-7 江苏现代畜牧业校企合作联盟校企合作项目管理办法

为实现“合作办学，合作育人，合作就业，合作发展”的目标，按照“资源共享、优势互补、责任同担、利益共享”的原则，搭建校企合作平台，引入校企合作项目，创新校企合作运行机制，强化项目管理，保证项目的正常运行，根据《江苏现代畜牧业校企合作联盟理事会章程》，特制订本管理办法。

第一条 组织机构

在江苏现代畜牧业校企合作联盟理事会秘书处（以下简称联盟理事会秘书处）的组织下，加强校企联系，协调校企双方的互动，共同推进校企双方发展。

（一）江苏畜牧兽医职业技术学院校企合作办公室

该机构为常设固定机构。校企合作办公室负责落实校企合作委员会的决定和各项管理制度的制定，负责合作项目的管理、协调。建立和强化质量管理的监督制约机制、自我完善机制，保证合作项目科学、规范地运行，更好地满足高素质高技能人才培养的需求。

（二）企业的校企合作项目组

该机构由企业的人力资源部、技术研发部、生产部等部门的人员组成，明确一名负责人。校企合作项目组负责与学校沟通、协调、调研、论证可以实施的校企合作项目，建立项目库；遴选项目运行团队；筹措项目运行资金；监督项目实施；组织项目验收；申报项目成果；转化项目成果形成生产能力。

（三）二级院系的校企合作项目组

该机构为非固定机构，随项目立项而建，随项目结束而终止。项目组组长由学校校企合作办公室、企业的校企合作项目组、项目发起人三方协商确定，并组成项目小组。

第二条 选择校企合作项目的原则

（一）合作企业具备有效营业执照，遵守国家法律、法规。

（二）企业的管理制度能根据校企合作项目运行的需要进行修订。

（三）所引进的企业与专业对口，有利于专业或专业群的发展，愿意并且能够承担学校的教学、实训、技术服务、培训等工作。

（四）受校园环境的限制，引进企业的规模要适度。凡有以下特征的企业不可引入校园：

1. 产生废水、废气、废渣、噪声等污染，影响正常的教学、生活的企业；
2. 大型的生产企业，人员多、能耗大、物流量大的企业；
3. 产品不适合在学校生产的企业；
4. 对学校师生及交流访问人员的安全存在隐患的企业；
5. 其他不适宜引进的企业。

第三条 校企合作项目分类

在校企合作过程中，学校与企业应根据人力、物力、财力的条件，选择操作性强、易于实现的校企合作项目。校企合作项目大致分为如下几类：

（一）人才培养类

包括共同调研专业人才需求、职业岗位设置与能力变迁；共同制定人才培养方案；举办订单班；合作开发企业岗位工作标准；合作开发课程标准；合作开发教材；合作开发技能鉴定标准；合作指导学生实践；合作选聘学生；合作推动专业建设；合作培养特岗学生；合作培养青年教师；合作培训企业员工；合作开展社会培训；合作培训学生创业等。

（二）实训基地类

包括合作改造实训环境、改进实训设备；合作共建实训场地；合作研制实训基地管理办法；合作管理实训基地等。

（三）科技开发类

包括合作举办科技论坛；合作申报纵向科研项目；合作申报专利；合作开展横向科研项目；合作研发新产品；合作改进原辅料配方；合作改进生产工艺流程；合作技术设计；合作开展科技论坛等。

（四）管理服务类

包括合作进行市场调查；合作进行服务外包；合作开展商务活动；合作举办人才招聘会；合作开展宣传活动；合作制定规章制度；合作研究企业管理方法；合作推广先进管理技术；合作推广与传承先进文化等。

第四条　校企合作项目运行程序

（一）谈判

校企合作项目的谈判可以是合作学校的校企合作办公室、二级院系、培训部门、科研部门与企业的相关部门之间直接谈判，也可邀请多个存在合作关系的企业组团谈判，谈判结果向联盟理事会秘书处备案。谈判也可由联盟理事会秘书处组织。

（二）签订协议

1. 校企双方需从合作目的、意义、内容、权利义务、合作期限等方面撰写清楚。

2. 所签协议的蓝本通用版本由校企合作办公室提供，由项目负责人、学校二级院系、学校分管领导、学校财务部门与企业相关部门、企业负责人根据校企合作项目的具体情况交互修订，再由双方的校企合作部门组织法律顾问审阅、修订，形成双方初步认可协议文本。

3. 小型合作项目（指直接相关人员在10人以下，合作金额在10万元以下）的签署仪式由校企双方协商签署时间、地点、出席人员、在相关媒体发布，报联盟理事会秘书处备案；中型合作项目（指直接相关人员在10～50人之间，合作金额在10万～50万元之间），报请联盟理事会秘书长主持，由联盟秘书处协调签署时间、地点、出席人员，并在相关媒体发布；大型合作项目（指直接相关人员在50以上，合作金额在50万元以上），由联盟常务理事会指派人员主持，由联盟秘书处协调签署时间、地点、出席人员，并在相关媒体发布。

（三）校企合作项目组职责

校企合作项目负责人要与团队成员签订责任书。明确职责与任务，负责企业与学校之间的协调工作，及时、妥善处理项目合作中出现的各种问题，按时按量完成任务。

（四）实施

1. 项目资金存放在校企合作项目负责人所在单位，按照《江苏现代畜牧业校企合作联盟财务制度》规定及单位相关程序履行报销手续，按设计任务书规定的时间、工作进度报告资金使用情况。

2. 实行合作项目开展情况检查制度。项目负责人要全面负责项目的自我管理，应保存好项目全部资料，记载从项目申请、立项、开展到结题全过程的重要资料。填写《校企合作项目进程表》，填报内容包括：项目组是否按计划投入产学研合作建设力量，进度是否符合计划要求；

项目负责人所在单位是否为项目的实施提供了必要的条件；阶段性成果和初步效果如何；下一步合作方案是否切实可行，是否具有力度等。

3. 校企合作项目到期或完成后，项目负责人须填写《校企合作项目验收表》，项目负责人应进行结题总结，将结题材料报双方校企合作部门及联盟理事会秘书处。需要进行研究成果鉴定的，由项目负责人向校企合作部门提出书面申请，组织有关专家进行鉴定。项目负责人应负责将鉴定成果在教学工作、企业生产中进一步落实，并推广应用。

(五)校企合作项目结束

合作项目不管何种情况结束，项目负责人都应编制《校企合作项目总结报告》，向学校、企业、联盟秘书处各报一份。收到报告方在1个月内给予书面答复，提出处理意见。

第五条 校企合作项目的监督考核

(一)校企合作项目的监督

校企合作项目的监督由项目负责人所在单位校企合作部门组织实施。

(二)校企合作项目的考核

1. 涉及人才培养类的合作项目由学校组织、企业参与评级教学质量。

2. 涉及实训基地类的合作项目由主要投资方组织、其他投资方参与评价建设进度、质量。

3. 涉及科技开发类的合作项目由主要投资方组织、其他投资方参与评价建设进度、质量。

4. 涉及管理服务类的校企合作项目由成果使用方组织评价建设进度、质量。

第六条 校企合作项目的绩效评价

每年由联盟理事会秘书处组织对所有校企合作项目进行绩效评价。评价时间一般定在每年11月份。

第七条 校企合作项目的奖惩

联盟理事会秘书处根据校企合作项目完成进度与质量的绩效评价结果进行奖惩。对完成较好的项目进行精神与物质奖励。对校企合作项目的目标落实不力，工作不到位，管理不善的，经讨论研究，可以警告、整改、中断及取消该项目。每年对产学研合作项目进行评比，实施项目超过一年不合格的发出警告，受到警告的项目负责人在1周内需向联盟理事会秘书处提交整改报告并实施整改。连续两年不合格的项目退出运行。

第八条 校企合作成果的推广

联盟理事会秘书处负责编制校企合作项目成果目录，根据成果数量多少，在适当媒体公布。如成果较多，组织召开成果交易会，向企业和社会推介。

第九条 解释和修订

1. 本办法由联盟理事会秘书处负责解释。

2. 经2/3常务理事同意，可对本管理办法进行修订。

第十条 生 效

本管理办法于2011年6月19日经联盟一届一次常务理事会讨论通过并生效。

附录 1-8 江苏现代畜牧业校企合作信息平台管理办法

为进一步发挥“江苏现代畜牧业校企合作管理信息平台”的作用，加强对信息平台的管理，保证其安全、有效、可靠运行，结合江苏现代畜牧业校企合作联盟的实际情况，特制定本办法。

第一条 术语解释

江苏现代畜牧业校企合作管理信息平台主要包括网络硬件系统、校企合作门户网站、共享型教学资源库管理系统、学生顶岗实习管理系统、合作项目管理系统。管理信息平台的主要功能有：

1. 网络硬件系统：包括服务器、大容量存储设备、负载均衡设备、流控设备、核心交换机、录播教室等。

2. 校企合作门户网站：包括企业介绍与企业宣传、合作事项、合作动态、人才信息发布、招聘信息发布等，与学院数字化平台门户及招生就业系统无缝对接。

3. 共享型教学资源库管理系统：包括以专业资源为核心的教学资源建设、管理、应用模块，远程教学中心模块，教学效果评价模块，教学成果展示模块等。通过系统的建设与运行，能满足开放式、协助式教学、学习、交流需要，创建终身学习体系，面向社会行业企业开展技术服务、高技能和新技术培训，为企业和社会成员提供多样化继续教育，增强服务社会的能力。

4. 学生顶岗实习管理系统：包括顶岗实习课程标准、实习计划、课程安排、实习过程管理、成绩考核评定等。

5. 合作项目系统：包括合作项目的网上申报、审批、建设过程监控、项目验收等。项目类型包括教学项目、科研项目、服务项目、培训项目等。

第二条 职 责

江苏现代畜牧业校企合作管理信息平台由江苏畜牧兽医职业技术学院校企合作办公室代管，负责信息平台的建设、业务指导、维护、管理等工作。

信息平台的直接使用单位，应选择具有较高政治思想素质、有一定计算机网站专业技术素质的人员担任校企合作信息数据的发布与管理工作。

信息平台的直接使用单位应建立信息发布、维护、更新责任制度，明确分管领导和责任人员，确保平台发送的信息正确、及时、有效。

信息平台的安全及网络管理由江苏畜牧兽医职业技术学院校企合作办公室负责，信息发送内容的真实性、安全性由各单位负责。

第三条 原 则

1. 信息平台的使用坚持“应用优先，安全保密”的原则。

2. 信息平台的使用与相应的服务遵循“谁发布，谁负责；谁承诺，谁办理”的原则。

3. 信息平台不得与非法网站建立超级链接，也不得从事与信息平台身份不符的活动。

第四条 运 行

1. 江苏畜牧兽医职业技术学院校企合作办公室应组织各使用单位、个人进行培训，建立“分单位、分部门、分层级”的培训体系，编制《管理信息平台使用手册》，开展不定期的培训，使得使用者会使用信息平台。

2. 江苏畜牧兽医职业技术学院校企合作办公室应开通了专门的咨询电话和网站信箱，配备专人负责解决信息平台使用者咨询的问题。

3. 江苏畜牧兽医职业技术学院校企合作办公室信息平台管理员应负责信息分分类收集、及时汇报、及时反馈等工作。

第五条　维　护

1. 江苏畜牧兽医职业技术学院信息中心为平台数据备份和系统维护的责任部门,具体负责数据备份策略的制定并及时备份相关数据;定期进行系统维护和系统升级工作;同时根据各使用单位或个人反馈的意见和建议及时与系统开发单位进行沟通并协调解决相关问题。

2. 江苏畜牧兽医职业技术学院信息中心负责提供相关的客户端安装程序,并及时提供更新,同时负责协助解决客户端安装过程中出现的技术问题。

3. 系统使用的任何人不得以任何形式对外泄漏有关系统的相关信息和数据资料。

4. 不得做任何可能给系统数据造成破坏的操作。

5. 任何人不得利用平台的系统、数据等资源谋取利益。

第六条　评　价

1. 信息平台相关数据资料将是对学生、指导教师、学校及其各部门、企业及其各部门的校企合作工作考核的一个重要依据。

2. 企业平台运行情况及管理员考核结果分为优秀、良好、中等、合格及不合格 5 个等级。

3. 根据信息平台运行管理的具体情况由江苏畜牧兽医职业技术学院校企合作办公室负责制订具体考核标准,组织考核、评价,并给予适当的物质与精神奖励。

第七条　解释和修改

1. 本办法由联盟理事会秘书处负责解释。

2. 经 3/2 常务理事同意,可对本管理办法进行修改。

第八条　生　效

本管理办法于 2011 年 6 月 19 日经联盟一届一次常务理事会讨论通过并生效。

附录 1-9 江苏现代畜牧业校企合作联盟成员单位申请表

（企业类）

填表日期：

拟申请成为：□副理事长单位 □理事单位

<table>
<tr><td>单位名称</td><td colspan="5"></td><td>单位性质</td><td></td></tr>
<tr><td>注册时间</td><td colspan="5"></td><td>所属行业</td><td></td></tr>
<tr><td>通讯地址</td><td colspan="5"></td><td>邮政编码</td><td></td></tr>
<tr><td rowspan="2">法定代表人
（单位负责人）</td><td>姓名</td><td>性别</td><td>职务</td><td>最高学历</td><td>技术专长</td><td>职称</td><td>联系方式（手机）</td></tr>
<tr><td></td><td></td><td></td><td></td><td></td><td></td><td></td></tr>
<tr><td>参加联盟
代表人</td><td></td><td colspan="2">联系方式</td><td colspan="4">办公室
手机
E-mail</td></tr>
<tr><td>主要
产品
类别</td><td colspan="7"></td></tr>
<tr><td>全国同行业的
位次和获得各
种荣誉称号</td><td colspan="7"></td></tr>
<tr><td>单位
意见</td><td colspan="7">本单位愿意加入江苏现代畜牧业校企合作联盟，履行会员义务，现予以申请。
（盖章） 年 月 日</td></tr>
<tr><td>是□
否□</td><td colspan="7">是否愿意投入资源共建“江苏现代畜牧业校企合作示范区”，探索合作发展。</td></tr>
<tr><td>联盟秘书处
审核意见</td><td colspan="7">（盖章） 年 月 日</td></tr>
</table>

附录 1-10 校企合作协议书

(通用版)

甲方:江苏畜牧兽医职业技术学院

乙方:

见证方:江苏现代畜牧业校企合作联盟

为推进畜牧产业转型升级,本着互利共赢的原则,通过校企合作实施“三业互融,行校联动”的工学结合人才培养模式,为社会培养高端技能型专门人才,实现合作发展。经双方认可合作价值并友好协商,达成如下合作协议:

一、合作总则

1. 通过合作,建设以社会需求为导向,以行业、企业为依托的工学结合的人才培养模式,推进校企合作办学、合作育人、合作就业、合作发展。

2. 成立校企合作组织机构,共同制订校企合作的制度,并组织实施。

3. 围绕互利共赢的原则,形成人才共育、过程共管、成果共享、责任共担的紧密型校企合作机制。

二、合作内容

甲乙双方应交换有关校企合作制度,研讨在合作过程中需要改革的部分。针对双方对合作制度的认可程度,确定校企合作内容。建议包括但不限于以下合作内容:

1. 合作共建“校中厂”、“厂中校”、“技师工作站”和“教师工作站”等合作载体,并制订载体运行制度,共同探索校企合作长效运行机制。

2. 合作制订专业人才培养方案、课程标准,合作编写校本教材,合作教学与评价;合作管理学生的职业体验、课程实训与实习、产学研结合项目课程、顶岗实习;合作颁发技能证书与企业工作经历证明。

3. 合作课题申报与技术研发、技术推广。

4. 合作培训员工。

三、权利和义务

(一)甲方

1. 甲方同意乙方为甲方的“校外实训及就业基地”,列入协议用人单位,优先向乙方输送学生。

2. 甲方与乙方合作,参照职业岗位任务要求,共同开发与实施专业人才培养方案,即共同确定学生的培养目标、教学计划、课程设置等。

3. 甲方与乙方合作,引入行业企业技术标准,共同开发专业课程和教学资源。

4. 甲方与乙方合作,将企业和职业等要素融入校园文化,培养学生职业意识,形成良好的职业素养,促进校园文化建设与人才培养的有机结合。

5. 甲方可以乙方为实习就业单位的名义展开招生及培训工作,并推荐符合乙方实习岗位要求的学生,帮助乙方挑选合适的人才。

6. 甲方根据专业人才培养方案和课程标准的要求,确定每次实习实训的时间、内容、人数和要求，提前与乙方联系，并共同制定具体实施计划，经双方确认后组织实施。

7. 甲方与乙方共建“校中厂”和“技师工作站”，接受乙方安排的技师参与教学与科研工作，按照规定的标准发放工资、补贴等。

8. 甲方可以根据乙方的具体要求，提供相应的技术服务、员工培训等服务。

9. 甲方根据实习学生人数等情况安排往返交通，委派老师参与教学实习指导工作，协助乙方及时处理学生在实习过程中出现的问题。

10. 对于在乙方工作优秀的学生，甲方可将其定为成功就业学生的典范进行宣传，乙方应积极给予支持与配合。

11. 甲方主动与乙方联系，围绕乙方的技术需求合作申报科研课题。

(二)乙方

1. 乙方同意甲方为乙方的“人才输送基地”，列入人才培养单位，每年至少接受1～2名学生就业。

2. 乙方安排技术骨干加入“技师工作站”，作为相关专业的校外专家和企业兼职教师，为甲方专业建设和课程建设出谋划策。按照共同制订的教学计划，结合公司实际情况，每年为甲方提供不少于10名学生实习，培养学生的职业素质和实际操作技能。

3. 乙方与甲方合作共建“厂中校”和“教师工作站”，并接受甲方的专业教师深入到乙方企业参与社会实践。

4. 在进入实习岗位前，应当事先对实习生进行必要的安全教育，讲明应牢记的注意事项，包括但不限于工作纪律、安全责任、工作注意事项等。乙方应帮助学生办理意外伤害保险。给实习生安排工作及劳动时间不得违反国家有关规定。

5. 在实习期间，乙方将按准员工的身份对照单位现有各类规章制度进行工作管理，不得歧视实习生，实习生受到的各类奖励和处罚或有违法、违纪现象应及时通报甲方。乙方应委派专业技术人员进行指导，负责为学生提供安全的工作和生活环境，安排实习生在与所学专业相同或相关的岗位上进行工作，不安排实习生从事与学生专业无关的工种和岗位、危险和粗重工种。

6. 在实习期间，乙方根据学生的纪律、态度、工作表现等如实填写实习鉴定，并参与对学生的实习成绩进行相关的评价和考核。

四、校企合作共享资源

(一)甲方提供的校企合作共享资源

1. 甲方在合作为乙方无偿提供下列资源，但在使用时需要遵守甲方的一般性规章制度。无偿使用的共享资源列表如下：

序号	品名	规格	数量	存放地点

2. 甲方在合作为乙方提供下列资源，但需以优惠价格有偿使用。有偿使用的共享资源价格列表如下：

序号	品名	规格	数量	价格

(二)乙方提供的校企合作共享资源

1. 乙方在合作为甲方无偿提供下列资源，但在使用时需要遵守甲方的一般性规章制度。无偿使用的共享资源列表如下：

序号	品名	规格	数量	存放地点

2. 乙方在合作为甲方提供下列资源，但需以优惠价格有偿使用。有偿使用的共享资源价格列表如下：

序号	品名	规格	数量	价格

五、违约责任

对协议一方违反法律法规或本协议约定的，另一方有权解除协议，并可就发生的损失要求违约方赔偿。

六、合作期限

本协议有效期为________年，即________年____月至________年____月。双方以互利共赢为原则致力于建立长期合作关系，协议到期后可根据实际合作运行情况续签或解除合作协议。

七、免责条款

由于国家重大政策或如遇不可抗力事件致使不能履行约定事项。

八、其他条款

1. 本协议一式三份，甲方、乙方和见证方各执一份，合作协议一经三方代表签字盖章即生效。

2. 本协议未尽事宜，双方友好协商或签订补充协议，补充协议与本协议具有同等法律效力。

3. 因履行本协议所发生的争议，双(各)方应友好协商解决，如协商不成，按照下列方式解决(任选一项，且只能选择一项，在选定的一项前的方框内打“√”)：□向泰州市仲裁委员会申请仲裁；□向有管辖权的人民法院起诉。

甲方（盖章）：　　　　　　　　　　　　乙方（盖章）：
甲方代表（签名）：　　　　　　　　　　乙方代表（签名）：
日期：　　年　月　日　　　　　　　　　日期：　　年　月　日

见证方（盖章）
见证方代表（签名）：
日期：　　年　月　日

附录 1-11　校企合作调查问卷(企业卷)

各位领导：

您好！本次调查问卷，为推动校企深度合作提供现实依据和政策建议，请您结合贵单位的实际情况，帮助填写问卷。您的回答对于我们的工作非常重要，非常感谢您的大力支持和配合！

江苏现代畜牧业校企合作联盟秘书处
江苏省泰州市凤凰东路8号，225300
二〇一〇年六月

公司名称__________________联系电话__________

公司地址__________________邮政编码__________

目前员工总数______人，2009年产值(或营业额)_______万元。

填表人姓名________联系电话__________

1. 贵单位所属产业(请在选中项前的方格内画“√”，可多选)

□畜牧　□水产　□食品　□林业　□宠物　□农业环保

□管理服务　□生物医药　□电子信息　□机电加工　□其他______

2. 贵单位对开展校企合作的认识(请在选中项前的方格内画“√”)

(1)开展校企合作对企业的重要性：

□非常重要　□比较重要　□不重要

(2)对开展校企合作的积极性：

□非常愿意　□比较愿意　□无所谓或没兴趣

3. 贵公司对院校、科研机构在技术研发方面需求情况

□畜禽生态健康养殖技术　□畜禽疫病防控技术　□畜禽品种创新技术

□畜禽产品质量安全防控技术　□新材料技术　□生物科学

□管理、计算机与信息技术　□化学与化工技术　□能源、动力技术

□先进制造与机电一体化技术　□畜禽粪便处理技术、环保技术

□控制与电气技术　□医学与生物医药技术

□畜牧业经营管理模式　□其他______

4. 影响校企合作的主要因素统计(请在选中项前的方格内画“√”)

选项	缺乏政府相应的政策引导	企业利益得不到保证	缺乏合作机制	学校缺乏主动性	缺乏校企双方交流的平台

5. 贵公司与院校、科研机构在有关方面开展合作的意向(请在选中项前的方格内画“√”)

企业意向 合作形式	非常愿意	愿意	不愿意
参与人才培养方案的设计与实施			
委托院校进行员工培训			
与学校签订订单培养协议			
合办职工培训中心			
联合科技攻关解决技术难题			
共建实验室(技术中心)			
联合进行项目申报立项			
技术管理咨询			
设备仪器资源使用			

6. 意见和建议

简述贵单位有何具体的困难和技术类问题需要院校、科研机构帮助解决？对开展校企协作工作有什么意见和建议？

附录 1-12　校企合作调查问卷(职业卷)

中等职业学校名称(公章)________。

贵校开设的专业共有____个,其中参与校企合作的专业有____个,主要专业有________________等,占全校开设专业的____%。与学校建立校企合作关系的企业共有____家,其中年产值或营业额在亿元以上的企业有____家,请注明两家年产值或营业额最大的企业名称(企业名称____________,年产值或营业额________万元;企业名称________,年产值或营业额____万元)。

填表人姓名________联系电话________ E-mail ________

江苏现代畜牧业校企合作联盟理事会秘书处
江苏省泰州市凤凰东路 8 号,225300
二〇一〇年六月

高等职业院校名称(公章)________

贵校参与校企合作主要专业有________________等;与学校建立校企合作关系的企业共有____家,其中年产值或营业额在亿元以上的企业有________家,并注明两家年产值或营业额最大的企业名称(企业名称________,年产值或营业额________万元;企业名称________________;年产值或营业额________万元)。

填表人姓名________联系电话________ E-mail ________

江苏现代畜牧业校企合作联盟理事会秘书处
江苏省泰州市凤凰东路 8 号,225300
二〇一〇年六月

1. 在校企合作中,你校为企业提供的支持(请选择最主要的 4 项并在选中项前的方格内画"√",多填无效)。

□技术服务　□ 提供顶岗实习生
□提供土地　□企业员工培训　□提供厂房、设备
□根据企业的特殊需求提供人才培养服务　□其他

2. 你校认为校企合作的主要特征是(按照重要性限选 4 项,多填无效)

□企业办学校　□学校办企业　□学校在企业设立实训基地
□企业在学校投资实训基地　□集团方式　□企业冠名班(或专业等)
□订单培养　□合作技术研发　□长期稳定接收毕业生就业
□联合培养培训　□其他

3. 影响校企合作的主要因素统计(请在选中项前的方格内画"√")

选项	缺乏政府相应的政策引导	企业利益得不到保证	缺乏合作机制	学校缺乏主动性	缺乏校企双方交流的平台

4. 意见和建议

简述你校在校企合作方面遇到了哪些具体的困难和问题？有什么样的意见和建议？

附录 1-13 校企合作调查问卷(教师卷)

各位老师：

您好！本次调查问卷为推动校企深度合作提供现实依据和政策建议，请您如实认真填写问卷，您的回答对于我们的研究和工作非常重要，非常感谢您的大力支持和配合！

江苏现代畜牧业校企合作联盟理事会秘书处

江苏省泰州市凤凰东路8号，225300

二〇一〇年六月

答题说明：请在您认为合理的选项前画"√"，并在横线填写具体的答案。

1. 性别 ①男 ②女
2. 年龄 ①≤30岁 ②30～39岁 ③40～49岁 ④50岁及以上
3. 您最后学历的专业________________
4. 您目前所教专业(学科)________________
5. 您的职称 ①初级(含见习未定级) ②中级 ③高级
6. 您所取得的职业资格证书为

①初级工 ②中级工 ③高级工 ④技师 ⑤高级技师 ⑥没有

7. 您目前讲授的课程属于

①德育课 ②文化课 ③专业课 ④实习实训课

8. 您了解您所教学生今后从事的工作岗位及其要求吗？

①很了解 ②比较了解 ③基本了解 ④不知道

9. 如果您对学生从事工作岗位有所了解，是通过哪些途径了解到的？(可多选)

①下企业实践锻炼 ②企业人士来校讲座 ③到企业参观学习

④参与专业市场调研 ⑤与其他教师交流 ⑥其他(请说明)________

10. 您认为中职毕业生最需要提高以下哪方面素质？(可多选)

①专业技能 ②职业道德素养 ③吃苦耐劳精神 ④团队合作与沟通协作能力

⑤其他(请说明)________________

11. 您是否参与学生实习指导或管理工作？①是 ② 否

12. 如果是，您主要承担哪些实习指导或管理工作，请具体说明________________

____

13. 您是通过哪些方式与企业及其技术人员交往，并了解企业有关信息？(可多选)

①企业人士来校兼职 ②自己下企业实践 ③私人关系 ④校企联谊活动

⑤企业人士来校讲座 ⑥联系学生实习工作 ⑦没有接触 ⑧其他________

13. 学生实习期间，企业有没有关于学生的实习反馈信息？①有 ② 没有

14. 如果有，企业关于学生实习反馈信息主要有以下哪些？(可多选)

①实习纪律表现 ②技能水平 ③专业知识

④教学改革建议　⑤教学管理建议　⑥其他________

15. 您认为企业的反馈信息是否促进了学校的教育教学改革　①是　②否

16. 如果是，主要体现在以下哪些方面？（可多选）

①加强德育工作　②更新或调整教学内容　③改革教学方法

④增强技能教学　⑤其他________

17. 您是否有下企业锻炼的经历

①是，________次/学期，平均每次________月②否

18. 如果有，下企业锻炼对您有哪些帮助？（可多选）

①了解企业用工信息　②了解企业文化　③提高技能水平

④改进教学　⑤其他________

19. 据您所了解，贵校与企业开展了哪些形式的合作？（可多选）

①为学生提供实习机会、实习基地　②为教师提供实践机会

③参与人才培养方案设计与实施　④委托学校进行员工培训

⑤与学校联合实施订单培养　⑥为学校提供兼职教师

⑦向学校提供教育培训经费　⑧为学校提供先进设施和设备

⑨与学校联合科技攻关解决技术难题、技术咨询

⑩企业在校内建立生产型实训车间　⑪企业为学校提供技术支持

⑫企业为学校师生做专题讲座　⑬暂时没有建立任何合作关系

20. 您对贵校目前开展的校企合作如何评价？

①紧密合作，促进学校教育教学改革　②签订合作协议，以安置学生实习为主

③流于形式，没实质性合作内容　④视专业而定，有些专业难求企业合作

⑤其他________________

21. 您认为在推动校企合作过程中，贵校还存在哪些问题？（可多选）

①教学与实习环节脱离　②教学内容与企业需求相脱节

③教师对校企合作参与积极性不高　④学校缺乏推动教师参与校企合作中的鼓励措施

⑤其他________________

22. 您认为贵校在与企业合作过程中，急需改进以下哪些工作？（可多选）

①及时了解企业的用工信息　②根据企业要求及时调整课程与教学

③满足企业的用工要求　④为企业提供技术服务

⑤为企业提供员工培训服务　⑥其他________

23. 贵校为鼓励教师熟悉企业或了解企业有关信息，主要采取哪些措施？

____

____

____

____

____

____

24. 您对目前推动校企合作有何建议？

____

____

____

____

附录2 深度合作企业介绍

附录2-1 江苏现代畜牧科技示范园

江苏现代畜牧科技示范园是江苏畜牧兽医职业技术学院投资兴建的产学研及农业观光旅游基地，位于泰州市农业开发区内，总占地面积10 000 m^2。示范园的建设充分体现了循环经济理念，保持了里下河地区风光特色，遵循现代畜牧业的发展规律，以牧为主，农林牧渔相得益彰。江苏现代畜牧科技园由水禽、种猪、宠物这三大产业组成，下辖国家级水禽基因库、国家级姜曲海猪保种场、江苏水禽繁育推广中心、江苏省宠物藏獒繁育推广中心、畜牧文化展示及职业素质拓展区等。初步建成为教师科研的平台、学生实训的基地、资源保护的基地、成果转化的载体、示范推广的窗口，农业生态观光旅游的产学研基地。先后被确定为“农业部现代农业技术培训基地”、“江苏省畜牧兽医技术人员培训中心”和“江苏省农民培训基地”。

现建有100 m^2 的科普书刊阅览室、5 000 m^2 的技能培训示范点、300 m^2 的技能培训室、200 m^2 的多媒体技术培训室、40 m^2 的电子阅览室、300 m^2 的畜牧文化馆、250 m^2 的畜牧标本馆以及400 m^2 的接待、会议室等，以及建有与之相配套的辅助设施，如可容纳300人住宿的宿舍，可满足200学员同时就餐的食堂，150 m^2 的浴室及供休闲娱乐的文体活动中心(包括乒乓球室、台球室、篮球场、棋牌室等)。

先后开发了6个优质畜禽产品，编写了9本科普书籍；在成果奖励方面，获得省部级奖励5项，市级奖励4项；在荣誉取得方面，先后有1人连续3年被评为省级科技特派员，1人获得省级“挂县强农富民”工程先进个人，6人被聘为泰州市科技专家，同时科技园被评为省级农业科技型企业、省级引进国外智力成果示范推广基地和省级农村科普示范基地以及授予科技园2010年度“江苏省科普惠农兴村先进单位”的荣誉称号。可实施在畜禽养殖、产品开发、粪污处理、资源循环利用、产业化推广等方面人员技术培训。

地址：江苏省泰州市农业开发区红旗农场内　　邮政编码：225300
电话：0523-86297808　　传真：0523-86297289
网址：http://sfy.jsahvc.edu.cn/　　邮箱：jsxdxmkjy@126.com

附录 2-2 江苏倍康药业有限公司

江苏倍康药业有限公司(前身为丰达动物药品厂)由江苏畜牧兽医学院与香港钟山有限公司合资兴建的一家兽药 GMP 高新技术企业。公司坐落在人文荟萃的历史文化古城——泰州市,一期工程投资近 5 000 万元,占地 58 696 m^2,拥有中药前处理、散剂、粉剂、口服液、注射剂、消毒剂(固体、液体)、预混料等八条现代化生产线,配置了高效液相色谱、原子吸收、气相色谱等先进的科研检测设备。公司集产、学、研于一体,严格按照与国际接轨的兽药 GMP 要求创建,于 2005 年 1 月以全国最高分一次性通过农业部认证,先后被评为江苏省高新技术企业、全国农业院校校办产业优秀企业、江苏省兽药质量优秀企业、泰州市产学研合作先进集体。

公司作为泰州医药园区内兽药龙头企业,拥有江苏省动物药品工程技术研究开发中心、江苏省兽药代谢动力学研究服务中心、江苏省兽药临床试验公共服务平台以及江苏省企业院士工作站 4 个科研平台,培养造就了一支涵盖临床兽医学、兽医药理学、毒理学、微生物学、药代动力学、药物化学、制剂学、实验动物学等领域的科研队伍;近年来,先后承担省部级以上项目 17 项,市级科研项目 8 项,成功研制国家二类新兽药两个,三类新兽药 1 个,四类新兽药 10 个,申请了国家发明专利 3 项;公司研发中心作为产、学、研结合的纽带及向行业开放的研究平台,紧盯国际前沿科技,致力于重大技术及项目攻关,进行研究成果的转化和产业化,提高我国兽药的国际竞争力。

公司的目标是“打造一流品牌”;公司的宗旨是“以质量求生存、以科技求发展、以管理求效益、以服务求信誉”;公司永恒的追求是“关爱动物健康,保证食品安全”。

地址:江苏省泰州市凤凰西路 68 号　　邮政编码:225300
电话:0523-86828028　　传真:0523-86842288
网址:http://www.cnbeikang.com/　　E-mail:info@cnbeikang.com

附录 2-3 江苏高邮鸭集团

江苏高邮鸭集团是首批农业产业化国家重点农业企业，自 1996 年成立以来，紧紧围绕农业产业化经营战略，以“贴近农业、服务农村、致富农民”为己任，实现了“兴一项产业、活一片经济、富一方百姓”的目标。

集团拥有固定资产 7 100 多万元，员工 760 多名，其中高级技术人员 18 名，中初级技术人员 67 名。2005 年集团分别通过了 ISO 9001 质量管理体系和食品安全 QS 认证，“红太阳”牌鸭蛋和“红洲”牌鸭肉系列产品不仅通过了有机食品和绿色食品的双重认证，还取得了“江苏省著名商标”称号。

按照“公司＋基地＋农户”的经营模式，实施“订单农业”和保护价收购等，2008 年集团与全市 9 820 户鸭农签订了 306.5 万只的高邮鸭饲养合同，辐射带动全市面上养鸭 550 万只。由于企业与养鸭户利益联结紧密，推广和普及高效、立体、科学养殖模式，使规模化、集约化养殖大户明显增加，将产品加工中的部分利润返还给了鸭农，基地农户收入不断攀升。目前每只蛋鸭和肉鸭的养殖效益已分别从过去的 10 元和 2 元增加到了 32 元和 12 元左右，比非基地农户多出 50%以上。集团现有四大中心，即良种繁育中心，也是国家级种质资源场；肉加工中心；商贸物流中心，是国家级中型物流企业；蛋品加工技术研发分中心，也是国家级研发分中心。2011 年集团与全市 1.8 万户鸭农合同养鸭 380 多万只，加工蛋品 1.75 亿枚，实现销售 17.67 亿元，利税 9 144.6 万元，辐射带动全市养鸭 800 多万只，加工各类蛋品 6.5 亿枚。集团先后实施国家级、省级各类项目 20 多项，并获得多项成果，“中国地方家禽资源调查、评价、利用及珍稀、濒危品种抢救”获中华农业科技一等奖；“高邮鸭品种资源的保护与利用研究”、“高邮鸭优质生产技术推广”获江苏省科技进步一、二等奖。

高邮鸭集团生产的“红太阳”牌咸鸭蛋荣获“国家名牌农产品”称号；“红太阳”牌商标获江苏省著名商标称号；产品获有机食品标志两个、绿色食品标志 3 个。2011 年 5 月鸭集团和中国家禽所联合研发的“苏邮 1 号”蛋鸭新品种，已通过国家品种资源委员会终审，成为我国新中国成立以来第一个选育成功的高产麻鸭蛋鸭新品种。2011 年投资 2 500 多万元，国内首创了总展区 1.25 万 m^2 的“中国鸭文化博物馆”。目前集团肩负着江苏省高邮鸭良种化示范场和国家农业标准化示范区领军建设的重任。2011 年集团负责制定的“高邮鸭国家级标准”，已顺利通过国家标准化委员会批准，正式颁布实施，为推动地方鸭业经济的发展、校企合作办学、带动农民增收致富，做出了应有的贡献。

地址：中国江苏省高邮市南郊鸭业园区　　邮政编码：225601

电话：86-0514-85081176　　传真：86-0514-84615974

网址：http://www.gaoyouduck.com　　E-mail：jsgyhty@21cn.com

附录2-4 常州康乐农牧有限公司

常州市康乐农牧有限公司是一家专业现代化种猪育种企业，是国家生猪核心育种场、国家农业产业化重点龙头企业、全国养猪行业百强优秀企业、农业部畜禽标准化示范场、江苏省重点种畜禽场、国家储备肉活体储备基地场、全国畜牧业协会猪业分会理事单位、中国畜牧兽医学会团体理事单位、江苏省农业科技型企业、常州市优秀农业高新技术企业。公司始建于1995年，现有职工168人，专业技术人员占30%以上。公司在常州、丹阳等地建有四个基地场，占地1 200 000多m^2，基地场整套引进国外智能化养猪设施：全自动喂料、全封闭、全漏缝、全自动环境控制，并采用最有利于生物安全的“多点式、分胎次”饲养模式。公司现有生产基础母猪群8 000头，年可出栏各类生猪180 000头。公司将建设30万吨饲料厂，并在南京六合、泰州等地新租土地1 767 550 m^2，建设专门化“父系”、“母系”核心育种场。公司培育的“中东牌”种猪是“江苏省名牌产品”。

公司依托南京农业大学、扬州大学、江苏省农科院、江苏畜牧兽医职业技术学院等高校科研院所的技术支持，先后组建了江苏省种猪分子选育工程技术中心，扬州大学研究生工作站、生猪高效健康养殖公共技术服务平台，常州市现代农业科学院畜牧研究所，运用现代分子育种技术，培育具有自主知识产权的抗病性强、高繁殖性能的种猪产品。

地址：江苏武进经济开发区　　邮政编码：213149
电话：86-0519-86361238　　传真：86-0519-86361116
网址：http://www.jskangle.net

附录2-5 正大集团南通正大有限公司

南通正大有限公司(以下简称南通正大)于1990年4月成立,是誉名海内外的泰国正大集团与南通东正农工商有限公司合资经营的大型农、工、贸一体化企业,主要生产经营系列配合饲料、复合预混料、水产饲料、商品代鸡苗、良种肉鸡、蛋鸡、生猪繁育、饲养及食品加工贸易等项目。

南通正大经过20多年的发展,共拥有3个饲料厂,具有年产畜禽料36万吨,水产料24万吨,预混料4万吨的生产能力;建有4个父母代种鸡场,饲养肉种鸡29万套;一个孵化厂,年孵化苗鸡能力2 900万羽;4个祖代种猪场,饲养种猪3 600头;另有20个父母代种猪场以及众多畜禽一条龙(公司+农户)合作项目,投资总额3 675万美元,是江苏省最大的饲料生产基地和畜禽养殖基地,也是江苏省农业产业化重点龙头企业。

南通正大饲料生产设备采用的是国外最先进的饲料生产设备厂家的产品,具有国际一流的、成熟稳定的生产工艺水平,生产性能优越。饲料生产配方由合资企业外方泰国正大集团提供,并配备齐全的国际一流的检测设备。南通正大始终把以质量求生存、以质量求壮大作为企业的发展策略。公司的发展壮大历程,是以质量为本,创名牌、做民牌的过程。公司产品以其过硬的质量多次获得国家、省、市级的殊荣,先后被评为江苏省农林厅首推产品、江苏省免检产品、江苏省重点保护产品、江苏省质量信得过产品、江苏省名牌产品、1996年"通大"牌饲料荣获第二届中国农业博览会金奖、中国首届饲料工业博览会认定产品、2004年全国饲料行业信得过产品,"通大"牌商标连续四次被评定为江苏省著名商标,2005年,"通大"牌饲料获"国家免检产品"资格。2006年9月,参加集团统一申报的"正大牌"猪饲料和"正大牌"禽饲料同时荣获"中国名牌产品"的称号。2007年9月,集团申报的"正大牌"水产饲料再次荣获"中国名牌产品"的称号。

"心系'三农'、惠及于民"的企业宗旨,铺就了一条农业产业化的道路。在一条龙的生产经营中,南通正大秉承正大集团的"以农民为衣食父母"的经营理念,制定实施了以"草根化"为主体的经营政策,这就是将公司的营运像草根扎地一样根植于农民之中,把技术传给农民,提高他们的生产水平,帮助他们先富起来。公司积极参与新农村建设,推行小龙作业。在这个过程中,公司与农民得到了合理分工,农民只要建好猪舍、鸡舍,其余一切由公司承担,像饲料生产、种鸡饲养和鸡蛋孵化这些需要复杂的技术和大量资金的事由公司来承担,种苗、饲料、药品全部免费提供,技术上门服务,产品全部回收,而肉鸡、生猪的喂养这些简单易行的可以辅助农民来做,农民根据养殖水平结算代养费,不承担任何市场风险。与农民合作就是少让农民承担风险,让农民信得过,使他们有利可图,这样公司才能生存和发展。

"做正大企业标杆,当农牧产业龙头。"公司在引进技术设备的同时,引进了国际先进管理方法。2001年公司引进ISO 9001国际质量管理体系,并于2002年顺利通过了ISO 9001—2000质量管理体系认证,2005年通过定量包装C标志认证,2008年公司引进KPI及平衡计分卡等先进管理工具,2010年公司引入卓越绩效管理模式。先进的管理理念和方法的引进和运用,极大地推动了公司企业文化的发展和管理水平的提高。

地址:江苏省如东县掘港镇友谊西路32号 邮政编码:226400
电话:0513-84588989 传真:0513-84588832
网址:http://www.ntchiatai.com/ Email:ntyxj154@hotmail.com

附录2-6 江苏雨润食品产业集团有限公司

雨润集团是一家集食品、物流、商业、旅游、房地产、金融和建筑七大产业于一体的中国500强企业，创建于1993年。集团总部位于江苏省南京市，下属子(分)公司200多家，遍布全国30个省、直辖市和自治区。2011年，集团员工总数近11万人，实现销售总额907亿元，生猪屠宰产能达4 500万头，稳居世界首位，"雨润牌"低温肉制品连续14年销量位列国内第一。目前，在中国企业500强中排名128位、中国制造业500强第56位，中国民营企业500强第5位、中国肉食品加工业第1位。

2005年10月3日，雨润集团的部分食品业务在香港联合交易所成功上市。集团旗下已有雨润食品(1068. HK)、南京中商(600280. SH)两家上市公司。

1999年2月，雨润食品在全国肉食品行业中率先通过ISO 9001国际质量体系认证；2002年10月，一次性顺利通过了HACCP认证，同年雨润低温肉制品通过了出口卫生注册，标志着雨润低温肉制品走出国门；2003年7月，雨润又率先在食品行业通过ISO 14001环境管理体系认证和QS质量安全市场准入认证；"福润"牌猪肉获"无公害"农产品认证。

地址：南京市建邺区雨润路10号　　　邮政编码：210041

电话：86-025-66638888　　　网址：http://www.yurun.com

附录 2-7　江苏长青兽药有限公司

江苏长青兽药有限公司是江苏长青农化股份有限公司的全资子公司，股份有限公司拥有总资产 2.3 亿元，年销售额 10 多亿元，是国家级“三药”研发、生产基地，并设有博士后工作流动站。股份有限公司在江都市经济开发区征地 2 668 多平方米，建立长青总部和科技创业园。股份有限公司于 2010 年 4 月成功上市。

江苏长青兽药有限公司于 2002 年投资 2 000 多万元在创业园建设兽药 GMP 车间，拥有全自动化“粉针剂、水针剂、粉剂、预混剂、口服溶液剂” 五条生产线，均采用国内外先进生产和检测设备，应用现代化生产及管理技术，推行科学的质量保证体系，致力于兽用粉针、注射液、粉剂、预混剂、口服溶液剂等系列产品的研发、生产、销售及服务。产品涉及抗菌促生长、抗病毒、抗寄生虫、营养保健及水产用药等 100 多个绿色兽药产品。

江苏长青兽药有限公司是江苏省高新技术企业并连续多年被评为江苏省兽药质量优秀企业，长青商标为中国驰名商标。

公司技术力量雄厚，现有员工 67 人，其中大专以上技术人员 18 人，高级职称 2 人，中级职称 10 人。

公司秉承“江苏长青、卓越创新”的宗旨，坚持以科学为先导，以质量为根本，以管理出效益的企业发展理念，视护佑动物生命、关爱人类健康为己任，铸造一流的产品和服务，为促进畜牧养殖业的健康发展奉献长青人的真诚。

地址：江苏省江都市沿江经济开发区三江大道 8 号　　　邮政编码：225215

电话：0514-86439908　　　传真：0514-86439998

网址：http://www.jscq.com

附录 2-8 无锡派特宠物医院

无锡派特宠物医院成立于 1993 年，是无锡地区成立最早、规模最大的一家综合性小动物医疗机构，也是全国最早成立的宠物医院之一，是江苏省宠物诊疗行业协会会长单位。十几年来派特锐意进取，不断进步，现已发展成为了拥有多家连锁店的集医疗、美容、用品、婚介、寄养等于一体的大型综合性品牌宠物医院，并且逐渐走向全国，走向国际。

派特医院的技术力量雄厚，诊疗水平位于全国前列，美容水平更是远近闻名。拥有兽医硕士三名、兽医学士二十几名，兽医大专以上学历的技术人员五十几名，美容师均受过专业培训，具有 B 级美容师四名，C 级美容师十几名。国内外著名的小动物临床专家、教授等常到该院进行教学指导。中宠远程教育是全国第一家兽医远程教育机构，全面系统地进行宠物临床操作技术、诊疗技术、宠物医院经营管理等培训，我院是主要现场授课点，在医院里就可以学习国内外著名小动物诊疗临床专家、教授的精彩课程。

派特医院设有专业的诊室、药房、输液室、手术室、住院部，配备有齐全先进的小动物诊疗设备，如全进口 DR 数字影像、小动物专用 B 超、血液生化分析仪、血球分析仪、血气分析仪、呼吸麻醉机、显微镜、全自动洗耳机、激光治疗仪、超声波洗牙机等。美容中心设备完善、环境优越。

派特医院是无锡市指定犬类防疫单位，无锡市绝育犬鉴定点，无锡市犬类电子芯片注射点，无锡市犬类传染病流动检测点，无锡市出入境伴侣动物防疫、体检单位，也是南京农业大学动物医学院、江苏畜牧兽医职业技术学院、金陵科技学院等多所高等院校的教学科研实习基地。

地址：无锡市崇宁路 49 号　　邮政编码：214000
电话：0510-82733573　　网址：http://www.wxpet.com/

附录 2-9 江苏益客集团

江苏益客集团是一家以健康企业、健康产品、情系三农为企业使命的集孵化、养殖服务、饲料生产、禽产品加工销售为一体的农业产业化龙头企业。公司成立于 2004 年，注册资金 5 120 万元，位于山东省新泰市。公司成立以来，创新企业经营机制，实行股份制、合作化的经营模式，突破地域限制向外发展。迅速在省内外组建了一批分公司，使企业得到了迅速发展。公司现拥有饲料加工厂 4 家、禽类加工厂 10 家、技术服务公司 1 家。日加工能力 42 万只，通过产业链的整合，大大提高了公司的运营能力，成为行业中的一个重要力量。产品畅销北京、天津、上海、广州、杭州、南京、武汉、济南等全国大中城市，成为批市、熟食厂、快餐、超市的主流品牌之一。2009 年实现销售收入达 30 亿元。江苏益客集团现有员工 7 000 余人，其中博士生导师 1 人，工商管理硕士 26 人，各类专家、技术人员 600 余人，技术力量较强。“健康企业，健康产品”是江苏益客追求的目标，公司将充分发挥诚信、和谐、敬业、实干的企业精神，坚持创值、创新、共赢、共享的企业价值观，走产业化发展之路。公司注重规范化、科学化管理。公司陆续通过了“ISO 9001:2000”质量管理，“ISO 9000:22000”质量卫生安全管理体系及“ISO 9001:14000”环境管理体系认证。先后获得“全国农产品加工业示范企业”、“山东省农业产业化重点龙头企业”、“全国乡镇企业创名牌重点企业”、“山东省农产品加工骨干企业”、“山东省民营食品企业发展实力 30 强”、“山东省成长型中小企业”、“泰安市十大农业龙头企业”、“江苏省宿迁市农业产业化优秀龙头企业”、“全国无公害绿色食品”等荣誉称号。

“人才是益客的资本，是益客的核心竞争力”，公司提出人才培养战略，尊重人才，为优秀的人才创造一个和谐、富有激情的环境。提供给每一位员工可持续发展的机会和公平竞争的环境。公司中高层管理人员 95% 来自于基层员工的选拔，通过科学系统的理论培训结合实地锻炼，不断提升员工个人综合素质。现拥有了一支专业技能强、作战能力强的销售、技术、管理团队，欢迎各位有识之士加入我们的团队，演绎自己在益客的卓越职业生涯！

地址：江苏省宿迁市宿豫经济开发区太行山路 1 号　　邮政编码：223800

电话：0527-80985665　　传真：0527-80985665

E-mail：yikegroup@163.com　　网址：http://test05.hxtec.net/

附录 2-10　上海百万宝贝宠物生活馆

上海百万宝贝宠物生活馆是一家集宠物美容护理、医疗、宠物用品大卖场、宠物旅店、电子商城、宠物学校、活体销售于一体的专业宠物连锁服务机构。于 2012 年 1 月合并上海宠物连锁品牌“宠乐道”宠物超市和“宠乐道”宠物医院。

公司拥有最强大的品牌支持和国际国内最丰富可靠的行业资源，以创立“宠物服务行业龙头企业”为己任，走专业化、规模化的发展道路。公司以连锁门店、电子商城、邮报期刊三维一体的营销方式，以及优质的服务质量和过硬的产品，真正打造“百万宝贝”宠物行业知名品牌！

目前百万宝贝宠物生活馆连锁店在上海拥有 10 家分店，苏州 3 家分店，宠乐道宠物医院在上海拥有 3 家分店，苏州 2 家，现有员工 200 多名，总营业面积接近 8 000 m^2，已成为华东宠物连锁店之最。

宠乐道宠物医院医院拥有先进的国际领先水平的诊疗设备，如全套美国爱德士 IDEXX 小动物专用血液检测设备的医院，也是国内少数几家拥有心脏多普勒彩超设备，此外医院在其他影像设备、手术室设备等硬件配置方面也处于国内一流水平。

百万宝贝拥有具备 CKU 认证的美容师领导的专业化的美容服务团队，携手具有日本同业资质认证的宠物行为训导师带领的团队，全心为顾客提供更加注重服务体验和情感联系的一站式 VIP 服务，致力于打造快乐的、温馨的、自由的、健康的新生活，用专业的技术＋专业的设备＋专业的流程赢得万千宠物宝贝的信赖。

索 引

A

1. 态度(Attitude) …………… 8,36,,39,56,69,86,98,103,147,162,168,171,182,223

C

2. 合作育人(Co-education) ……………………… 15,17,48,50,57,66,77,89,97,111,121
3. 合作发展(Co-development) ……………………………3,7,10,46,77,92,111,120,222
4. 合作办学(Collaborated school running) ……………………… 3,15,42,95,119,123,200
5. 课程体系(Course system)……………………… 8,22,33,37,62,92,114,127,164,181
6. 课程模式(Course model) ……………………………………………………… 38,80,142
7. 合作能力(Cooperation ability)……………………………………………………99,124,182
8. 合作理念(Cooperation idea)………………………………………………………… 89,98,123
9. 企业文化(Corporate culture) ………………… 11,43,80,84,95,127,133,147,168,211
10. 校内生产性实训(Campus Productive Training) ……………………………………… 8,77
11. 合作就业(Cooperative employment) ……………………………………… 3,93,184,204

D

12. 校企合作示范区(Demonstration zone of the College-enterprise cooperation) …………………………………………………… 42,66,88,114,173,204
13. 动力机制(Dynamic mechanism) ………………………………………… 45,74,82,83
14. 决策机制(Decision mechanism) ……………………………………………………… 82,83
15. 顶岗实习(Displacement position internship) ………… 3,8,15,34,62,109,125,200

E

16. 企业参与(Enterprise participation) ……………………………… 3,11,75,88,106,219
17. 教育价值(Education value) ……………………………………… 43,53,54,88,97,125
18. 教育质量(Education quality) …………………………… 15,43,50,54,67,85,97,183
19. 有效治理(Effective management) ……………………………………………………… 47,94
20. 教育价值认同(Education value identification) …………………… 49,91,101,103
21. 生态健康养殖(Ecological health aquaculture)…… 89,91,94,118,128,138,173,227

F

22. 运行机制(Function mechanism) …………… 6,16,22,34,60,75,101,119,125,204

G

23. 政府主导(Government leading) ……………………………………………… 11,45,79,91

I

24. 行业指导(Industry guidance) …………………………………………… 12,60,75,79,95

J

25. 江苏现代畜牧业校企合作联盟(Jiangsu modern animal husbandry cooperation alliance for school and enterprise)…… 66,88,90,93,95,118,123,128,145,175,204

K

26. 知识(Knowledge) ……………… 5,10,25,34,52,66,86,108,114,129,142,155,182

L

27. 学习机制(Learning mechanism) ………………………………………………… 83
28. 学习领域(Learning areas) …………………………………………………… 34,142,147
29. 学习情境(Learning situation) ……………………………… 34,51,142,145,150

M

30. 管理体制(Management system) …………………………………………… 2,5,16,42

O

31. 订单培养(Order cultivation) ………………………………………………… 45,80,207
32. 职业能力(Occupation ability) ……………………………… 2,22,36,51,86,95,147
33. 校外生产性实训(Outside Productive Training) …………………………………… 84

P

34. 产教结合(Production and education combination) ………………………… 11,80,119
35. 实践教学(Practice teaching) …………………………………………… 11,15,34,114
36. 过程共管(Process co-manage) ……………………………………………… 3,89,125
37. 项目课程(Project curriculum) ………………………………… 36,175,189,211
38. 协议机制(Protocol mechanism) ……………………………………………… 3,91,95

R

39. 办学机制(Running college mechanism) ……………………………………………… 88

S

40. 校企合作(School-enterprise Cooperation) ………………… 1,15,17,33,35,42,200
41. 学校主体(School subject) ………………………………………………… 79,180,181
42. 办学模式(School running model) ……………………………………… 3,15,16,46
43. 优势互补(Superiority complementary) …………………………… 29,128,211,217

44. 校企合作制度化(School -enterprise cooperation system) …………………… 88
45. 校企合作联盟(School-enterprise cooperation alliance) …………………… 33,43,56,79,89,92,1000,172,139
46. 成果共享(Shared achievement) …………………… 60,83,119
47. 责任共担(Shared responsibility) …………………… 60,79,83,94
48. 资源共享(Shared resources) …………………… 94,119
49. 技能(Skill) …………………… 2,5,9,22
50. 科技服务三农(农业,农民,农村)(Science and technology service for agriculture, farmer and village) …………………… 90,175,189
51. 保障机制(Security mechanism) …………………… 47,83,85
52. 遴选机制(Selection mechanism) …………………… 100

T

53. 校企深度合作(The further cooperation between college and enterprise) …………………… 2,3,75,88
54. 半工半读(The work-study program) …………………… 82,98
55. 人才培养模式(Talent training model) …………………… 3,27,33
56. 共赢机制(The win-win mechanism) …………………… 48,83
57. 人才共育(Talent co-education) …………………… 3,35
58. 教学模式(Teaching model) …………………… 8,15,39

V

59. 价值认同(Value recognition) …………………… 11,35

W

60. 工学交替(Working-learning Alternation) …………………… 17,73,81
61. 工作过程(Working process) …………………… 18,34
62. 工作过程系统化(Working process systematizing) …………………… 38,70,139
63. 工作过程导向(Working process guidance) …………………… 31,34
64. 工学结合(Work-study Combination) …… 3,15,34,51,74,80,97,119,156,190,20